互 联 网 + 职 业 技 能 系 列
职业入门 | **基础知识** | 系统进阶 | 专项提高

Web
开发项目实战教程

ThinkPHP 6

Web Project Development

蜗牛学苑 邓强 编著

人 民 邮 电 出 版 社
北 京

图书在版编目（CIP）数据

Web开发项目实战教程 : ThinkPHP 6 / 蜗牛学苑，邓强编著. -- 北京 : 人民邮电出版社, 2022.8（2023.4重印）
（互联网+职业技能系列）
ISBN 978-7-115-58165-5

Ⅰ. ①W… Ⅱ. ①蜗… ②邓… Ⅲ. ①PHP语言－程序设计 Ⅳ. ①TP312.8

中国版本图书馆CIP数据核字(2021)第251039号

内 容 提 要

本书全面而深入地讲解 PHP 开发的主流框架 ThinkPHP 的相关知识。全书共 9 章，第 1 章为项目前期准备，第 2 章为构建前端界面，第 3 章为数据库设计，第 4 章为 ThinkPHP 框架应用，第 5 章为首页功能开发，第 6 章为文章阅读功能开发，第 7 章为文章发布功能开发，第 8 章为后台系统开发，第 9 章为高级功能开发。本书利用一个完整的项目来对核心知识点进行深入剖析，以更快地帮助读者提升 Web 系统开发的能力。

本书适合作为高职高专计算机专业及相关专业的教材，也适合作为 PHP 开发工程师和相关从业者的自学参考书。

◆ 编　　著　蜗牛学苑　邓　强
　责任编辑　郭　雯
　责任印制　王　郁　焦志炜
◆ 人民邮电出版社出版发行　　　北京市丰台区成寿寺路 11 号
　邮编　100164　　电子邮件　315@ptpress.com.cn
　网址　https://www.ptpress.com.cn
　三河市君旺印务有限公司印刷
◆ 开本：787×1092　1/16
　印张：15.75　　　　　　2022 年 8 月第 1 版
　字数：476 千字　　　　 2023 年 4 月河北第 2 次印刷

定价：59.80 元

读者服务热线：(010)81055256　印装质量热线：(010)81055316
反盗版热线：(010)81055315
广告经营许可证：京东市监广登字 20170147 号

前言 Foreword

随着移动互联网的普及，全国 IT 从业者人数也已上千万。每年大量的高校毕业生纷纷进入 IT 行业，为这个行业带来了足够的新生力量。

PHP 作为一门非常成熟的编程语言，在程序开发尤其是 Web 系统开发中具有举足轻重的地位。而 ThinkPHP 作为优秀的国产开发框架，经过多年的沉淀，拥有良好的架构和性能，在国内的企业中应用非常广泛。编者在编写本书时，ThinkPHP 已经更新到 6.x 版本，是基于现代主流开发思想而设计的全新架构版本，集简单、规范、优雅和高性能等优点于一身，将是今后很长一段时间内的主流开发框架之一。

基于上述背景，编者结合蜗牛学苑在 PHP 开发领域的技术积累，以及编者在 IT 系统研发领域的经验，以 ThinkPHP 6.0.2 框架为核心，以蜗牛学苑已经上线的蜗牛笔记博客系统为示例项目，用项目驱动的方式来详细讲解如何从无到有地开发多功能的博客系统。

本书的主要特点如下。

1. 项目驱动的写作模式

本书采用项目驱动的写作模式，不以知识点的讲解为主线，而是按照在项目开发过程中，如何实现系统功能为主线来组织本书的内容。项目驱动的授课模式在蜗牛学苑的人才培养过程中已经取得成功，这是被实践证明的行之有效的传授知识的方式之一。

2. 内容安排合理

本书除了介绍利用 ThinkPHP 实现蜗牛笔记博客系统的功能外，也涉及诸多流行的 Web 开发技术，如 jQuery 框架、Bootstrap 框架、Vue 框架、Redis 缓存服务器、ORM 数据模型、验证码处理、静态化处理、前后端分离等技术，能帮助读者从多维度提升自己的技术水平，成为优秀的 PHP 开发工程师。

3. 注重理论与实践的结合

本书在介绍代码之前，首先分析其实现思路，然后将理论知识和技术点有机融合到实际的项目场景中，有助于读者在学习知识的同时提高实践和解决实际问题的能力。

编者建议，读者可将书中的每一段代码都完整地实现一遍，甚至两遍，有助于理解清楚代码背后的基本原理和工作机制。

在编写过程中，同事及家人给予了编者很大的理解和支持。同时，非常感谢蜗牛学苑的学员们，正是因为他们，才有了编者团队无数个日夜的教与学和师生之间的广泛讨论，最终形成了本书的项目和讲解思路。

另外，读者可登录人邮教育社区（www.ryjiaoyu.com）下载本书配套资源。蜗牛笔记也已经在线上运行，网址为 http://www.woniunote.com，读者可以随时访问并与书中的内容进行比较，这样可以帮助大家更好地理解系统功能和相关技术。如果需要与编者进行技术交流或商务合作，可添加 QQ（15903523），也可以直接加入 QQ 学习群（932402628），或发送邮件至 dengqiang@woniuxy.com 与编者取得联系。

由于编者经验或水平有限，书中难免存在疏漏和不足之处，欢迎读者批评指正。

编者

2021 年 10 月

目录
Contents

Chapter 01

第1章

项目前期准备

学习目标

（1）理解蜗牛笔记博客系统的功能和架构。
（2）完成对关键开发环境和工具的准备。
（3）对必备基础知识有一定的掌握和理解。

本章导读

■本章主要梳理项目的基本情况，包括功能列表和技术架构等，帮助读者全面理解项目的全貌。同时，本章对项目的开发环境以及前期需要具备的一些基础知识进行了简单梳理，为读者顺利学习项目开发打下一个坚实的基础。

1.1 项目需求简述

1.1.1 项目背景介绍

ThinkPHP 作为目前非常流行的 PHP Web 系统后台开发框架之一，在 Web 系统开发方面有着非常全面的功能。得益于轻量级的特点和在 PHP 领域的长期深耕及积累，ThinkPHP 深受企业好评，也非常适合初学者学习，学习周期相对较短。那么，如何利用 ThinkPHP 开发一个系统，能够将各个知识点真正运用起来，同时能够完整地展示其各个功能模块，最后使得每位读者都可以顺利完成一套类似的“成品”呢？编者对此进行了很多研究，最后决定采用开发一个多功能的博客系统作为本书的贯穿项目。此决定主要基于以下 5 点考虑。

（1）博客系统的功能不会过于复杂，读者对系统业务和需求的理解相对容易。

（2）博客系统的交互相对简单，界面相对较少，可以减少本书对前端开发讲解的占比，防止前端开发的相关内容“喧宾夺主”。

（3）ThinkPHP 非常适用于开发一些中小型的网站，博客系统所涉及的功能又能够完全展示其核心功能。

（4）本书有对高级技术的讲解和实战教学，学完本书的内容后，读者应该能完全具备开发大型系统的基础能力。

（5）博客系统非常适合手机端使用，这为读者掌握响应式布局进而开发移动应用也提供了一条很好的学习路径。

博客系统的功能看似比较简单，但事实上，把控各种细节和设计、优化程序并不容易。如果读者能够通过学习和实战，对一个博客系统在实现功能的基础上，进行功能增强和性能优化，则必然可以成为一名优秀的 PHP 开发工程师。

1.1.2 项目功能列表

蜗牛笔记以一个多用户、多作者的博客系统为基础，以增强作者与读者之间的互动为设计的宗旨，同时参考了目前各类比较成熟的博客系统来进行优化处理，“取其精华，去其糟粕”，把关注点放在有价值的功能开发和优化上，而取消了一些博客系统次要的功能。本系统主要包括以下六大模块。

（1）博客首页：主要实现文章标题和文章摘要的展现，让用户能及时看到关键内容。本模块功能将在第 5 章中进行详细讲解。

（2）文章阅读：主要实现用户对文章内容的阅读，并同时进行评论和互动。本模块功能将在第 6 章中进行详细讲解。

（3）文章发布：具备作者权限的用户可以发布新的文章，并对文章进行分类整理。本模块功能将在第 7 章中进行详细讲解。

（4）用户中心：注册用户的控制面板，用于管理用户自己所关心的内容和在线投稿等。本模块功能将在第 8 章中进行详细讲解。

（5）系统管理：管理员专用控制面板，对博客系统各类功能和内容进行管理。本模块功能也将在第 8 章中进行详细讲解。

（6）高级功能：基于 Web 系统开发为读者提供的进阶功能。本模块功能将在第 9 章中进行详细讲解。

蜗牛笔记的系统功能结构如图 1-1 所示。

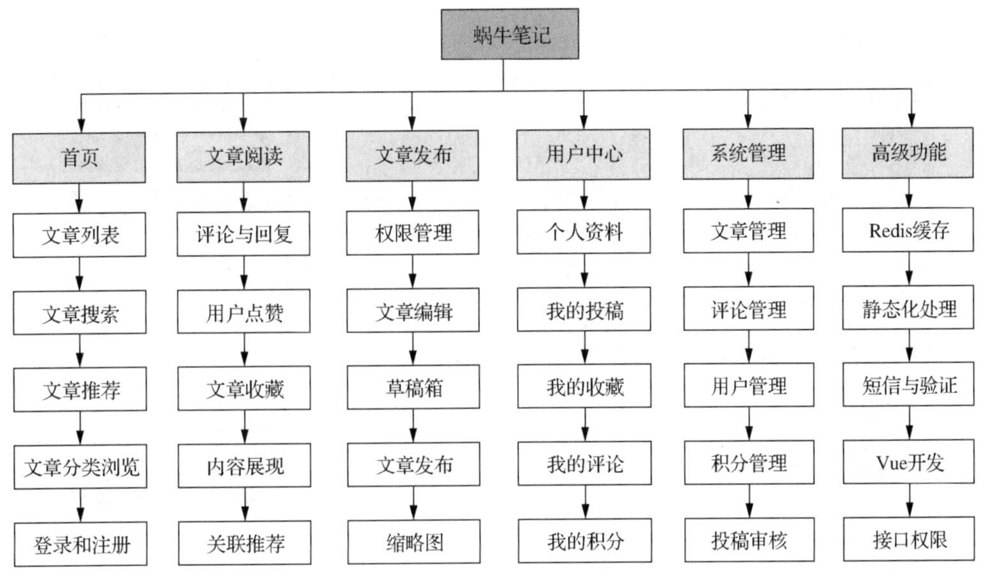

图 1-1　蜗牛笔记的系统功能结构

1.1.3　项目技术架构

蜗牛笔记采用标准的 Web 系统架构，以 ThinkPHP 框架结合 XAMPP 作为服务器运行环境。用户与服务器基于超文本传送协议（Hypertext Transfer Protocol，HTTP）进行通信，前端基于 Web 浏览器进行访问，并适配手机端访问。后端使用 MySQL 关系数据库进行永久化数据保存，并针对一些访问比较频繁的业务利用 Redis 缓存服务器进行处理。蜗牛笔记系统架构如图 1-2 所示。

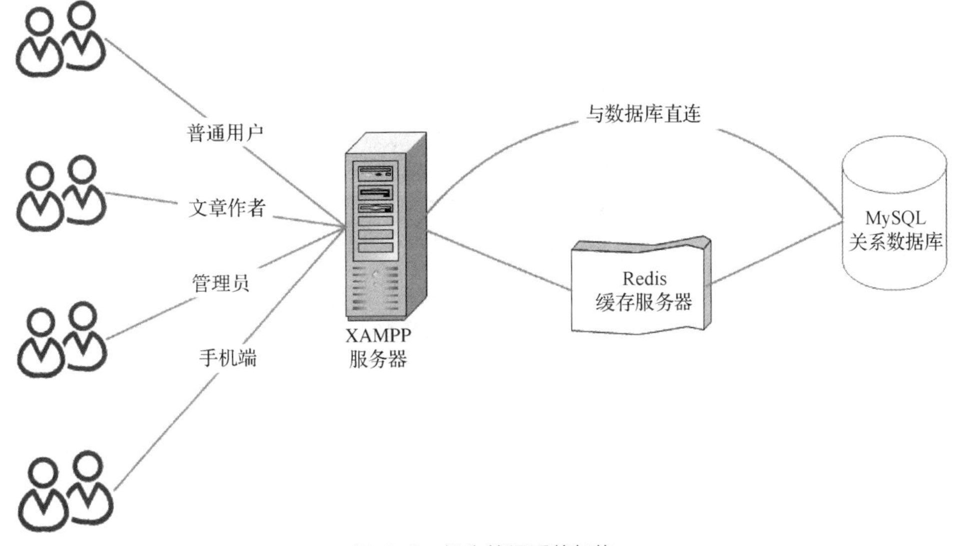

图 1-2　蜗牛笔记系统架构

1.1.4　关键界面截图

蜗牛笔记采用响应式布局，同一页面支持在 PC 端和移动端访问，现以首页的截图为例，为读者展示系统的界面效果。图 1-3 所示为蜗牛笔记 PC 端首页截图。

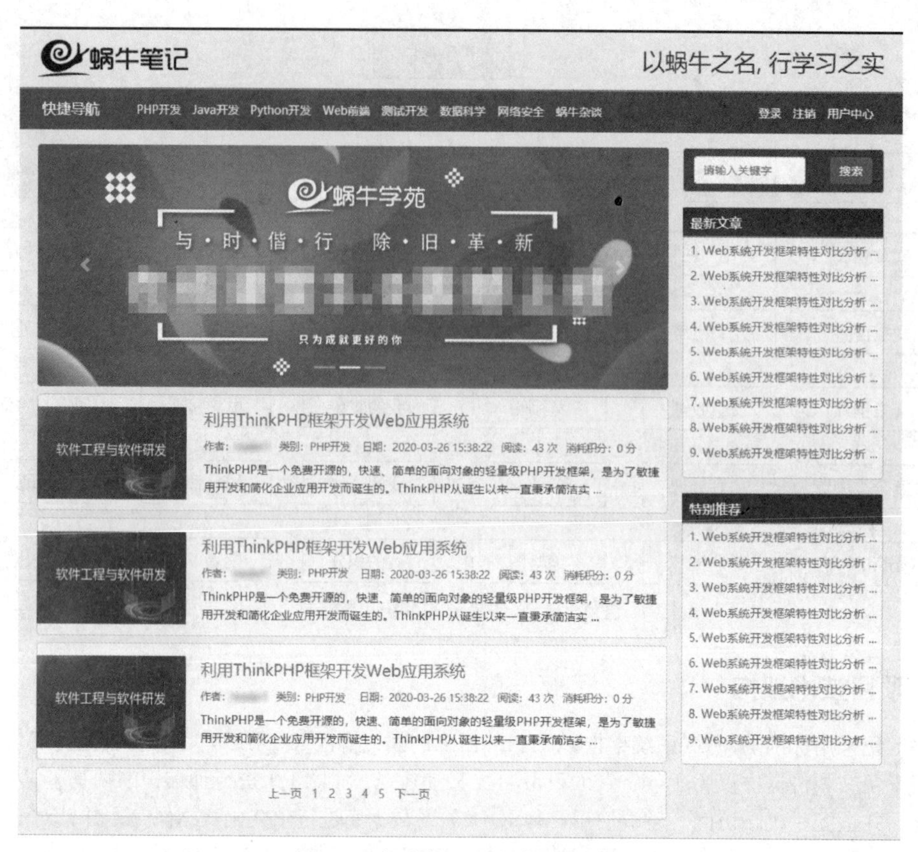

图 1-3 蜗牛笔记 PC 端首页截图

图 1-4 所示为蜗牛笔记移动端首页截图。

图 1-4 蜗牛笔记移动端首页截图

1.2 开发环境准备

1.2.1 XAMPP 服务器端配置

XAMPP 是一个功能强大的建站集成软件包，将 Apache、MySQL、PHP、Perl 以及一些扩展库和管理工具等进行了整合，简化了整个服务器端环境的安装过程，可以直接利用 XAMPP 将开发好的系统在生产环境中进行部署。同时，XAMPP 目前同步支持最新版本的 Apache、MySQL 和 PHP，所以也非常适合运行 ThinkPHP 最新版本，匹配度非常高。另外，XAMPP 完全兼容 Windows、Linux 和 macOS 等主流操作系统，无论读者目前使用哪种操作系统进行开发或部署，XAMPP 均可以提供支持并且能保持一致的界面和配置选项。

本书基于 ThinkPHP 的 6.0.2 版本进行讲解，而 ThinkPHP 6.0.2 基于 PHP 7.1 以上版本的内核进行开发，所以在安装 XAMPP 时必须安装 PHP 7.1 以上版本。本书使用 XAMPP 7.3.11 作为服务器端，读者也可以到 XAMPP 官网下载最新版本（本书对应版本的下载地址为 https://sourceforge.net/projects/xampp/files/XAMPP%20Windows/7.3.11/）。下载完成后进行 XAMPP 的安装操作，在安装过程中，除了安装路径外，其他设置建议保持默认设置。编者将 XAMPP 安装在 D:\XamppSeven 目录下，如图 1-5 所示。

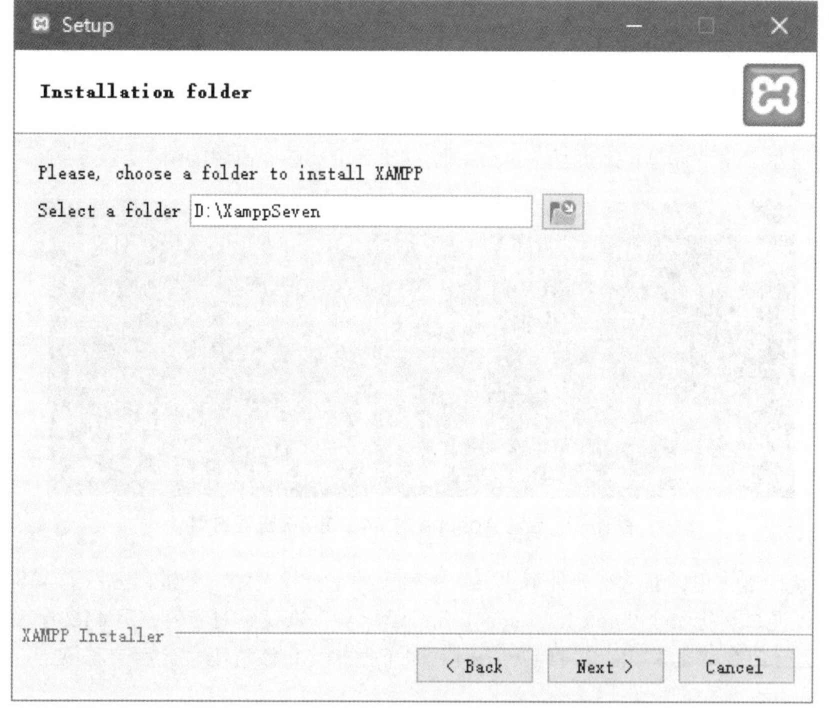

图 1-5　为 XAMPP 指定安装路径

在 XAMPP 安装过程中，主要解决两个问题：一是将所有文件解压到指定安装目录下，二是将指定的路径写入相应配置文件。所以一旦安装过程指定了安装路径，后续就不能再修改该安装路径，否则会导致服务器无法正常运行。完成安装后，运行 D:\XamppSeven\xampp-control.exe，启动 XAMPP 控制面板，并启动 Apache 和 MySQL，如图 1-6 所示。

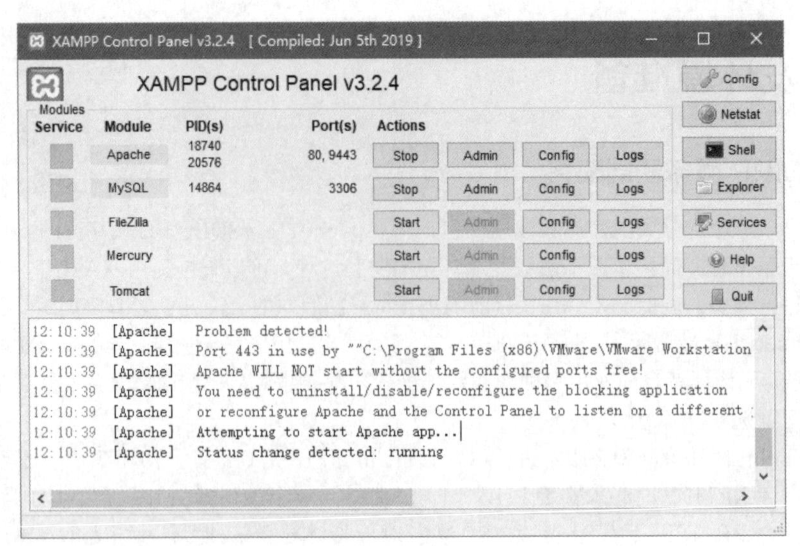

图 1-6　在 XAMPP 中正常启动 Apache 和 MySQL

Apache 或 MySQL 可能会由于端口冲突而出现无法启动的情况，例如，Apache 在默认情况下启动时会同时启动 HTTP 和超文本传输安全协议（Hypertext Transfer Protocol Secure，HTTPS）服务，并占用 80 和 443 两个端口。而当前计算机中可能会有其他进程已经使用了对应端口的情况，此时会因端口冲突而导致 Apache 无法启动。通过 XAMPP 的控制面板无法清楚地知道是什么原因导致了 Apache 无法启动，可以通过运行 D:\XamppSeven\apache_start.bat 批处理程序，单独启动 Apache。如果端口被占用或者其他原因导致 Apache 无法正常启动，则在这个批处理程序的命令提示符窗口中会给予明确的提示。图 1-7 所示为编者计算机上启动 Apache 时 443 端口被进程占用的情况。

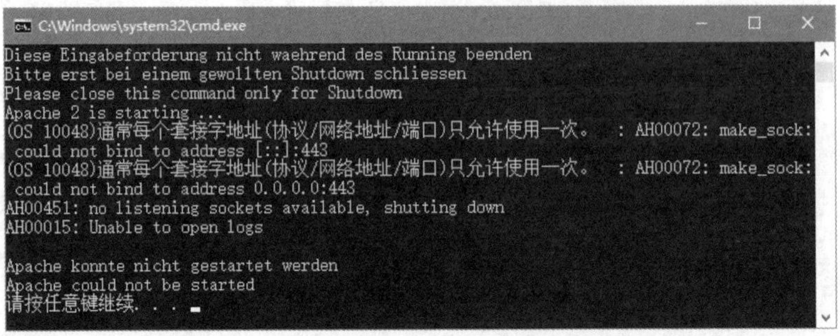

```
C:\Windows\system32\cmd.exe
Diese Eingabeforderung nicht waehrend des Running beenden
Bitte erst bei einem gewollten Shutdown schliessen
Please close this command only for Shutdown
Apache 2 is starting ...
(OS 10048)通常每个套接字地址(协议/网络地址/端口)只允许使用一次。  : AH00072: make_sock:
 could not bind to address [::]:443
(OS 10048)通常每个套接字地址(协议/网络地址/端口)只允许使用一次。  : AH00072: make_sock:
 could not bind to address 0.0.0.0:443
AH00451: no listening sockets available, shutting down
AH00015: Unable to open logs

Apache konnte nicht gestartet werden
Apache could not be started
请按任意键继续. . .
```

图 1-7　启动 Apache 时 443 端口被进程占用

如果 443 端口被占用，通常有 3 种解决方案。第 1 种是查找到哪一个进程占用了 443 端口，终止该进程即可。可以通过运行命令“netstat -ano | findstr 443”查找到对应的占用 443 端口的进程 ID（如 7544），进而运行命令“taskkill /F /PID 7544”即可强制终止该进程，此后启动 Apache 即可，操作过程如图 1-8 所示。

如果使用终止进程的方案，则需要注意三点：一是请以管理员身份运行批处理程序，确保有权限可以终止进程；二是确保该进程不是系统的重要进程，可以终止；三是要再次确认 443 端口是否确实被释放，因为某些系统的重要进程可能会在进程被强制终止后自动重新启动。

综上所述，第 1 种解决方案并不是最优方案，那么考虑使用第 2 种解决方案，即修改 Apache 的端口，将 443 端口修改为其他端口，如 9443 端口。编辑配置文件 D:\XamppSeven\apache\conf\extra\httpd-ssl.conf，将 443 端口修改为 9443。

```
管理员: 命令提示符

C:\Windows\system32>netstat -ano | findstr 443
  TCP    0.0.0.0:443            0.0.0.0:0              LISTENING       7544
  TCP    192.168.199.7:64370                   :443    CLOSE_WAIT      13540
  TCP    192.168.199.7:64378                   :443    ESTABLISHED     4840
  TCP    192.168.199.7:64409                   :443    ESTABLISHED     19480
  TCP    192.168.199.7:65242                   :443    CLOSE_WAIT      13540
  TCP    192.168.199.7:65315                   :443    TIME_WAIT       0
  TCP    192.168.199.7:65326                   :443    ESTABLISHED     8904
  TCP    192.168.199.7:65327                   :443    ESTABLISHED     8904
  TCP    192.168.199.7:65328                   :443    ESTABLISHED     8904
  TCP    192.168.199.7:65329                   :443    ESTABLISHED     8904
  TCP    192.168.199.7:65331                   :443    ESTABLISHED     8904
  TCP    192.168.199.7:65332                   :443    ESTABLISHED     8904
  TCP    192.168.199.7:65333                   :443    ESTABLISHED     8904
  TCP    192.168.199.7:65335                   :443    ESTABLISHED     8904
  TCP    192.168.199.7:65336                   :443    ESTABLISHED     8904
  TCP    192.168.199.7:65337                   :443    ESTABLISHED     8904
  TCP    [::]:443               [::]:0                 LISTENING       7544

C:\Windows\system32>taskkill /F /PID 7544
成功: 已终止 PID 为 7544 的进程。                找到PID为7544的进程，终止该进程即可
```

图 1-8　利用命令找到进程 ID 并终止该进程

此时，再启动 XAMPP 控制面板，启动 Apache 和 MySQL 后进入图 1-6 所示的界面，表示已经正常启动。事实上，在开发环境中是不需要使用 Apache 部署 HTTPS 服务的，所以读者也可以采用第 3 种解决方案，直接在 XAMPP 中禁用 HTTPS 服务，修改 D:\XamppSeven\apache\conf\httpd.conf 文件，将如下内容使用#注释，不在启动时加载 httpd-ssl.conf 文件即可。

```
# Include conf/extra/httpd-ssl.conf        # 默认并没有被注释，请在前面加#
```

同样地，如果是 Apache 的 80 端口被占用，或者 MySQL 启动过程出现错误，也可按照上述类似的方式进行处理。完成 XAMPP 的启动后，打开浏览器，访问 http://127.0.0.1，如果进入图 1-9 所示的页面，则说明 XAMPP 安装成功。

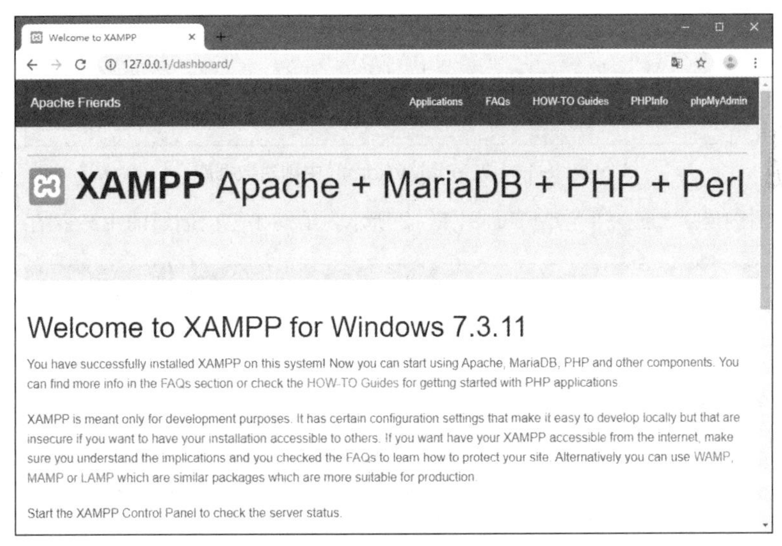

图 1-9　XAMPP 正常启动后的首页

1.2.2　phpMyAdmin 数据库工具

XAMPP 内置了 MySQL 数据库管理工具，可以方便地创建 MySQL 的数据库和表，或者进行数据库和 SQL 语句的调试等。完成 XAMPP 的安装并成功启动 Apache 和 MySQL 后，访问 http://127.0.0.1/phpmyadmin/即可在浏览器中打开 phpMyAdmin 管理控制台，如图 1-10 所示。

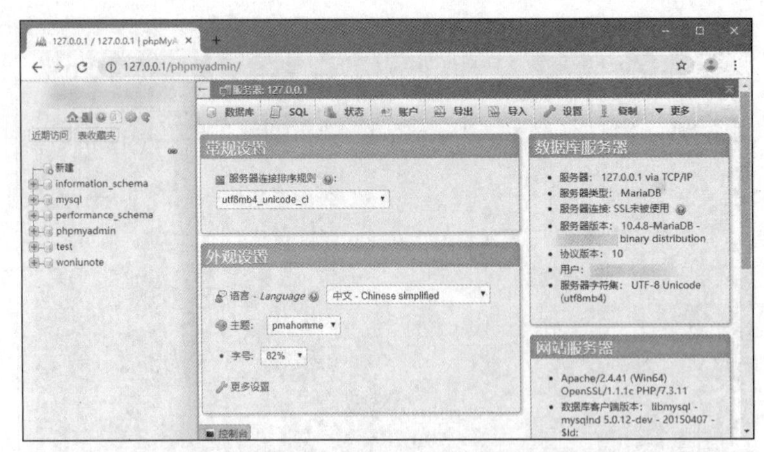

图 1-10　phpMyAdmin 管理控制台

此时，就可以在该控制台中创建数据库和表了。先为蜗牛笔记创建一个数据库，将其命名为 woniunote，并设置编码格式为 UTF-8，如图 1-11 所示。

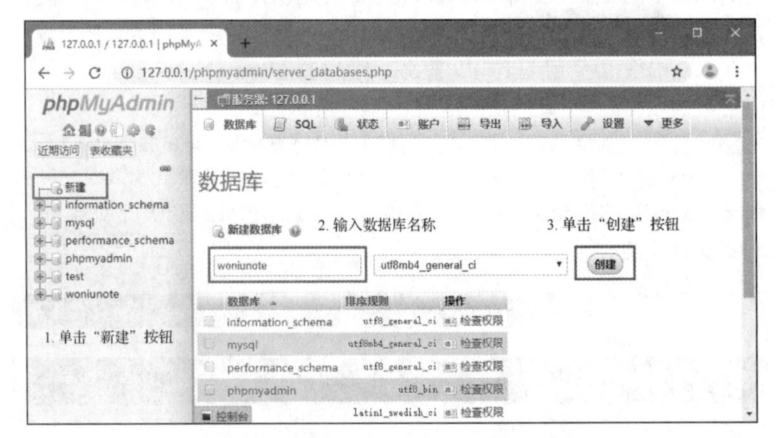

图 1-11　在 phpMyAdmin 中创建数据库

完成数据库的创建后，还需要创建表，图 1-12 所示为给蜗牛笔记创建的用户表的结构。

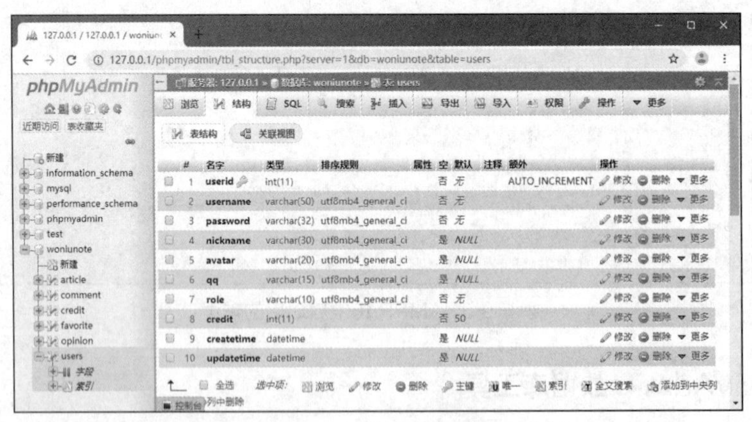

图 1-12　用户表的结构

由于 XAMPP 中 MySQL 数据库默认的账户名为 root，密码为空，因此并不适合线上真实环境使用。为了使调试过程能够完全模拟系统上线、部署的过程，建议为 root 账户指定密码而不要保持为空，或者为 MySQL 创建一个新的账户用于开发。为了防止读者在运行命令时出现错误而导致无法访问 MySQL，建议先为 MySQL 新增一个账户，确保该新账户可以成功访问后，再去修改 root 的密码。创建新账户的过程如下。

```
mysql -u root    #使用“root账户+空密码”进入MySQL命令行界面
GRANT ALL PRIVILEGES ON *.* TO 'qiang'@'%' IDENTIFIED BY '123456' WITH GRANT OPTION;
# 上述命令可创建用户名为qiang、密码为123456的账户并拥有针对所有数据库的所有表（*.*的作用）的读写
# 权限，同时关联主机为%，表示可以支持任意IP地址通过该账户远程访问数据库，适用于生产环境中对数据库的
# 远程管理操作
flush privileges;   # 刷新数据库中的数据和权限，确保新账户生效

mysql -u qiang -p
# 退出当前root账户，用新账户登录MySQL，如果登录成功，则说明新账户已经生效
```

图 1-13 演示了这一过程。

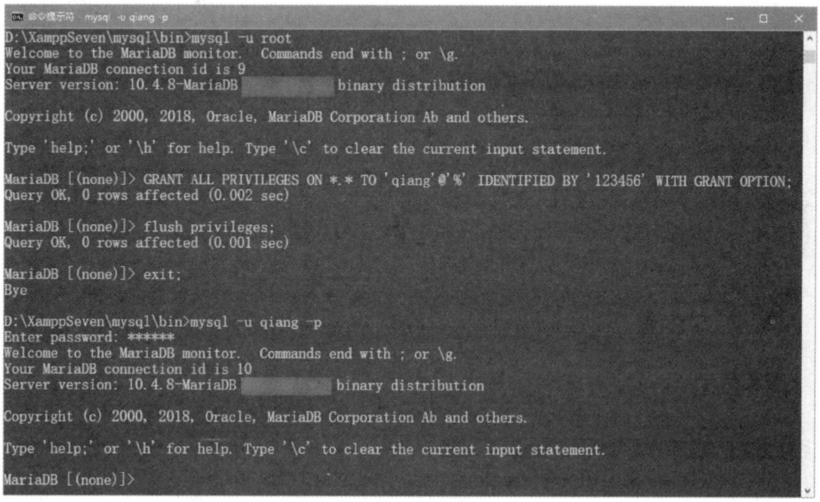

```
D:\XamppSeven\mysql\bin>mysql -u root
Welcome to the MariaDB monitor.  Commands end with ; or \g.
Your MariaDB connection id is 9
Server version: 10.4.8-MariaDB            binary distribution

Copyright (c) 2000, 2018, Oracle, MariaDB Corporation Ab and others.

Type 'help;' or '\h' for help. Type '\c' to clear the current input statement.

MariaDB [(none)]> GRANT ALL PRIVILEGES ON *.* TO 'qiang'@'%' IDENTIFIED BY '123456' WITH GRANT OPTION;
Query OK, 0 rows affected (0.002 sec)

MariaDB [(none)]> flush privileges;
Query OK, 0 rows affected (0.001 sec)

MariaDB [(none)]> exit;
Bye

D:\XamppSeven\mysql\bin>mysql -u qiang -p
Enter password: ******
Welcome to the MariaDB monitor.  Commands end with ; or \g.
Your MariaDB connection id is 10
Server version: 10.4.8-MariaDB            binary distribution

Copyright (c) 2000, 2018, Oracle, MariaDB Corporation Ab and others.

Type 'help;' or '\h' for help. Type '\c' to clear the current input statement.

MariaDB [(none)]>
```

图 1-13 通过命令提示符窗口为 MySQL 创建登录账户

此时，已经有了备用账户，便可以修改 root 账户的密码了，修改命令如下。

```
D:\XamppSeven\mysql\bin>mysqladmin -uroot password 123456   # 新密码为123456
```

一旦修改了 root 账户的密码，phpMyAdmin 便无法正常访问了，因为密码被修改了。所以需要修改 phpMyAdmin 的配置文件，同步更新访问密码。编辑文件 D:\XamppSeven\phpMyAdmin\config.inc.php，为账户指定正确的密码，并重启 Apache 即可。

```
/* Authentication type and info */
$cfg['Servers'][$i]['auth_type'] = 'config';
$cfg['Servers'][$i]['user'] = 'root';
$cfg['Servers'][$i]['password'] = '123456';    # 此处指定新密码
```

如果读者感觉步骤比较烦琐，也可以在自己的开发环境中保持 root 账户为空密码，只要确保部署系统到线上真实环境时修改此密码即可。另外，phpMyAdmin 作为 Web 端的管理工具，操作起来相对比较烦琐，建议读者安装 Navicat 客户端管理工具，这样可以更加方便地操作 MySQL。二者可任选其一，后文将不再阐述工具本身的用法，也不再指定使用哪款工具，因为它们的作用基本上是一样的。

1.2.3 Composer 依赖管理工具

Composer 是 PHP 的一个依赖管理工具，通过 Composer 可以在项目中声明所依赖的外部工具库，进而安装这些依赖的库文件。通过依赖管理工具可以更加方便地配置项目所依赖的外部文件，这也是目前流行的一种项目管理方式。例如，Java 中的 Maven、Python 中的 pip，甚至 Docker 中的镜像文件等的管理，均使用了类似的方式。

ThinkPHP 框架从 6.0 版本开始，均严格遵守 Composer 管理规范，且只能通过 Composer 下载和管理 ThinkPHP 的项目依赖，所以首先需要安装 Composer。从 Composer 官网下载安装包后进行默认安装，安装过程中需要指定 php.exe 的执行文件，直接指向 XAMPP 目录下对应的文件路径，如图 1-14 所示。

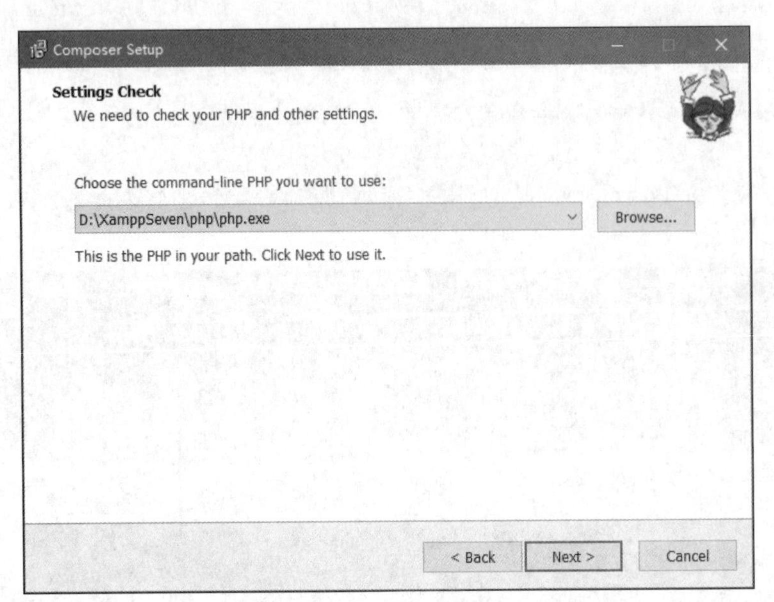

图 1-14　为 Composer 指定 php.exe 文件

完成 Composer 的安装后，请确保 composer.bat 可执行文件路径已添加到操作系统的环境变量 Path 中，以便于在命令提示符窗口中运行“composer”命令。同时，为了更加快速地下载依赖文件，建议修改镜像为国内镜像，运行命令“composer config -g repo.packagist composer https://mirrors.aliyun.com/composer/”可将镜像地址修改为阿里云的地址，如图 1-15 所示。

```
E:\Workspace\phpworkspace>composer config -g repo.packagist composer https://mirrors.aliyun.com/composer/


E:\Workspace\phpworkspace>composer config -g -l repo.packagist
[repositories.              type] composer
[repositories.              url] https://mirrors.aliyun.com/composer/
[process-timeout] 300
[use-include-path] false
[preferred-install] auto
[notify-on-install] true
[github-protocols] [https, ssh]
[vendor-dir] vendor (E:\Workspace\phpworkspace/vendor)
[bin-dir] {$vendor-dir}/bin (E:\Workspace\phpworkspace/vendor/bin)
[cache-dir] C:/Users/Denny/AppData/Local/Composer
[data-dir] C:/Users/Denny/AppData/Roaming/Composer
[cache-files-dir] {$cache-dir}/files (C:/Users/Denny/AppData/Local/Composer/files)
[cache-repo-dir] {$cache-dir}/repo (C:/Users/Denny/AppData/Local/Composer/repo)
[cache-vcs-dir] {$cache-dir}/vcs (C:/Users/Denny/AppData/Local/Composer/vcs)
[cache-ttl] 15552000
[cache-files-ttl] 15552000
[cache-files-maxsize] 300MiB (314572800)
[bin-compat] auto
[discard-changes] false
[autoloader-suffix]
[sort-packages] false
[optimize-autoloader] false
[classmap-authoritative] false
[apcu-autoloader] false
[prepend-autoloader] true
```

图 1-15　为 Composer 配置国内镜像

如果上述命令成功运行，则可以看到镜像地址已经成功修改，此时再下载、安装 ThinkPHP 框架或其他依赖库，速度将会快很多。

1.2.4 ThinkPHP 框架安装配置

当 XAMPP 和 Composer 均完成安装和配置后，就可以下载 ThinkPHP 框架并进行代码开发和调试了。由于使用了 ThinkPHP 框架，因此在安装前应先确定好对应的项目目录。为了后续的路径统一，本书将蜗牛笔记的项目配置在 E:\Workspace\phpworkspace 目录中。运行下列代码，将在该目录中创建名为 WoniuNote 的项目，并且会同步将 ThinkPHP 全套框架安装到该项目目录中。

```
E:\Workspace\phpworkspace>composer create-project topthink/think WoniuNote
```

整个 ThinkPHP 框架的安装过程如图 1-16 所示。

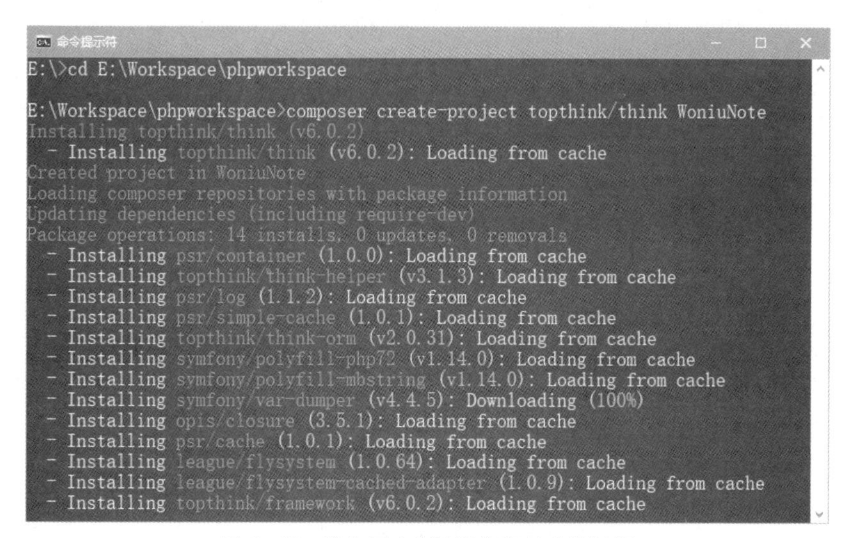

图 1-16　整个 ThinkPHP 框架的安装过程

完成上述安装后，在 WoniuNote 项目中可以看到整个 ThinkPHP 框架结构已经下载到本地，其目录结构如图 1-17 所示。

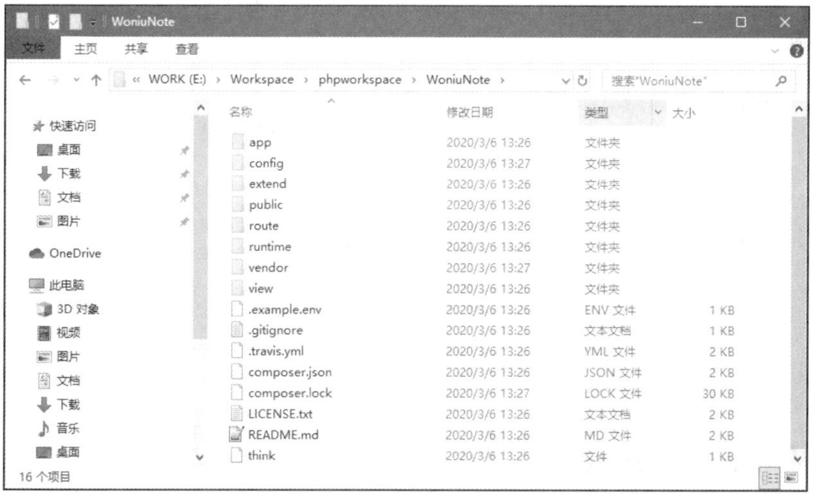

图 1-17　WoniuNote 项目包含的 ThinkPHP 框架的目录结构

为了验证 ThinkPHP 框架可以正常运行于 XAMPP 中，还需要对 XAMPP 中的 Apache 进行配置，将其网站目录指向 WoniuNote 的 public 目录，修改 D:\XamppSeven\apache\conf\httpd.conf 配置文件，

将 DocumentRoot 和 Directory 属性指向 public 目录。如果此处读者所使用的 XAMPP 环境不是下列配置，则请将其修改为下列配置。

```
# DocumentRoot "D:/XamppSeven/htdocs"        # 将原有DocumentRoot属性注释
# <Directory "D:/XamppSeven/htdocs">         # 将原有Directory属性注释

DocumentRoot "E:/Workspace/phpworkspace/WoniuNote/public"   # 指向新目录
<Directory "E:/Workspace/phpworkspace/WoniuNote/public">    # 指向新目录
    Options Indexes FollowSymLinks Includes ExecCGI         # 保留原始配置
    AllowOverride All            # 保留原始配置，确保目录权限正确
    Require all granted          # 保留原始配置，确保访问权限正确
</Directory>
```

完成上述配置后，重启 Apache 服务器，再访问 http://127.0.0.1/，如果进入了 ThinkPHP 框架的欢迎页面，则说明整个项目配置成功，如图 1-18 所示。

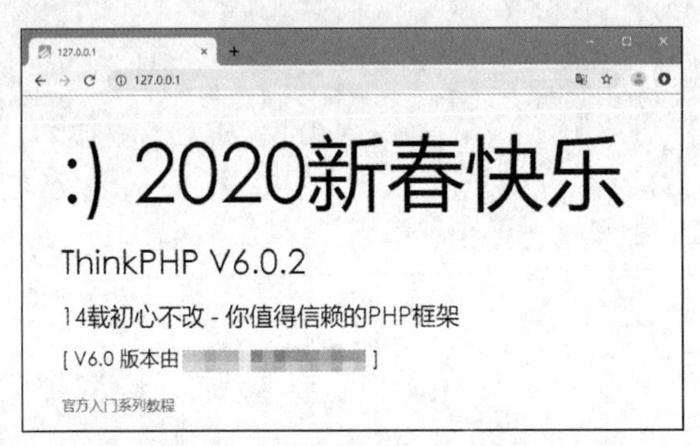

图 1-18　WoniuNote 项目配置完成后的 ThinkPHP 框架的欢迎页面

1.2.5　PhpStorm 开发工具

PhpStorm 是开发 PHP 程序极流行的一款工具，PhpStorm 除了支持 PHP 程序的开发外，也对前端开发提供了很多的支持，非常适用于蜗牛笔记这类前后端结合的应用开发。

由于 WoniuNote 项目已经通过 Composer 创建完成，因此只需要在 PhpStorm 中打开该项目的目录即可，如图 1-19 所示。

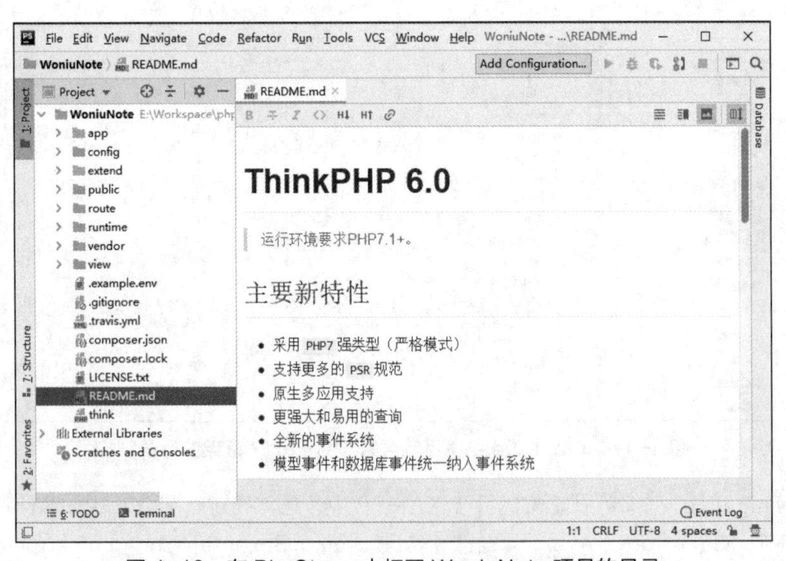

图 1-19　在 PhpStorm 中打开 WoniuNote 项目的目录

PhpStorm 编辑器默认的字号相对比较小，建议调整字体和字号。选择“File”→“Settings”选项，弹出“Settings”对话框，定位到“Editor”下的“Font”中修改字体和字号，图 1-20 所示为编者设置的字体和字号。

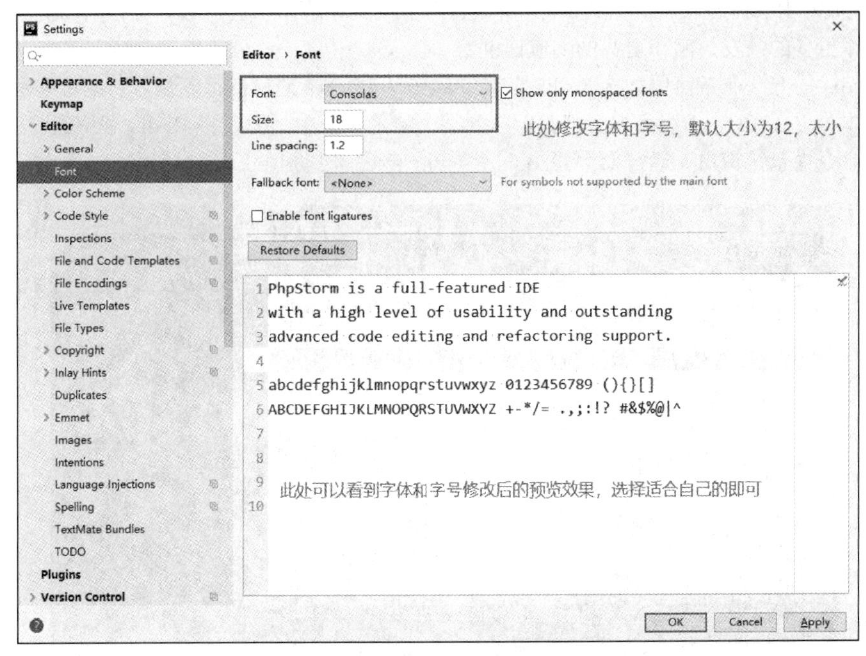

图 1-20　修改 PhpStorm 编辑器的字体和字号

同时，需要为 PhpStorm 指定 php.exe 的文件路径，在“Settings”对话框的“Languages & Frameworks”下的“PHP”中设置该路径，如图 1-21 所示。

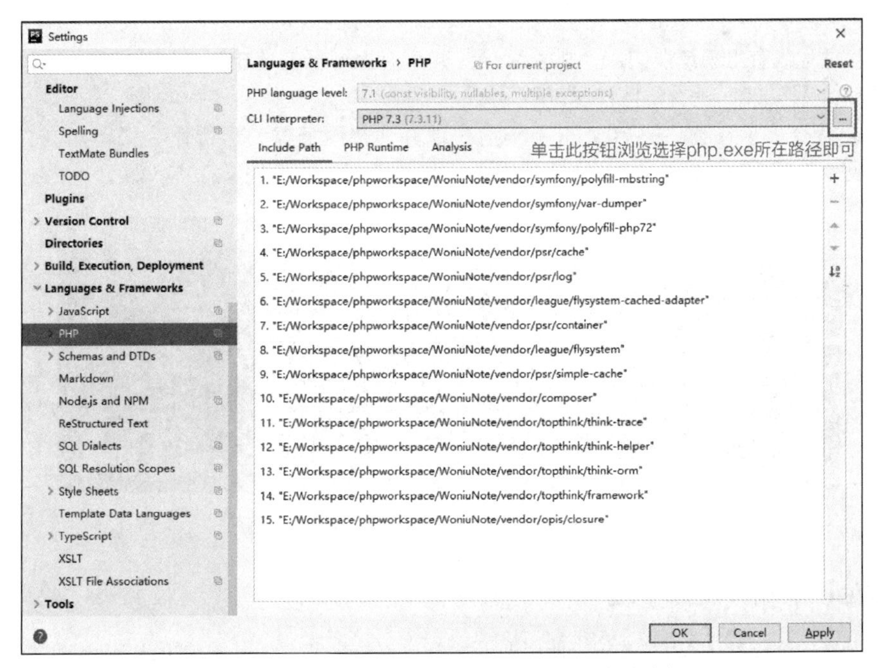

图 1-21　为 PhpStorm 指定 php.exe 的文件路径

1.2.6 Redis 缓存服务器安装

Redis 作为当前非常流行的缓存服务器，在企业中应用非常广泛。第 9 章将会讲解如何利用 PHP 的 Redis 库来完成对 Redis 缓存服务器的操作，并设计相应的缓存策略来进行数据缓存从而提高蜗牛笔记的性能，以支撑更多的并发访问和更高的响应速度。

安装 Redis 的方法非常简单，从 Redis 官网下载与 Windows 对应的最新版本，编者编写本书时使用的 Redis 版本为 3.2.100，下载完成后将其解压到某个特定目录中。编者将 Redis 解压到 C:\Tools 目录中，并打开命令提示符窗口，运行命令"redis-server.exe"启动 Redis 缓存服务器，如图 1-22 所示。

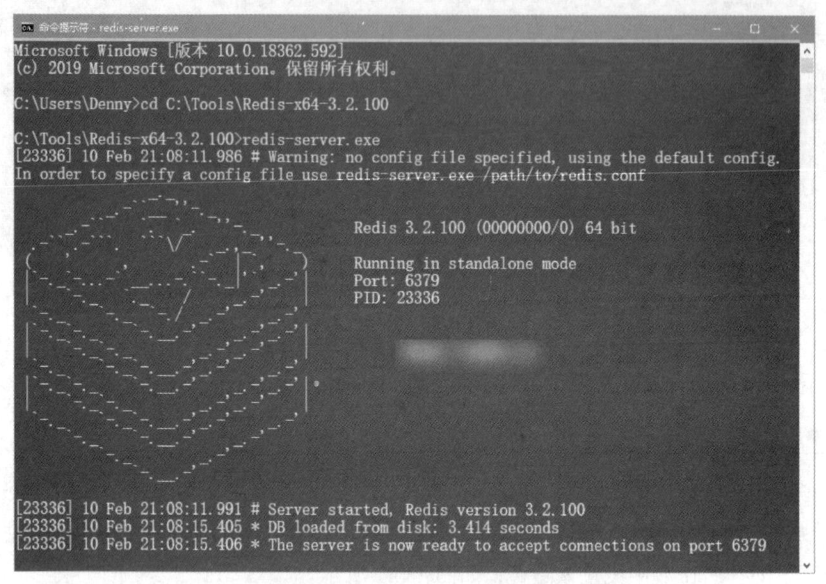

图 1-22　启动 Redis 缓存服务器

如果启动过程没有出现错误信息，则表示 Redis 缓存服务器安装成功。默认情况下，Redis 缓存服务器的连接端口为 6379，没有特殊情况可不用修改。

打开一个命令提示符窗口，启动 Redis 客户端并连接服务器，运行命令"cd C:\Tools\Redis-x64-3.2.100"和"redis-cli.exe"，如果访问成功，则表示环境准备完全就绪，如图 1-23 所示。

图 1-23　启动 Redis 客户端并连接服务器

1.2.7 Web 前端开发库下载

蜗牛笔记是一个标准的 Web 系统，所以在开始开发工作之前，读者需要下载 Web 前端开发系列库。主要包括以下内容。

（1）jQuery 前端库：用于操作超文本标记语言（Hypertext Markup Language，HTML）元素和处理 Ajax 请求，请下载最新版本。

（2）Bootstrap 前端库：用于响应式布局和前端界面绘制，请下载最新版本。

（3）Bootbox 前端库：用于弹出更加美观的提示信息，代替 window.alert 的弹窗功能。

（4）open-iconic 图标库：用于在页面中显示一些操作图标，可在 GitHub 上下载。

（5）UEditor 在线编辑器：用于发布和编辑博客文章，请下载最新版本。

（6）Vue 前端视图库：用于构建用户页面的渐进式框架，且具备开发单页应用的能力。

（7）Chrome 浏览器：用于调试前端代码，请下载最新版本。

1.2.8 Fiddler 协议监控工具

Fiddler 是一款免费且功能强大的协议监控工具。它通过代理的方式获取程序 HTTP 通信的数据，可以用于检测网页和服务器的交互情况，能够记录所有客户端和服务器间的 HTTP 请求，具有支持监视、设置断点、修改输入输出数据等功能。无论对于开发人员还是对于测试人员来说，它都是非常有用的工具。

Fiddler 支持 HTTP 和 HTTPS，能够进行录制和回放，同时支持对请求数据进行修改。更为重要的是，它还可以通过设置代理来对移动端设备的协议交互过程进行捕获和分析。

安装 Fiddler 时需要确保 Windows 操作系统已经安装.NET 框架，如果没有安装，则需根据 Fiddler 的提示进行下载、安装。安装完成后运行 Fiddler，则可以监控浏览器的所有请求，并记录这些请求和响应的完整通信过程。由于 Fiddler 是独立的应用程序，因此它比浏览器自带的按“F12”键打开的开发者工具更强大一些，界面也更加友好。

首先，启动 Fiddler 后，确保 Fiddler 监控通信过程的选项是选中状态，即确保打开 Fiddler 的监控开关，如图 1-24 所示。

图 1-24　打开 Fiddler 的监控开关

打开浏览器，访问一个网站，例如“http://www.woniuxy.com”，捕获到的浏览器请求如图 1-25 所示。

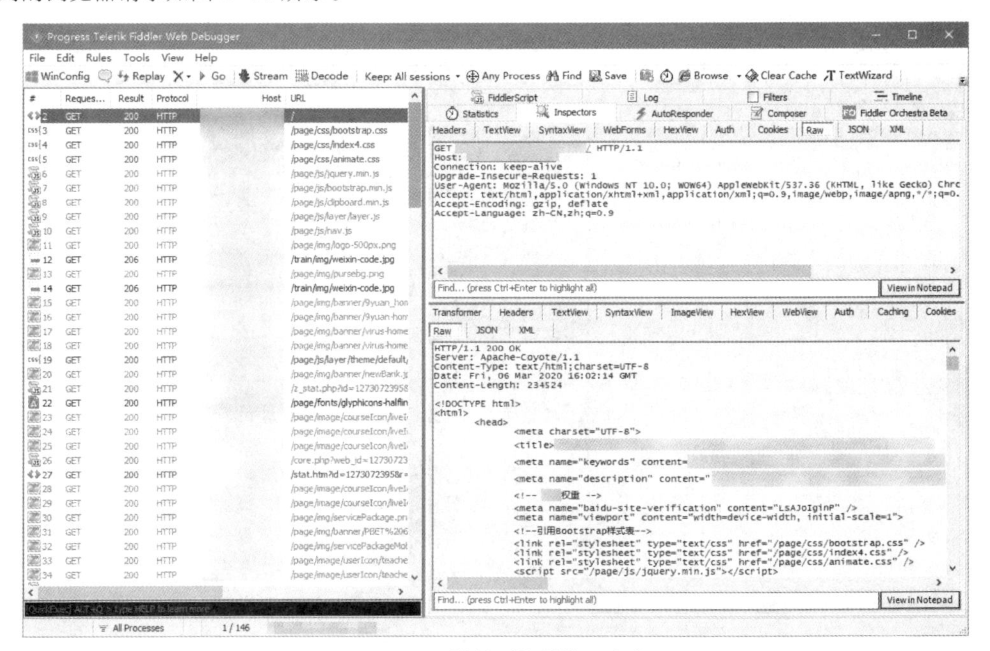

图 1-25　捕获到的浏览器请求

Fiddler 的窗口主要分为 4 个部分，最上方是工具栏，左边是请求的列表，右上方是请求的相关内容，右下方则是响应的相关内容。除了监控通信请求之外，Fiddler 也支持对已有请求进行编辑，这是非常利于对接口进行调试的。例如，要登录蜗牛学苑，需先注册一个蜗牛学苑的账号，并进行登录操作，让 Fiddler 记录下该操作，如图 1-26 所示。

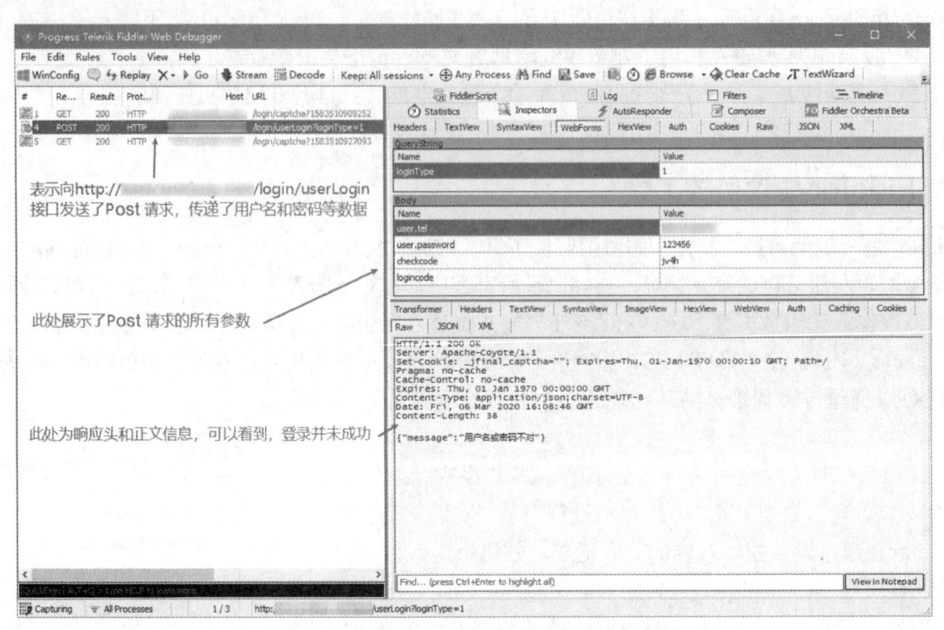

图 1-26　在 Fiddler 监控下登录蜗牛学苑

监控到 Post 请求后，在窗口右上方单击“Composer”按钮，打开请求 Composer 窗口，再将左侧的登录请求拖动到该窗口中，即可对该请求进行手动编辑；编辑完成后单击“Execute”按钮便可以将新编辑的请求发送出去，进而达到接口调试的目的，如图 1-27 所示。

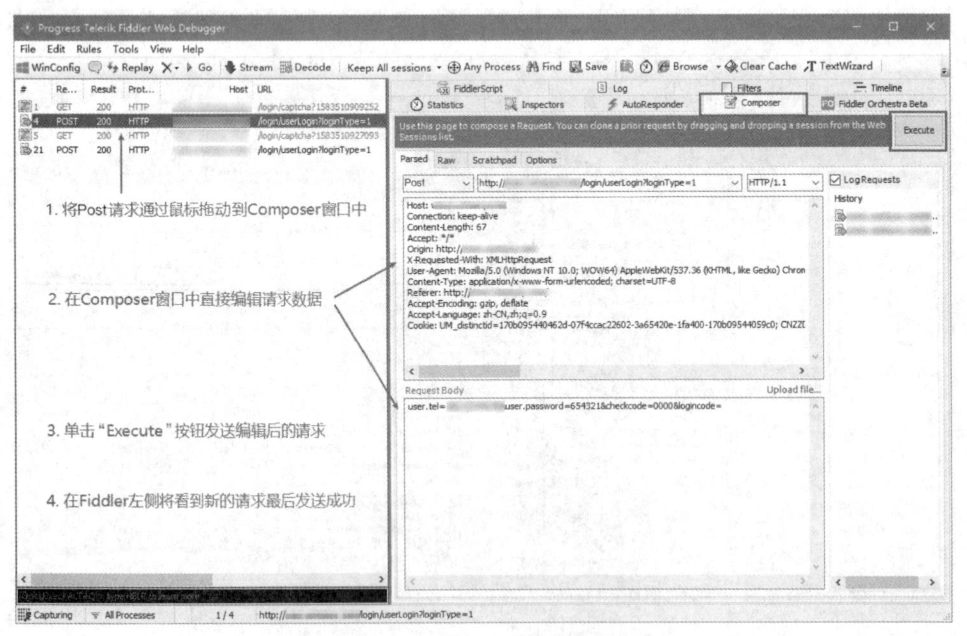

图 1-27　在 Fiddler 中编辑并发送请求

1.2.9 Postman接口测试工具

Postman是一款专门针对HTTP的接口测试工具，目前在企业中应用得比较广泛，无论是开发人员还是测试人员都会经常用到它。它与Fiddler有类似的功能，但是两者的应用场景并不完全一致。Fiddler更多强调的是协议监控，对监控到的请求进行查看或者编辑，为此Fiddler提供了强大的协议查看功能，非常方便进行请求的调试。而Postman重点强调的是有针对性的接口测试，虽然通过代理设置或浏览器插件的方式也可以让Postman监控到通信请求，但是这样并没有强大的协议查看功能。

另外，进行接口测试时，通常是有针对性地对后台开发的接口进行测试，不需要监控所有请求，而是通过手写请求来完成特定接口的测试。尤其在只实现了后台接口还没有实现前端界面操作的情况下，Fiddler和Postman都无法通过浏览器操作来监控协议通信或者进行接口调试。此时，通过Postman的手动编写接口请求就会更加方便一些。同时，将这些编写好的请求保存起来，在每一次接口代码发生修改时，还可以非常方便地进行回归测试，以确认该接口的修改是否生效。

在后文介绍的接口调试过程中，也会根据需要选择使用Fiddler或Postman，所以请读者务必熟练使用这两款工具，这也是在企业中开发系统必备的辅助工具，无论是测试人员还是开发人员，无论是前端程序员还是后台程序员，都必须掌握这两种工具的使用方法。

在启动Postman后，首先需要创建一个Collection测试集用于保存不同的接口测试用例。单击“Collection”按钮，如图1-28所示，并输入测试集名称“蜗牛笔记”。

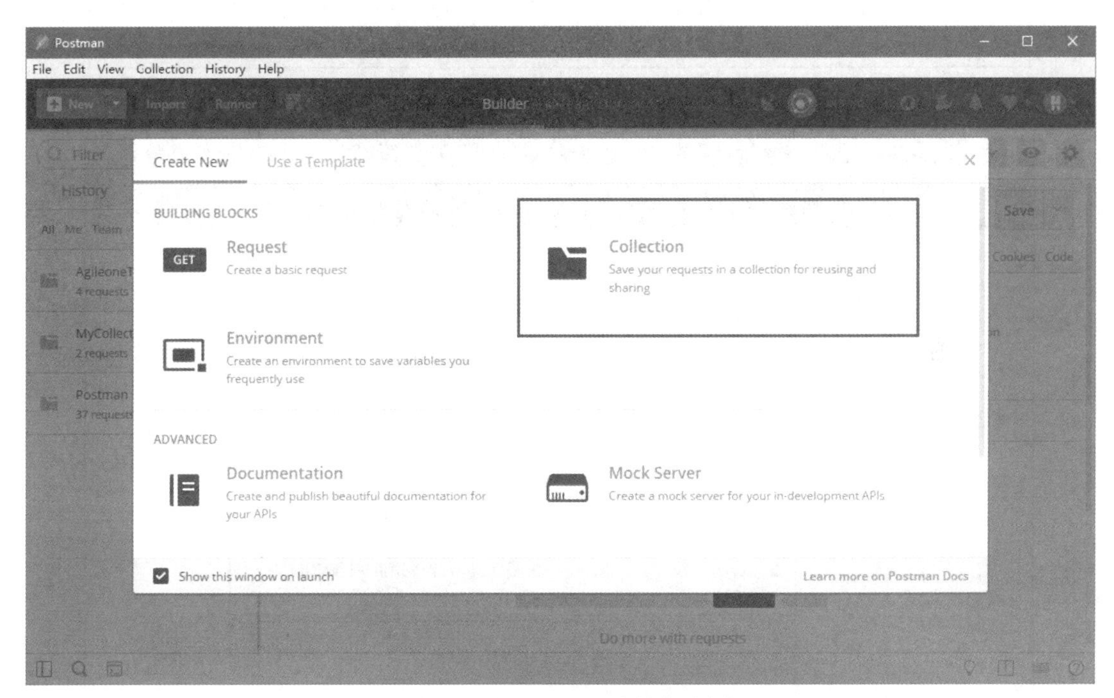

图1-28 在Postman中创建测试集

右键单击测试集列表中的“蜗牛笔记”，在弹出的快捷菜单中选择“Add Requets”选项，在“蜗牛笔记”测试集中添加一个请求，并将其命名为“蜗牛学苑-首页”，为首页指定正确的请求类型和统一资源定位符（Uniform Resource Locator，URL），即可获取首页的响应，如图1-29所示。

同样地，如果要发送Post请求，则只需要指定Post请求的正文，图1-30所示为登录蜗牛学苑的Post请求和响应的情况。

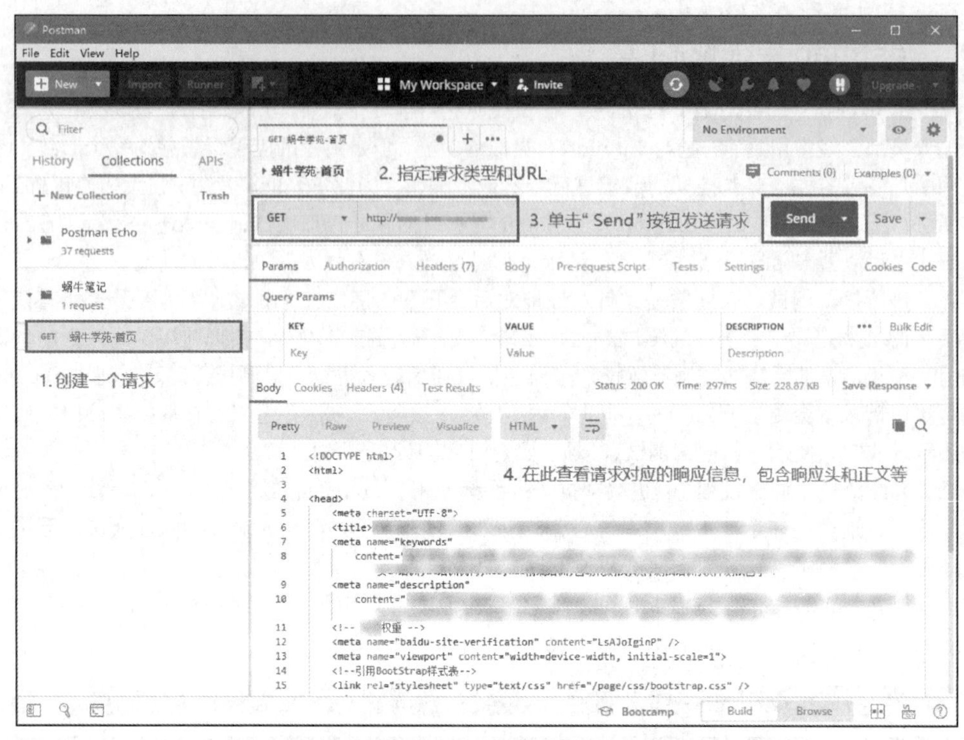

图 1-29　在 Postman 中创建并发送 Get 请求

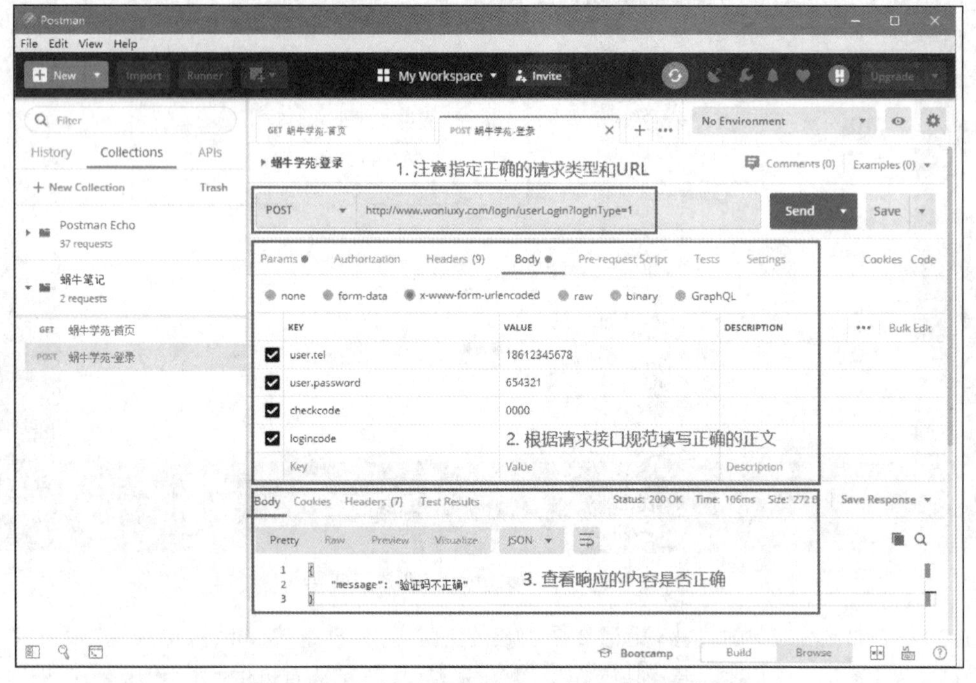

图 1-30　登录蜗牛学苑的 Post 请求和响应的情况

由于发送登录的 Post 请求时，无法通过 Postman 获取登录验证码，所以无法成功登录，而在 Postman 中同样可以观察到登录失败的请求和响应。当开发的后台接口还没有前端界面来操作时，可以使用 Postman 来模拟前端界面发送请求，并对后台的接口进行调试，调试通过后再对接前端界面。通常，在企业的真实项目开发过程中，前端开发人员和后台开发人员可能是不同的团队或成员。此时，通过Postman等接口测试工具就可以很好地完成双方的接口对接工作和调试工作。

1.3 必备基础知识

1.3.1 HTTP简介

HTTP协议簇是当今主流的通信协议，通常用于各类应用系统间的通信，尤其是Web或应用程序（Application，App）开发过程，用户主要通过HTTP与服务器进行通信。HTTP协议簇主要由三大主流协议构成（HTTP、HTTPS和WebSocket），当然，它包括一些衍生的协议，如简单对象访问协议（Simple Object Access Protocol，SOAP）、HLS等。标准的HTTP是一种无状态的单通道非加密协议，有以下3个主要特点。

（1）无状态：服务器端无法保存客户端状态，所以需要通过Session和Cookie来解决。

（2）单通道：只有客户端主动向服务器端发起请求时，服务器端才会被动响应，反之则不行，服务器端不能主动与客户端联系，所以通过WebSocket来解决双向长连接的问题。

（3）非加密：整个HTTP的传输过程完全为明文传输，所以通过HTTPS来解决。

HTTP协议簇是一套标准的应用层协议，在传输控制协议（Transmission Control Protocol，TCP）层之上，所以学习和理解起来并不难。由于HTTP的规范全部由标准的英文单词组成，因此理解起来也相对容易。另外，HTTP发送请求通常使用Get和Post两种请求类型，可以解决几乎所有应用系统的通信问题，但是为了满足目前比较流行的RESTful风格的服务器接口规范要求，通常会使用额外的Put和Delete这两种请求类型，其他HTTP定义的请求类型则一般无须关注。本小节将就HTTP中的几个关键问题进行简单的介绍。

1. 请求和响应

HTTP的请求类型主要有4种，其功能和作用说明如下。

（1）Get请求：通常用于访问服务器资源，如一张图片或一个页面，也可以通过URL的查询字符串来向服务器提交参数。例如，大家看到的某个URL后面跟的一串数字，或者后面跟的一段key=value&key=value的地址，都属于查询字符串参数。

（2）Post请求：通常用于向服务器端提交一段数据。例如，蜗牛笔记的登录和发布功能，需要用户将填写的内容提交给服务器端，当用户上传文件或图片时也需要提交，均使用Post请求进行。

（3）Put请求：为了满足RESTful风格的服务器端接口而使用，用于更新服务器端某个资源。

（4）Delete请求：也是为了满足RESTful风格的服务器端接口而使用，用于删除服务器端某个资源。

虽然HTTP的请求类型很多，但是并不是每个网站都需要使用所有请求，如果为非RESTful风格的网站，则通常只需要使用Get和Post请求即可完成所有通信。大家可以使用Fiddler协议监控工具，或者打开Chrome浏览器，按“F12”键打开浏览器的开发者工具，并选择“Network”选项卡，在浏览器的地址栏中输入蜗牛学苑官网地址，可以看到首页的所有通信请求和响应，如图1-31所示。

2. 标头和正文

HTTP的请求和响应均分为两个部分，一是HTTP请求和响应的标头，二是HTTP请求和响应的正文。这两个部分的主要作用如下。

（1）标头：标头是HTTP极为核心的一部分，必须满足协议规范，用于浏览器与服务器之间的通信，不可随意更改。请求端的标头主要用于描述往哪个服务器地址发送数据，以及告知服务器当前浏览器的一些基本信息，如操作系统版本、浏览器版本、是否缓存等信息。而响应端的标头则是服务器告知浏览器的一些基本信息，如服务器类型、响应时间、正文类型、正文长度、Session数据、响应类型等。其中，常用的字段主要是Set-Cookie和Content-Type，Set-Cookie是服务器端响应给浏览器的Cookie信息，需要在下一次请求时发送回服务器，而 Content-Type 则告知浏览器当前的响应内容是什么类型的，以便于浏览器决定如何渲染该响应，响应的类型可能是 HTML、JSON、图片、JavaScript 代码等。

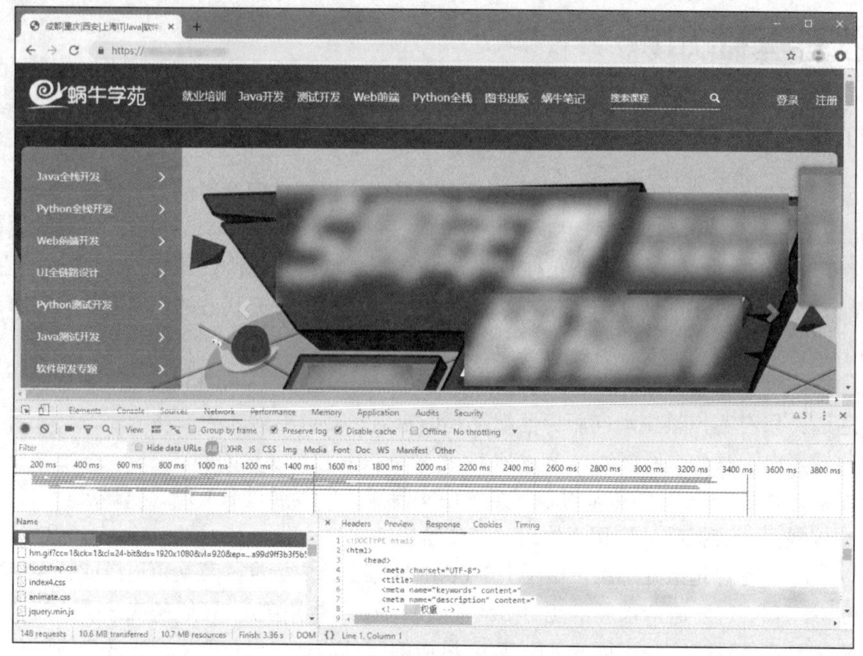

图 1-31　蜗牛学苑官网首页的请求和响应

（2）正文：请求端的正文主要是要发送给服务器端的数据，通常只有 Post 请求有正文，其他类型的请求不需要正文。而响应端的正文则是服务器端响应给浏览器的内容，如一段 HTML 代码或一张图片，具体响应什么内容由程序员在后台开发的程序来决定，与协议无关。

在访问蜗牛学苑首页时，通过按“F12”键可以看到请求和响应的标头信息，如图 1-32 所示。

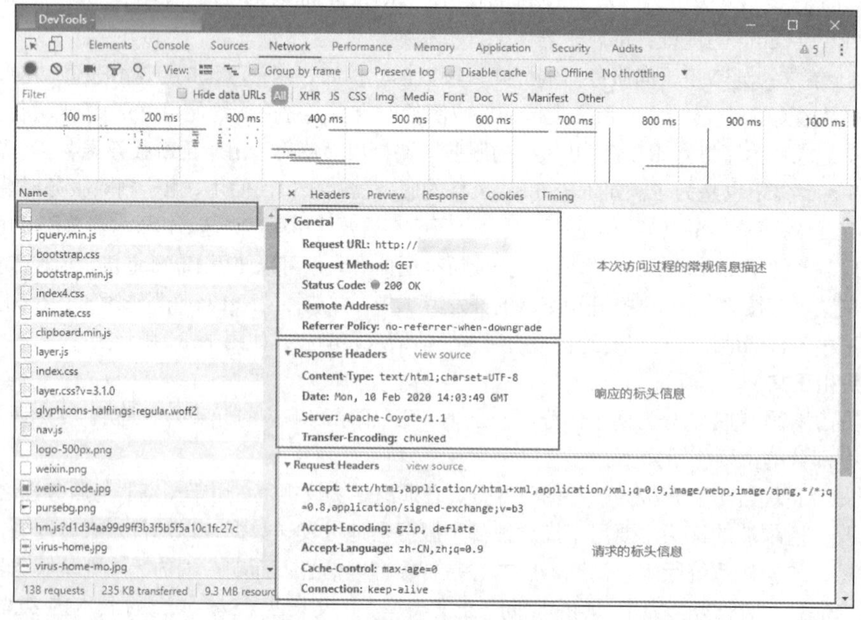

图 1-32　请求和响应的标头信息

3. Session 和 Cookie

HTTP 属于无状态协议，这就意味着服务器无法保存客户端的各种状态。下面以系统登录功能为例，来说明无法保存客户端状态所存在的问题。客户端与服务器都是在需要的时候才建立连接的，而一旦不需要或者达到超时时间，连接将自动断开。再加上 HTTP 无法保存客户端状态，则服务器将无法知道某个客户端已经登录，此时出现的情况就是服务器会提醒客户端需要登录后才能做某件事情。例如，论坛程序需要登录后才可以发帖、回帖。那么，无状态时服务器将会一直提醒客户端登录，当用户登录成功后试图发帖时，服务器又会继续提醒用户需要先登录。可以想象，如果真是这样，那么用户将什么也做不了，每次就在做一件事情：输入用户名和密码进行登录。很显然，这样的 HTTP 没有任何实用价值，那么如何解决这个问题呢？答案就是使用 Session 和 Cookie。

当某用户首次访问一个网站时，服务器端会为当前浏览器生成一条身份标识，通常称之为 Session ID，用于标识该用户的状态，并通过响应的标头字段 Set-Cookie 将该标识信息发送给浏览器。同时，服务器端将该 Session ID 保存起来（通过内存或硬盘保存），浏览器也会保存该信息。在用户发起第二个请求时，浏览器将 Session ID 以 Cookie 字段附加到请求的标头信息中再回传给服务器，服务器接收到 Session ID 以后，会将之与自己保存的 Session ID 进行对比，这样就可以确定用户的身份，保存用户的状态。图 1-33 描述了这一通信过程。

图 1-33　通过 Session 和 Cookie 保持状态

4. 前后端交互

在浏览器（或其他基于 HTTP 的客户端）与服务器端进行交互时，通常需要以下技术的支持才能够顺利进行。

（1）满足 HTTP 和 HTML5 标准的浏览器，这样才可以根据用户的操作正确“组装” HTTP 请求，才能正确地渲染 HTML 页面，执行 JavaScript 代码。目前几乎所有浏览器都支持该标准，但是由于不同的浏览器厂商对标准的理解并不完全一致，因此会存在少量兼容性的问题。

（2）满足 HTTP 的服务器，这样才能正确地解析浏览器发送过来的请求，并进行正确的响应。目前，主流的 Web 服务器都可以处理和识别 HTTP。

1.3.2　ThinkPHP 简介

ThinkPHP 是一个免费、开源、快速、简单的面向对象的轻量级 PHP 开发框架，是为了敏捷化 Web 应用开发和简化企业应用开发而诞生的。ThinkPHP 从诞生以来一直秉承着简洁、实用的设计原则，在保持出色的性能和至简代码的同时，更注重易用性。ThinkPHP 遵循 Apache 2 开源许可协议发布，意味着用户可以免费使用 ThinkPHP,甚至允许把基于 ThinkPHP 开发的应用开源或作为商业产品发布/销售。ThinkPHP 6.0.2 主要包括以下功能。

（1）路由规则：用于在开发过程中定义后台接口的地址标准，以便前端界面的请求能够发送给正确的服务器地址。

（2）参数传递：也属于后台接口的标准，用于接收前端界面发送过来的数据，无论是 Get 请求还是 Post 请求或者其他类型的请求。

（3）URL 重定向：当后台服务器处理完后需要重定向到一个新的页面时，通过 URL 重定向功能来实现。当然，后台重定向的本质仍然是通过发送给前端一个带 Location 字段的 302 状态码的响应，进而让前端进行重定向。

（4）Session 和 Cookie：支持通过 Session 和 Cookie 来维持客户端与服务器端的状态。

（5）模块化：服务器端的功能一般比较复杂，通常会将不同的功能划分到后台不同的模块中以便管理和维护代码。ThinkPHP 通过容器和依赖注入机制实现了不同功能的模块化处理。

（6）中间件：中间件主要用于拦截或过滤应用的 HTTP 请求，并进行必要的业务处理。例如，对于用户必须要登录成功后才能访问的接口，使用中间件就可以极大地提高代码的重用性，而不需要在每一个接口上都对用户是否登录或权限是否满足进行判断。

（7）模板引擎：为了更加便捷地往 HTML 页面中填充数据，ThinkPHP 内置了 ThinkTemplate 模板引擎，通过在 HTML 页面中嵌入一段满足模板语法规则的代码，可以快速将数据填充到 HTML 页面中供浏览器渲染。

（8）数据库操作：几乎所有的服务器环境都必须支持数据库的各类操作，ThinkPHP 同样内置了相应的库来操作 MySQL 数据库。当然，ThinkPHP 也支持其他数据库。ThinkPHP 通过定义一套标准接口来实现数据库的对象关系映射（Object-Relatioal Mapping，ORM）操作和针对不同数据库的统一接口封装。在 ThinkPHP 中完全不需要编写任何原生 SQL 语句，而是通过关系映射将表结构映射成对象，实现高度的封装。一来代码使用更加灵活，二来可维护性更强，三来更容易实现不同数据库类型的切换。

（9）验证器：用于在接口中快速对前端参数和数据进行合法性验证，代替在每个接口中使用大量 if...else...代码和手写错误消息。ThinkPHP 内置了多种验证器，包括格式类验证器、长度和区间类验证器、字段比较类验证器、正则表达式验证器等。

（10）门面：为容器中的类提供了静态调用接口，相比于传统的静态方法调用，其带来了更好的可测试性和扩展性。ThinkPHP 通过门面可以为任何的非静态类库定义 facade 类，从而实现非静态方法的静态调用，省略了实例化类对象的过程。

（11）助手函数：ThinkPHP 的所有操作方法均通过类和方法提供接口调用，即使通过门面进行方法调用，依然需要引入命名空间。而通过助手函数，则可以直接将常用的接口调用封装到函数中，在需要调用的地方直接调用函数，相对来说更加方便。

（12）缓存支持：ThinkPHP 内置了缓存服务器支持，默认使用文件作为缓存，也支持对 Redis、Memcached、SQLite 等进行缓存。

另外，ThinkPHP 作为成熟的 PHP 开发框架，还有很多其他的扩展功能，在后文的讲解中，将根据业务需求另行补充。

1.3.3 jQuery 简介

jQuery 是一个快速、简洁的 JavaScript 框架。其设计的宗旨是“Write Less,Do More”，即倡导写更少的代码，做更多的事情。它封装了 JavaScript 常用的功能代码，提供了一种简便的 JavaScript 设计模式，优化了 HTML 文档操作、事件处理、动画设计和 Ajax 交互。它也是很多 Web 系统首选的基础框架。

但是 jQuery 也有自己的弱点。例如，在前后端分离的开发过程中，后端响应回来的数据（通常是

JSON 格式的）要填充到 HTML 页面中，则需要逐行操作文档对象模型（Document Object Model，DOM）元素生成新的页面内容，当填充的数据量较大时，会显得不够方便，代码的可维护性也较差。而目前非常流行的前端模板引擎或“MVVM”前端框架则可以很好地解决这一问题，第 5 章和第 6 章将会为读者简单介绍 Vue 前端框架中关于模板渲染的用法。由于以下 3 个方面的原因，因此本书将不再深入讲解前端模板引擎的用法。

（1）蜗牛笔记并不是一个纯粹的前后端分离的系统，不需要过多地使用 JavaScript 来进行动态数据处理。

（2）本书的重点不是讲解如何使用前端框架，而是讲解 ThinkPHP 和项目，所以会尽量减少对前端框架使用的讲解。蜗牛笔记的功能和页面数量相对较少，jQuery 完全可以胜任。

（3）为了让蜗牛笔记能够适应移动端，同时对界面进行快速开发，本书引入了 Bootstrap 框架，而该框架需要依赖 jQuery。

本书涉及的 jQuery 知识如下，如果读者不够熟悉，则建议先补充了解如下用法。

（1）jQuery 的$(“#Id”)和$(“.Class”)用于单个或批量元素的选择，使用.val 或.text 函数可获取或修改元素或表单的内容。

（2）jQuery 的$.ajax 和$.post 用于通过 Ajax 方式发送请求并处理服务器的响应结果。

（3）jQuery 的.parent、.siblings 或.children 函数用于按照元素的层次进行定位。

（4）jQuery 的.css 函数用于修改 HTML 元素的样式。

（5）jQuery 的 append 函数可以将 HTML 内容动态添加到另外一个元素中。

1.3.4 Bootstrap 简介

Bootstrap 是受企业开发人员青睐的 HTML、串联样式表（Cascading Style Sheets，CSS）和 JavaScript 框架，用于开发响应式布局、移动设备优先的 Web 项目。Bootstrap 让前端开发更快速、简单，它能快速上手、适配大多数设备并适用于多种项目类型。

Bootstrap 通过预先定义好的 CSS 来完成对页面的快速布局，通过流式栅格系统，随着屏幕或视口（Viewport）尺寸的增加，系统会自动分为最多 12 列。根据这 12 列来进行排版布局，进而可以让 DIV 元素完全自适应窗口大小。

另外，Bootstrap 支持各类图标库，可以为元素或者按钮快速添加一些小图标，使页面更美观；且通过 Bootstrap 内置的 JavaScript 库（基于 jQuery），可以快速开发一些常用的功能，如模态窗口、弹窗提示、Tab 选项卡或者轮播图等。

本小节通过一个简单的例子为读者讲解 Bootstrap 的核心功能：栅格系统。请根据下列 HTML 代码注释理解栅格系统的布局和响应式布局的基本原理。

```
<!DOCTYPE html>
<html lang="en">
<head>
    <meta charset="UTF-8">
    <title>Bootstrap栅格系统</title>
    <!-- 为了更好地兼容移动设备，使用CSS的媒体查询功能 -->
    <meta name="viewport" content="width=device-width, initial-scale=1"/>
    <!-- 引入Bootstrap的CSS核心库 -->
    <link rel="stylesheet" type="text/css" href="
        https://stackpath.bootstrapcdn.com/bootstrap/4.4.1/css/bootstrap.min.css" />
    <style>
        /* 为底层的DIV元素，即栅格系统中的列添加基础样式，显示其轮廓 */
        .row div {
            padding: 20px;
            border: solid 2px red;
            text-align: center;
        }
```

```
    </style>
</head>
<body>
    <!-- 栅格系统从container类开始，这是根节点，container类是Bootstrap内置的 -->
    <!-- 栅格系统的container类样式默认宽度是1140px，也是比较主流的布局宽度 -->
    <!-- 如果将container类当作一个表格，则row代表表格的一行，再下一层表示列 -->

<div class="container" style="margin: 0px auto; border: solid 5px blue;">
        <!-- 独立的一行，必须指定class为row，但也可以单独设置样式 -->
        <div class="row">
            <!-- 行中的一列，栅格系统把一个container类划分为最多12列 -->
            <!-- 按相等比例切分列的宽度，每列的宽度约为8.3333% -->
            <!-- col-xl-3: 表示在超大屏幕（大于1200px）的浏览器窗口中显示
                 为3列宽度（3/12列，也就是 container类总宽度的25%）-->
            <!-- col-lg-3: 在大型屏幕（大于992 px）上显示为3列宽度 -->
            <!-- col-md-6: 在中等屏幕（大于768 px）上显示为6列宽度 -->
            <!-- col-sm-6: 在小型屏幕（大于576 px）上显示为6列宽度 -->
            <!-- col-12: 在超小屏幕（小于576 px）上显示为12列宽度 -->
            <div class="col-xl-3 col-lg-3 col-md-6 col-sm-6 col-12">
                这是第一行第一列的内容
            </div>
            <div class="col-xl-3 col-lg-3 col-md-6 col-sm-6 col-12">
                这是第一行第二列的内容
            </div>
            <div class="col-xl-3 col-lg-3 col-md-6 col-sm-6 col-12">
                这是第一行第三列的内容
            </div>
            <div class="col-xl-3 col-lg-3 col-md-6 col-sm-6 col-12">
                这是第一行第四列的内容
            </div>
        </div>
        <div class="row">
            <div class="col-xl-3 col-lg-3 col-md-6 col-sm-6 col-12">
                这是第二行第一列的内容
            </div>
            <div class="col-xl-3 col-lg-3 col-md-6 col-sm-6 col-12">
                这是第二行第二列的内容
            </div>
            <!-- 类d-none d-md-block表示在中等屏幕以下的浏览器上隐藏该元素 -->
            <div class="col-xl-3 col-lg-3 col-md-6 col-sm-6 col-12 d-none d-md-block">
                这是第二行第三列的内容
            </div>
            <div class="col-xl-3 col-lg-3 col-md-6 col-sm-6 col-12 d-none d-md-block">
                这是第二行第四列的内容
            </div>
        </div>
    </div>
</body>
</html>
```

在浏览器中运行上述代码，通过拖动浏览器窗口的大小可以看到这 2 行 4 列共 8 个单元格的变化情况，这就是响应式布局的核心所在。图 1-34 所示为在大型或超大屏幕上的列宽样式。

这是第一行第一列的内容	这是第一行第二列的内容	这是第一行第三列的内容	这是第一行第四列的内容
这是第二行第一列的内容	这是第二行第二列的内容	这是第二行第三列的内容	这是第二行第四列的内容

图 1-34　在大型或超大屏幕上的列宽样式

图 1-35 显示了在中等屏幕（浏览器宽度为 768～992px）上的列宽样式。

这是第一行第一列的内容	这是第一行第二列的内容
这是第一行第三列的内容	这是第一行第四列的内容
这是第二行第一列的内容	这是第二行第二列的内容
这是第二行第三列的内容	这是第二行第四列的内容

图 1-35　在中等屏幕上的列宽样式

图 1-36 显示了在小型屏幕（浏览器宽度为 576～768 px）上的列宽样式，注意，第二行第三列和第二行第四列的内容已经被类属性 d-none 和 d-md-block 给隐藏起来了。

这是第一行第一列的内容	这是第一行第二列的内容
这是第一行第三列的内容	这是第一行第四列的内容
这是第二行第一列的内容	这是第二行第二列的内容

图 1-36　在小型屏幕上的列宽样式

图 1-37 显示了在超小屏幕（也是手机端正常访问的效果）上的列宽样式，由于设置了 col-12 的属性，因此在手机端看到的效果是每一列独占一行的效果。

这是第一行第一列的内容
这是第一行第二列的内容
这是第一行第三列的内容
这是第一行第四列的内容
这是第二行第一列的内容
这是第二行第二列的内容

图 1-37　在超小屏幕和手机端上 col-12 的列宽样式

读者也可以通过手机和计算机访问蜗牛笔记或蜗牛学苑的官网，都可以看到不一样的布局格式，目前很多网站进行了响应式布局设计。

上述代码的演示存在一个问题，即 container 类的宽度是固定的，无法修改，并且默认设置为 1140px 的宽度（在 Bootstrap 3.x 上是 1170px），而目前的计算机分辨率至少在 1364px×768px 以上，主流分辨率基本上是 1920px×1080px。对蜗牛笔记来说，阅读内容的窗口如果太窄必然会影响阅读体验，所以可以将页面宽度调整为 1200～1300px，本书选择将宽度设置为 1300px。那么又该如何操作呢？只需要在页面的 CSS 中添加如下代码。

```
@media (min-width: 1200px) {
      .container {
            max-width: 1300px;
      }
}
```

上述代码的作用就是利用媒体查询在大型屏幕上将 container 类的最大宽度设置为 1300px，以覆盖 Bootstrap 内置样式，其他属性则仍然来源于 Bootstrap 样式，不受影响。

1.3.5 UEditor 简介

UEditor 是由百度 FEX 前端研发团队开发的所见即所得的富文本在线 HTML 编辑器，功能强大，支持各类 HTML 样式的设定，并始终会生成标准的 HTML 格式的文本。它对于蜗牛笔记的文章编辑功能非常有用，可以让作者编辑出一篇非常美观的文章。同时，它也通过标准的接口来支持与后台程序进行对接，进而上传图片、浏览后台图片、上传附件或者视频等，可以更好地提升文章内容的多样性。

同时，UEditor 提供丰富的前端应用程序接口（Application Program Interface，API），可以方便地整合在代码中，利用 JavaScript 代码可以非常容易地进行接口的调用，以及与前端代码进行整合。后文将介绍几个 UEditor 较实用的功能，配合前端调用和后台接口对接来演示其用法。

1.3.6 MVC 分层模式

模型-视图-控制器（Model-View-Controller，MVC）是一种软件设计模式，它通过代码组织和分层，将业务逻辑、数据处理、界面显示进行分离，以实现更高的重用性、更明确的代码功能，并能提高代码的维护性。MVC 通过将业务逻辑封装到一个部件中，在改进和个性化定制前端界面及用户交互的同时，不需要重新编写业务逻辑层代码。MVC 中 3 个部分的主要功能如下。

（1）模型（Model）层：模型层主要负责处理应用程序中数据逻辑的部分，如数据库操作。

（2）控制器（Controller）层：控制器层负责从视图读取数据，控制用户输入，并向模型层发送数据，同时对应有一个服务器端的接口暴露给前端。

（3）视图（View）层：视图层主要用于处理程序中数据显示的部分，简单来说就是前端界面。

图 1-38 所示为 MVC 分层处理的工作流程。

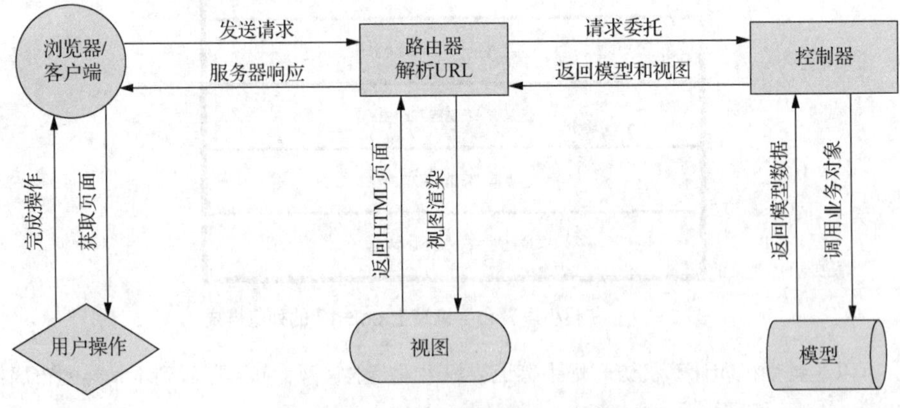

图 1-38 MVC 分层处理的工作流程

Chapter 02

第2章

构建前端界面

学习目标

（1）理解蜗牛笔记的功能和需求。
（2）完成对蜗牛笔记的前端界面设计和优化。
（3）熟练运用Bootstrap和CSS构建界面。

本章导读

■本章主要介绍通过 Bootstrap、HTML 和 CSS 来构建蜗牛笔记的前端界面，编者将详细讲解蜗牛笔记的界面原型设计和 HTML 代码实现。同时，通过对前端界面的实现，进一步帮助读者理解蜗牛笔记的各个功能的具体需求。

2.1 界面设计思路

2.1.1 整体风格

博客系统界面设计的重点，在于让用户快速地找到自己感兴趣的文章。所以在风格设计上不应过于复杂，也不宜设计过多的功能。本书将整体界面设计为 4 个部分：顶部导航栏、中部左侧内容栏、中部右侧推荐栏和底部网站附加栏。读者可以使用 Windows 自带的画图软件绘制图 2-1 所示的蜗牛笔记首页布局。

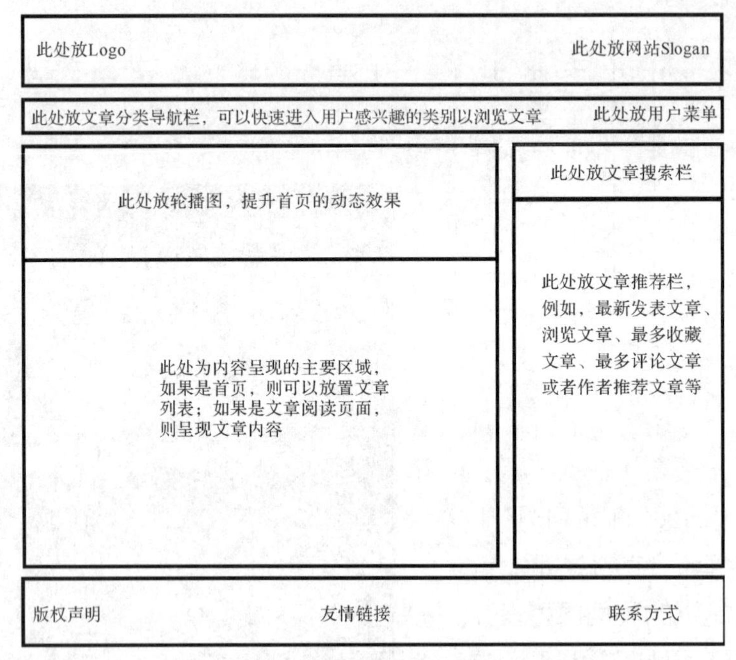

图 2-1 蜗牛笔记首页布局

为了更好地适配移动端，可以将放 Logo 的一行进行收缩，将用户菜单和文章分类导航栏进行折叠，让主内容区域占多数移动端界面区域，将文章搜索栏和文章推荐栏放置于主内容区域的下面，底部网站附加栏可以隐藏，也可以直接收缩显示。所以移动端的界面风格大致类似于图 2-2 所呈现的样子。

首页和文章阅读页面是非常重要的两个页面，其次是用户中心页面，再次是系统管理页面。这里将文章列表和文章阅读页面设计完成后，用户中心和系统管理页面设计便相对容易了，且用户中心和系统管理都属于管理类页面，可以采用相同的布局，与首页和文章阅读页面略有差异即可。图 2-3 所示为蜗牛笔记系统管理页面布局，其与前端界面的风格大同小异，本书将不赘述其设计，也不展示其 HTML 代码，读者可以进入蜗牛笔记官网直接查看 HTML 页面源代码。

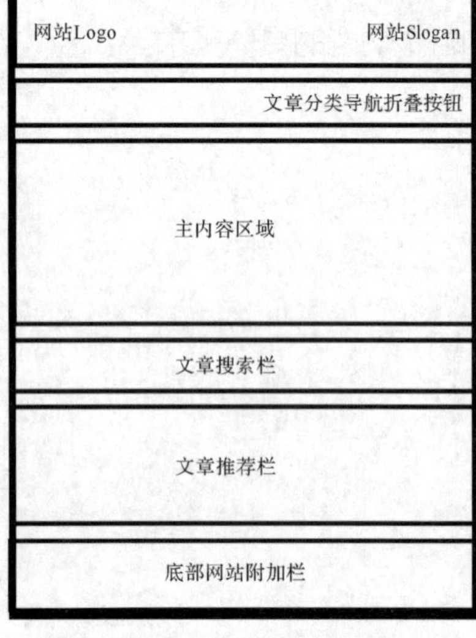

图 2-2 蜗牛笔记移动端首页布局

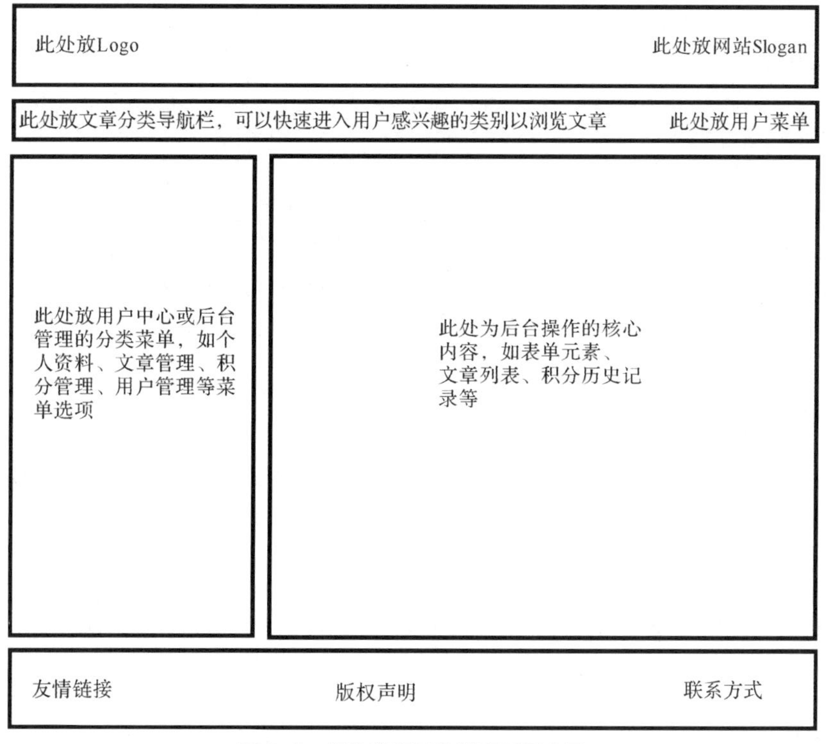

图 2-3　蜗牛笔记系统管理页面布局

2.1.2　响应式布局

对于 Bootstrap 的栅格系统，读者应该已经熟悉其基本原理了，响应式布局需要有一套完整的布局方案，以避免页面元素越来越多时变得杂乱无章。经验表明，不用为一个网站设计太多布局方案，建议只设计两套，一套是针对 PC 端的，另一套是针对移动端的。而平板电脑端可以使用与 PC 端或移动端相同的布局方案，不用单独设计。

所以，在使用 Bootstrap 设计页面时，对一个列级 DIV 元素只需要设计两套样式，一套是针对 PC 端的，另一套是针对移动端的。例如，可以为如下 DIV 元素指定 xl、lg、md 和 sm 为相同的 PC 端布局，而将 xs 超小屏幕设置为移动端布局，具体代码如下。

```
<div class="container">
     <div class="row">
          <div class="col-xl-6 col-lg-6 col-md-6 col-sm-6 col-12"></div>
          <div class="col-xl-6 col-lg-6 col-md-6 col-sm-6 col-12"></div>
     </div>
</div>
```

通过上述代码可以看到，每个 DIV 元素的 class 属性设置太多，会导致代码的维护性变差，尤其是当页面中的元素越来越多的时候。所以，既然已经确定只设计两套方案，那么可以进行简写，对于 sm 及以上大小的设备，只设定 sm 的列宽即可，即代码修改如下。

```
<div class="container">
     <div class="row">
          <div class="col-sm-6 col-12"></div>
          <div class="col-sm-6 col-12"></div>
     </div>
</div>
```

另外，以首页的中部内容来说，文章列表栏可以设置宽度为 9 列，文章推荐栏设置宽度为 3 列。对于移动端，则可以通过设置文章列表栏宽度为 12 列、文章推荐栏宽度为 12 列的方式使其独占一行，进而实现竖状浏览的效果。下面的代码演示了这样的设计方式。

```
<div class="container">
    <div class="row">
        <div class="col-sm-9 col-12" id="left"></div>
        <div class="col-sm-3 col-12" id="right"></div>
    </div>
</div>
```

此处需要提醒读者注意的是，在栅格系统中，所谓的多少列的宽度并不是一个绝对的列宽，也不是基于 container 类的列宽，而是基于父容器的相对宽度。例如，将一个子 DIV 元素设置为 5 列（5/12≈41.667%），而其父容器的宽度是 8 列（8/12≈66.667%），则该子 DIV 元素的实际宽度应为其外层容器宽度的 0.41667×0.66667≈0.27778，即如果外层容器的宽度是 1140px 的 container 类，那么该子 DIV 元素的实际宽度应为 1140×0.27778≈317px。

2.1.3 前后端交互

毫无疑问，前后端交互主要使用 HTTP，本小节并非探讨协议的问题。在进行界面设计时，必须要完全考虑到前后端交互方式，否则可能会出现两者无法合理匹配而导致用户体验变差的问题。通常情况下，在一个 Web 页面中，与后台的交互方式主要有以下 3 种。

（1）直接提交 HTML 表单内容或直接通过超链接跳转。这是一种非常传统的交互方式，需要为网站设计很多小页面，且用户在访问时能够感受到这个频繁跳转的过程。目前各类网站已经基本抛弃了这一交互方式。

（2）通过模板引擎来渲染页面内容。页面内容生成的不是完整的 HTML 源代码，而是 HTML 标签夹杂着模板引擎标记，由后台服务器生成完整的 HTML 页面再响应给前端浏览器。这是目前很多网站所使用的交互方式。同时，为了使搜索引擎能够更好地收录网站，这样的交互方式可以更好地体现网站所展示的内容。

（3）通过 Ajax 实现完全的前后端分离，后台服务器只接收请求并返回 JSON 数据，不负责前端界面的构建。当前端获取到后台的 JSON 数据后，再通过 JavaScript 代码或框架进行内容的填充。这种交互方式通常在 App 中应用得比较广泛，Web 页面中也针对一些特殊功能进行了使用。搜索引擎爬取网站内容时，只爬取 HTML 源代码，而如果使用 Ajax 来填充数据，则搜索引擎可能会因无法搜索到网站的实际内容（前后端分离开发通常前端主要由 JavaScript 代码构成）而导致收录和搜索时无法找到网站的真实内容。

蜗牛笔记是一个标准的 Web 网站，所有的文章需要被搜索引擎收录，以便让更多的人能够搜索到文章进而实现访问。所以在设计前端的交互功能时，本书会采用模板引擎和 Ajax 两种方式进行。例如，文章列表、文章内容等关键数据由模板引擎填充；而评论、点赞、登录等与搜索引擎无关的功能使用 Ajax 来处理。这样的设计方案可以在兼顾用户体验的同时不影响收录，只对页面进行跳转，而页面内部的交互功能则直接通过 Ajax 异步处理，无须进行页面跳转。

2.1.4 构建调试环境

在正式开始页面布局之前，为了后续更好地与 ThinkPHP 进行整合，避免页面布局完成后还要重新调整资源路径，建议读者直接在 WoniuNote 项目环境下进行静态页面布局，确保各个静态资源的路径都按照 ThinkPHP 的规范进行设置，请按照如下步骤进行配置。

（1）在 PhpStorm 中打开 WoniuNote 项目后，将 jQuery、Bootstrap、Logo 图片等导入项目对应目录，如图 2-4 所示。

（2）请读者根据图 2-4 左侧项目导航窗格所示的目录结构将所需资源进行保存。其中特别说明 public 目录，这个目录是项目的二级目录，通常用于保存静态资源文件，请不要将 PHP 源代码保存到该目录下，除非很清楚自己的目的。在 XAMPP 配置中可以看到，public 目录是作为 XAMPP 的根目录进行配置的，所以可以正常访问。而其他的所有目录和文件的访问方式，ThinkPHP 都已经在框架中进行了约定，不需要暴露给 XAMPP 和外部访问者。

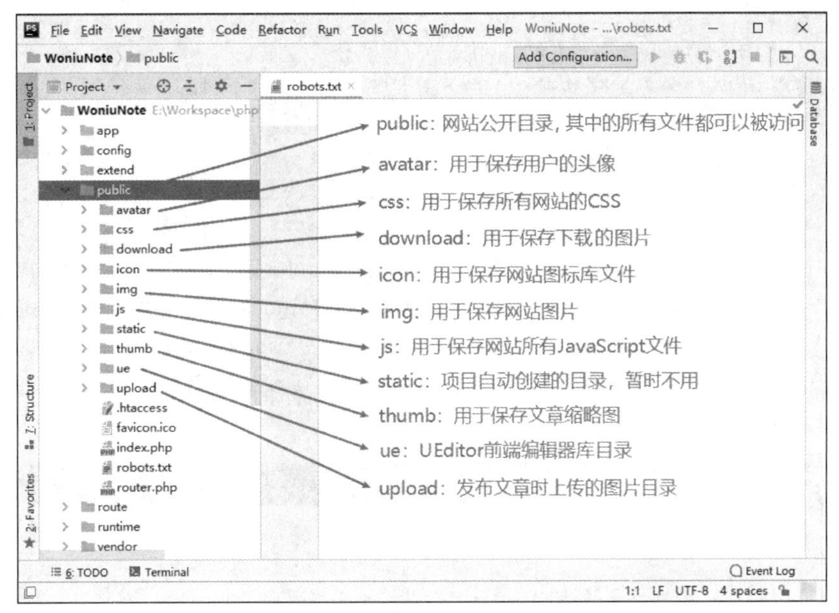

图 2-4　WoniuNote 项目的静态资源目录

（3）重命名项目根目录下的.example.env 文件名为.env，该文件保存了当前项目的环境变量，可以在任意 PHP 代码中通过 Env::get('')来取得其中的值。但是当前不是为了取值，而是为了打开项目的调试模式。打开调试模式后，代码出错了可以看到更详细的错误信息。

```
APP_DEBUG = true      # 确保该变量值为true，其他变量先不用修改
```

（4）在 view 目录下创建一个目录 index，并在 index 目录下创建 index.html 文件，编写一段简单的 HTML 代码，具体如下。这个 index.html 文件就是模板视图文件。

```
<!DOCTYPE html>
<html lang="en">
<head>
    <meta charset="UTF-8">
    <title>蜗牛笔记-全功能博客系统</title>
</head>
<body>
    <div style="width: 1300px; height: 80px; margin: auto; border: solid 2px red;">
        <div style="width: 400px; text-align: left; float: left; padding-top: 10px;">
            <img src="/img/logo.png" style="width: 230px"/>
        </div>
        <div style="width: 400px; text-align: right; float: right;
                     line-height: 80px; font-size: 28px; padding-right: 10px">
            以蜗牛之名，行学习之实
        </div>
    </div>
</div>
</body>
</html>
```

（5）完成上述代码的编写后，还无法直接在 ThinkPHP 项目环境中访问，需要配置好路由，利用模板引擎将首页渲染为上述页面而不是 ThinkPHP 本身的欢迎页面。所以需要修改项目目录下的 app\controller\Index.php 文件中的首页内容，代码如下。

```
<?php
namespace app\controller;
```

```
use app\BaseController;

class Index extends BaseController {
    public function index() {
        // 将HTML静态代码通过当前Index控制器中的index方法进行渲染
        // Index控制器的index方法接口默认对应网站首页
        // 表示渲染view/index/index.html内容并返回，渲染时不需要加扩展名“.html”
        return view('index');
    }
    public function hello($name = 'ThinkPHP6') {
        return 'hello,' . $name;
    }
}
```

上述代码中使用 view('index')来渲染 HTML 页面，在 ThinkPHP 中不需要写完整的 HTML 页面路径，ThinkPHP 会自动从 view 目录下查找 Index 控制器对应的 index 目录，再继续查找该目录下是否存在 index.html 文件。而在步骤（4）中已经在此目录下创建了 index.html 文件，所以可以通过路径 http://127.0.0.1 正常访问网站首页。但是，此时访问会出现“Driver [Think] not supported.”的错误信息，如图 2-5 所示。

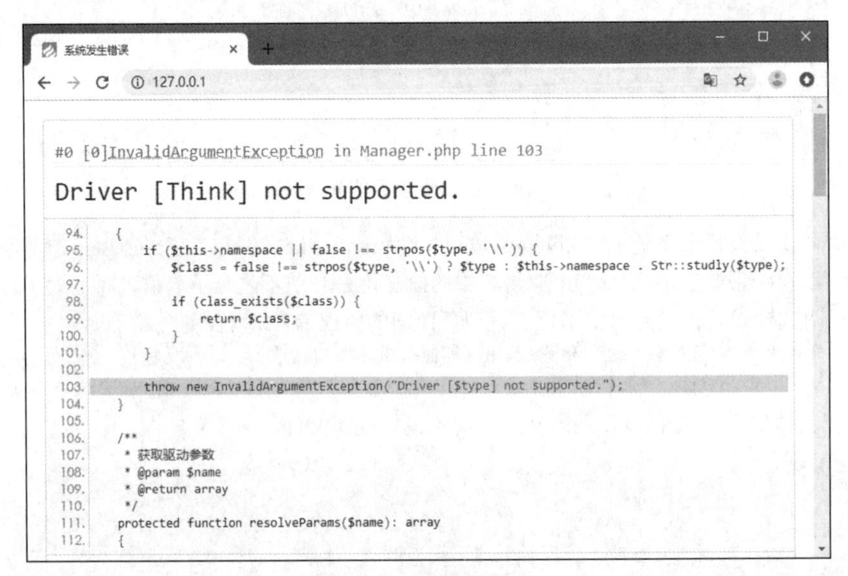

图 2-5 出现错误信息

（6）出现上述错误信息的原因是在 ThinkPHP 的此版本中并没有将 ThinkTemplate 模板引擎整合进来，需要通过 Composer 进行单独的安装才可以正常使用模板引擎对 HTML 页面进行渲染。打开命令行窗口，切换到 WoniuNote 目录下并运行下面的命令以安装 ThinkTemplate 模板引擎。

```
E:\Workspace\phpworkspace\WoniuNote>composer require topthink/think-view
```

（7）当 ThinkTemplate 模板引擎安装成功后，再次访问 http://127.0.0.1，如果成功展示 index.html 页面内容，如图 2-6 所示，则说明调试环境构建成功，后文介绍的前后端开发均基于该环境进行。

图 2-6 利用 ThinkPHP 模板引擎渲染 HTML 页面

上述构建调试环境的过程，涉及部分 ThinkPHP 的控制器和模板引擎的基础用法，本书将在第 4 章中进行详细讲解。此处只要能够构建成功，就已经可以进行前端界面布局和调试了，相信大家也能够感受到 ThinkPHP 的简洁、高效的特点。

2.2 系统首页

2.2.1 功能列表

首页的设计风格决定了整个网站的设计思路。同时，如果能够完整地设计出首页模板，那么其他页面就可以如法炮制，能快速提高前端界面的开发效率。先来看看首页由哪些部分构成。

（1）顶部的 Logo 和 Slogan 区域，纯静态内容展示，只需要简单处理。

（2）顶部的文章分类导航栏，用于文章分类，同时右侧放置用户菜单，如“登录”“注销”“用户中心”等。

（3）中部左侧显示轮播图和文章列表。文章列表可以分为 4 个部分：文章缩略图、文章标题、文章摘要以及基本信息。其中，基本信息包括作者、分类、发布时间、浏览量、评论量、积分消耗等数据。

（4）中部右侧显示文章搜索栏和文章推荐栏，可以从多个维度进行推荐，本书选择从 3 个维度进行推荐：最新文章、最多访问、特别推荐。

（5）由于博客系统的文章数量通常比较多，因此需要进行分页，可以在文章列表的下方显示分页导航按钮。

（6）底部为一些常规静态信息，正常布局即可。

2.2.2 顶部设计

顶部的设计主要分为两个区域：Logo 和 Slogan 区域、文章分类导航栏区域。

1. Logo 和 Slogan 区域

Logo 和 Slogan 区域需放置一张图片和一条文字 Slogan，只需要设计 1300px 的宽度，并实现水平居中，同时确保 Logo 和 Slogan 垂直居中即可，基础代码如下。

```
<!DOCTYPE html>
<html lang="en">
<head>
   <meta charset="UTF-8">
   <title>蜗牛笔记-全功能博客系统</title>
   <meta name="viewport" content="width=device-width, initial-scale=1"/>
   <link rel="stylesheet" href="/css/bootstrap.css" type="text/css"/>
   <style>
       body {
           margin: 0px;    /* 使浏览器窗口与元素之间无间隙 */
           background-color: #eeeeee;  /* 浏览器界面整体为浅灰色背景 */
           font-size: 16px;    /* 字体大小 */
           font-family: 微软雅黑,幼圆,宋体,Verdana;  /* 字体名称 */
       }
       @media (min-width: 1200px) {
           .container {
               max-width: 1300px;
           }
       }
       .header {
           border-top: solid 3px black;
           border-radius: 0px
       }
   </style>
</head>
```

```
<body>
    <div class="header">
    <div class="container" style="padding: 0px 10px 0px 0px;">
        <div class="row">
            <div class="col-sm-4 col-4" style="margin: 10px 0px;">
                <a href="/">
                    <img src="/img/logo.png" style="width: 230px;">
                </a>
            </div>
            <!-- 仅在sm及以上设备中显示 -->
            <div class="col-sm-8 col-8 d-none d-sm-block"
                 style="text-align: right; padding-top: 20px;">
                <h2 style="color: midnightblue">以蜗牛之名，行学习之实</h2>
            </div>
            <!-- 仅在移动端显示 -->
            <div class="col-sm-8 col-8 d-sm-none"
                 style="text-align: right; padding-top: 20px;">
                <h3 style="color: midnightblue ">技术博客</h3>
            </div>
        </div>
    </div>
</div>
    <div style="margin-bottom: 10px; border-top: solid 2px orangered">
        <div class="container"></div>
    </div>
</body>
</html>
```

PC 端顶部显示效果如图 2-7 所示。

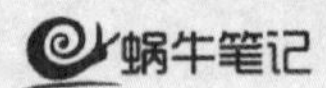

以蜗牛之名，行学习之实

图 2-7　PC 端顶部显示效果 1

2. 文章分类导航栏区域

文章分类导航栏的设计本身比较简单，但是考虑到需要适配移动端，所以仍然需要借助于 Bootstrap 的响应式设计。同时，移动端由于宽度不够，无法正常显示所有菜单，因此必须通过折叠的方式进行隐藏，并将横向菜单变成竖向菜单。Bootstrap 对此设计提供了完整的支持。其代码及注释如下。

```
<!DOCTYPE html>
<html lang="en">
<head>
    <meta charset="UTF-8">
    <title>蜗牛笔记-全功能博客系统</title>
    <meta name="viewport" content="width=device-width, initial-scale=1"/>
    <link rel="stylesheet" href="/css/bootstrap.css" type="text/css"/>
    <!-- 要使用折叠菜单功能，必须引入jQuery库和Bootstrap库 -->
<script type="text/javascript" src="/js/jquery-3.4.1.min.js"></script>
    <script type="text/javascript" src="/js/bootstrap.min.js"></script>
    <style>
        body {
            margin: 0px; /* 使浏览器窗口与元素之间无间隙 */
            background-color: #eeeeee; /* 浏览器界面整体为浅灰色背景 */
            font-size: 16px; /* 字体大小 */
            font-family: 微软雅黑, 幼圆, 宋体, Verdana; /* 字体名称 */
        }

        @media (min-width: 1200px) {
            .container {
                max-width: 1300px;
            }
        }
```

```
        .header {
            border-top: solid 3px black;
            border-radius: 0px
        }
        /* 为所有DIV元素设置圆角边框 */
        div {
            border-radius: 5px;
        }
        /* 为所有label设置加粗显示 */
        label {
             font-weight: bold;
        }
        /* 为全站所有超链接设置基本样式 */
        a:link, a:visited {
             text-decoration: none;
             color: #337ab7;
        }
        a:hover, a:active {
            text-decoration: none;
            color: #e56244;
        }
        /* 为文章分类导航栏设置样式 */
        .my-menu {
            width: 100%;
            margin-bottom: 10px;
            border-top: solid 2px orangered;
          background-color: #563d7c;
        }
        .my-menu .menu-bar a:link {
            color: whitesmoke;
        }
    </style>
</head>
<body>
<div class="header">
    <div class="container" style="padding: 0px 10px 0px 0px;">
        <div class="row">
            <div class="col-sm-4 col-4" style="margin: 10px 0px;">
                <a href="/">
                    <img src="/img/logo.png" style="width: 230px;" >
                </a>
            </div>
            <!-- 仅在sm及以上设备中显示 -->
            <div class="col-sm-8 col-8 d-none d-sm-block"
                 style="text-align: right; padding-top: 20px;">
                <h2 style="color: midnightblue ">以蜗牛之名，行学习之实</h2>
            </div>
            <!-- 仅在移动端显示 -->
            <div class="col-sm-8 col-8 d-sm-none"
                 style="text-align: right; padding-top: 20px;">
                <h3 style="color: midnightblue ">技术博客</h3>
            </div>
        </div>
    </div>
</div>

<!-- 设置一个最外层DIV元素，保持100%的浏览器宽度 -->
<div class="my-menu">
    <div class="container" style="padding: 0px;">
        <!-- 基于Bootstrap定制文章分类导航栏，可以参考bootcss.com中文网站的教程 -->
        <nav class="navbar navbar-expand-lg navbar-dark menu-bar"
             style="background-color: #563d7c;">
            <a class="navbar-brand" href="#">快捷导航</a>
```

```
                  
            <!-- 在移动端单击折叠按钮可显示导航栏菜单，类和ID属性请勿修改 -->
            <button class="navbar-toggler" type="button" data-toggle="collapse"
                 data-target="#navbarNavAltMarkup"
                  aria-controls="navbarNavAltMarkup" aria-expanded="false"
                 aria-label="Toggle navigation">
                <span class="navbar-toggler-icon"></span>
            </button>
            <!-- 配置导航栏菜单选项列表 -->
            <div class="collapse navbar-collapse" id="navbarNavAltMarkup">
                <div class="navbar-nav">
                    <a class="nav-item nav-link" href="type/1">PHP开发</a>
                    <a class="nav-item nav-link" href="type/2">Java开发</a>
                    <a class="nav-item nav-link" href="type/3">Python开发</a>
                    <a class="nav-item nav-link" href="type/4">Web前端</a>
                    <a class="nav-item nav-link" href="type/5">测试开发</a>
                    <a class="nav-item nav-link" href="type/6">数据科学</a>
                    <a class="nav-item nav-link" href="type/7">网络安全</a>
                    <a class="nav-item nav-link" href="type/8">蜗牛杂谈</a>
                </div>
                <!-- 通过ml-auto类属性设置菜单选项靠右对齐 -->
                <div class="navbar-nav ml-auto">
                    <a class="nav-item nav-link" href="#">登录</a>
                    <a class="nav-item nav-link" href="#">注销</a>
                    <a class="nav-item nav-link" href="#">用户中心</a>
                </div>
            </div>
        </nav>
    </div>
</div>
</body>
</html>
```

图 2-8 和图 2-9 分别显示了 PC 端和移动端顶部显示效果。

图 2-8　PC 端顶部显示效果 2

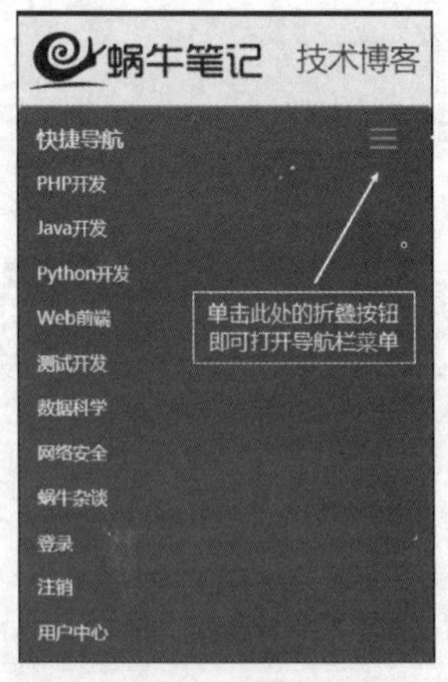

图 2-9　移动端顶部显示效果

在调试页面布局的过程中，虽然可以通过手机与计算机连接同一个局域网来访问网站页面，但是每次都这样操作会比较麻烦。Chrome 浏览器自带移动端效果预览功能，读者不需要用手机访问。按“F12”

键打开开发者工具，单击“Toggle device toolbar”按钮即可预览移动端效果，如图 2-10 所示。

图 2-10　Chrome 浏览器预览移动端效果

2.2.3　中部设计

中部页面分为左右两栏，PC 端设计为左边 9 列、右边 3 列的宽度，而移动端则设计为全部 12 列的宽度以迫使元素按照竖状进行布局。通常，在设计静态页面时，由于静态页面并没有从数据库中获取数据进行填充的能力，因此可以直接使用一些固定在 HTML 页面中的图片和文字进行代替，待最后进行前后端整合的时候再进行替换。通过这样的方式才能够看到完整的页面设计效果。

中部页面框架图的 HTML 代码的运行效果如图 2-11 所示。

```
<div class="container">
    <div class="row">
        <div class="col-sm-9 col-12" style="padding: 0 10px;" id="left">
            <div class="col-12" style="height: 250px; border: solid 2px red;">
                这里放置轮播图
            </div>
            <div class="col-12" style="height: 120px; border: solid 2px red;
                margin: 10px 0;">
                这里放置文章摘要
            </div>
            <div class="col-12" style="height: 120px; border: solid 2px red;
                margin: 10px 0;">
                这里放置文章摘要
            </div>
            <div class="col-12" style="height: 120px; border: solid 2px red;
                margin: 10px 0;">
                这里放置文章摘要
            </div>
            <div class="col-12" style="height: 120px; border: solid 2px red;
```

```
                    margin: 10px 0;">
                    这里放置文章摘要
                </div>
            </div>
            <div class="col-sm-3 col-12" style="padding: 0px 10px;" id="side">
                <div class="col-12" style="height: 60px; border: solid 2px red;">
                    文章搜索栏</div>
                <div class="col-12" style="height: 340px; border: solid 2px red;
                    margin: 10px 0;">文章推荐栏</div>
                <div class="col-12" style="height: 350px; border: solid 2px red;
                    margin: 10px 0;">文章推荐栏</div>
            </div>
        </div>
</div>
```

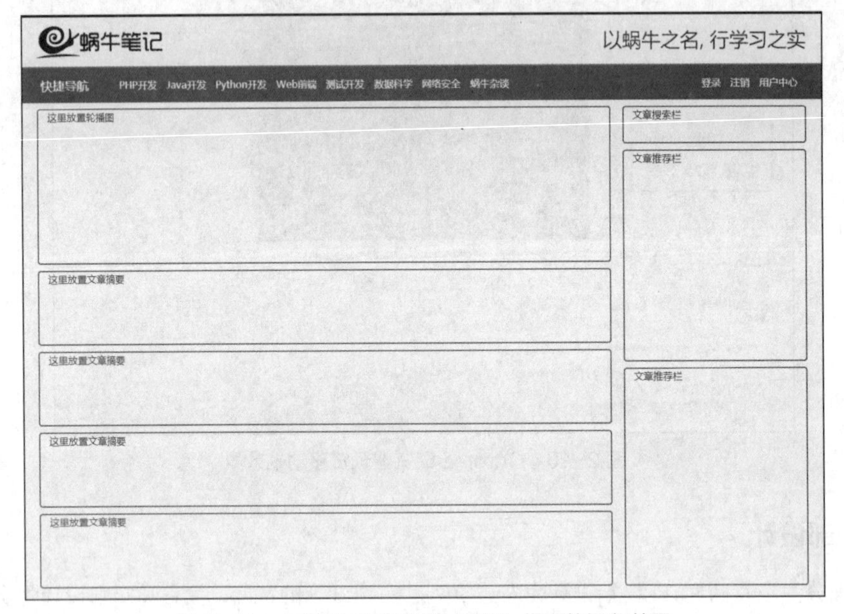

图 2-11　中部页面框架图的 HTML 代码的运行效果

框架图设计完成后，可以开始填充静态内容，便于看到最终的页面效果，步骤如下。

（1）轮播图部分，准备大约 3 张图片，并使用 Bootstrap 的轮播组件实现效果。

（2）文章摘要部分，准备一张图片用于显示文章缩略图。该部分放置于最左侧，并且设置为在移动端环境下隐藏，以让出位置显示文章标题和文章摘要。同时，为了使首页能够显示同样大小的缩略图，建议通过 CSS 属性强制设置该图片的宽度和高度。

（3）文章摘要部分的正文部分设置为 3 行，第 1 行显示文章标题，第 2 行显示文章信息，第 3 行显示文章摘要。

（4）文章搜索栏需要显示一个文本框（用于输入关键字），以及一个搜索按钮（用于搜索）。

（5）文章推荐栏设置为两行，第 1 行显示一个标题，第 2 行显示文章列表，并使用 ul 列表元素进行显示。

下列代码显示了完整的中部页面的 HTML 代码，请根据以下代码和注释进行理解。

```
<!-- 将CSS写入专门的文件，在此处引入 -->
<link rel="stylesheet" href="/css/woniunote.css" type="text/css"/>

<div class="container" style="margin-top: 20px;">
<div class="row">
<div class="col-sm-9 col-12" style="padding: 0 10px;" id="left">
    <!-- 轮播图组件应用，除了修改图片路径外，其他内容可不修改 -->
```

```
<div id="carouselExampleIndicators" class="col-12 carousel slide"
     data-ride="carousel" style="padding: 0px">
    <ol class="carousel-indicators">
        <li data-target="#carouselExampleIndicators" data-slide-to="0"
            class="active"></li>
        <li data-target="#carouselExampleIndicators" data-slide-to="1"></li>
        <li data-target="#carouselExampleIndicators" data-slide-to="2"></li>
    </ol>
    <div class="carousel-inner">
        <div class="carousel-item active">
            <img src="/img/banner-1.jpg" class="d-block w-100" alt="广告一">
        </div>
        <div class="carousel-item">
            <img src="/img/banner-2.jpg" class="d-block w-100" alt="广告二">
        </div>
        <div class="carousel-item">
            <img src="/img/banner-3.jpg" class="d-block w-100" alt="广告三">
        </div>
    </div>
    <a class="carousel-control-prev" href="#carouselExampleIndicators"
        role="button" data-slide="prev">
        <span class="carousel-control-prev-icon" aria-hidden="true"></span>
        <span class="sr-only">Previous</span>
    </a>
    <a class="carousel-control-next" href="#carouselExampleIndicators"
        role="button" data-slide="next">
        <span class="carousel-control-next-icon" aria-hidden="true"></span>
        <span class="sr-only">Next</span>
    </a>
</div>

<!-- 文章列表 -->
<div class="col-12 row article-list">
    <div class="col-sm-3 col-3 thumb d-none d-sm-block">
        <img src="/img/thumb.png" class="img-fluid"/>
    </div>
    <div class="col-sm-9 col-xs-12 detail">
        <div class="title"><a href="#">
            利用ThinkPHP框架开发Web应用系统</a></div>
        <div class="info">
            作者：邓强   
            类别：PHP开发   
            日期：2020-02-12 15:25:38   
            阅读：100 次   
            消耗积分：5 分</div>
        <div class="intro">
        ThinkPHP是一个免费开源的，快速、简单的面向对象的轻量级PHP开发框架，是为了敏捷Web
应用开发和简化企业应用开发而诞生的。ThinkPHP从诞生以来一直秉承简洁实用的设计原则 ...
        </div>
    </div>
</div>
<!-- 重复上述这一段代码多次即可实现显示多篇文章的效果 -->

<!-- 分页导航栏 -->
<div class="col-12 paginate">
    <a href="#">上一页</a>  
    <a href="#">1</a>  
    <a href="#">2</a>  
    <a href="#">3</a>  
    <a href="#">4</a>  
    <a href="#">5</a>  
    <a href="#">下一页</a>
</div>
```

```
</div>

<!-- 文章搜索栏和文章推荐栏的实现 -->
<div class="col-sm-3 col-12" style="padding: 0px 10px;">
    <div class="col-12 search-bar form-group row">
        <div class="col-8">
            <input type="text" class="form-control" id="keyword"
                   placeholder="请输入关键字" />
        </div>
        <div class="col-4" style="text-align:right;">
            <button type="button" class="btn btn-primary">搜索</button>
        </div>
    </div>

    <div class="col-12 side">
        <div class="tip">最新文章</div>
        <ul>
            <li><a href="#">1. Web系统开发框架之特性对比分析 ...</a></li>
            <li><a href="#">2. Web系统开发框架之特性对比分析 ...</a></li>
            <li><a href="#">3. Web系统开发框架之特性对比分析 ...</a></li>
            <li><a href="#">4. Web系统开发框架之特性对比分析 ...</a></li>
            <li><a href="#">5. Web系统开发框架之特性对比分析 ...</a></li>
            <li><a href="#">6. Web系统开发框架之特性对比分析 ...</a></li>
            <li><a href="#">7. Web系统开发框架之特性对比分析 ...</a></li>
            <li><a href="#">8. Web系统开发框架之特性对比分析 ...</a></li>
            <li><a href="#">9. Web系统开发框架之特性对比分析 ...</a></li>
        </ul>
    </div>

    <div class="col-12 side">
        <div class="tip">特别推荐</div>
        <ul>
            <li><a href="#">1. Web系统开发框架之特性对比分析 ...</a></li>
            <li><a href="#">2. Web系统开发框架之特性对比分析 ...</a></li>
            <li><a href="#">3. Web系统开发框架之特性对比分析 ...</a></li>
            <li><a href="#">4. Web系统开发框架之特性对比分析 ...</a></li>
            <li><a href="#">5. Web系统开发框架之特性对比分析 ...</a></li>
            <li><a href="#">6. Web系统开发框架之特性对比分析 ...</a></li>
            <li><a href="#">7. Web系统开发框架之特性对比分析 ...</a></li>
            <li><a href="#">8. Web系统开发框架之特性对比分析 ...</a></li>
            <li><a href="#">9. Web系统开发框架之特性对比分析 ...</a></li>
        </ul>
    </div>
</div>
</div>
</div>
```

与上述 HTML 代码对应的 CSS 代码展示如下。

```
body {
    margin: 0px; /* 使浏览器窗口与元素之间无间隙 */
    background-color: #eeeeee; /* 浏览器界面整体为浅灰色背景 */
    font-size: 16px; /* 字体大小 */
    font-family: 微软雅黑, 幼圆, 宋体, Verdana; /* 字体名称 */
}
/* 为container设置宽度 */
@media (min-width: 1200px) {
    .container {
        max-width: 1300px;
    }
}
.header {
    border-top: solid 3px black;
```

```
    border-radius: 0px
}
/* 为所有DIV元素设置圆角边框 */
div {
    border-radius: 5px;
}
/* 为所有label设置加粗显示 */
label {
    font-weight: bold;
}
/* 为全站所有超链接设置基本样式 */
a:link, a:visited {
    text-decoration: none;
    color: #337ab7;
}
a:hover, a:active {
    text-decoration: none;
    color: #e56244;
}
/* 为文章分类导航栏设置样式 */
.my-menu {
    width: 100%;
    margin-bottom: 10px;
    border-top: solid 2px orangered;
    background-color: #563d7c
}
.my-menu .menu-bar a:link {
    color: whitesmoke;
}
/* 首页文章列表栏样式 */
.article-list {
    border: solid 1px #cccccc;
    margin: 10px 0px;
    background-color: whitesmoke;
    padding: 15px 0px;
}
.article-list .thumb {
    margin: 0px;
    padding: 2px 10px 0 0;
}
.article-list .detail {
    padding: 0px 10px;
}
.article-list .detail .title {
    font-size: 22px;
    color: #e56244;
    margin-bottom: 10px;
}
.article-list .detail .info {
    font-size: 14px;
    color: #666666;
    margin-bottom: 10px;
}
.article-list .detail .intro {
    font-size: 16px;
    word-break: break-all;
    word-wrap: break-word;
    line-height: 25px;
}
/* 分页导航栏样式 */
.paginate {
    border: solid 1px #cccccc;
    margin: 5px 0px;
    background-color: whitesmoke;
```

```
    padding: 20px 0px;
    text-align: center;
}
/* 文章搜索栏样式 */
.search-bar {
    margin: 0px;
    border: solid 1px #cccccc;
    padding: 10px 0px;
    background-color: #563d7c;
}
/* 页面中部右侧侧边栏样式 */
.side {
    margin-top: 20px;
    border: solid 1px #cccccc;
    padding: 0px 0px;
    background-color: whitesmoke;
}
.side .tip {
    background-color: #333333;
    height: 42px;
    color: white;
    line-height: 42px;
    padding-left: 10px;
    border-radius: 0px;
    font-size: 18px;
    border-bottom: solid 2px orangered;
}
.side ul {
    list-style: none;
    padding-left: 0px;
}
.side ul li {
    line-height: 35px;
    padding-left: 10px;
}
```

最后，将中部页面对应的代码与整个首页顶部对应的代码整合到 index.html 文件中，在 PC 端的运行效果如图 2-12 所示。移动端也能够进行很好的适配，本书不再贴图。

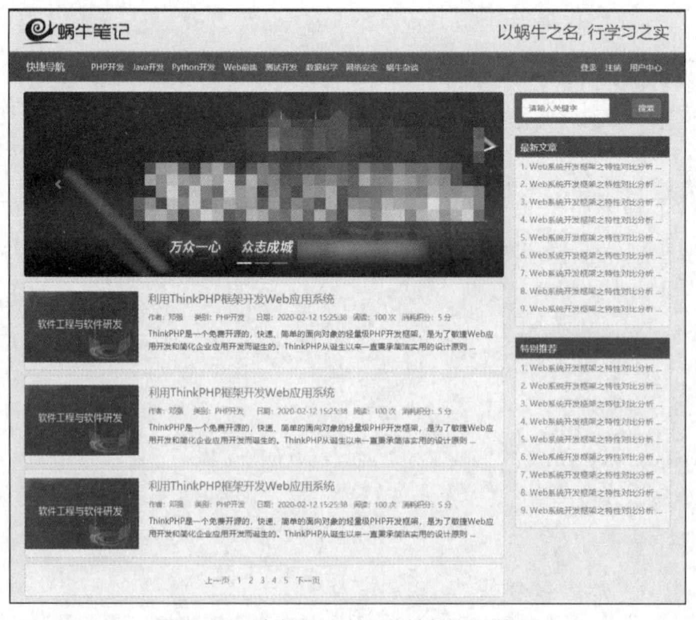

图 2-12　中部页面在 PC 端的运行效果

通常，开发 Web 系统时，需求明确后，UI 和前端界面布局是优先完成的工作。通过绘制界面原型，可以将需求进行可视化，前期需求中不明确的地方也可以通过界面原型进行确认。但是由于此时并没有后台和数据库的支撑，因此前端界面中只需要手工硬编码部分数据用于展示效果即可。后期在填充真实数据时，只需要根据当前页面的逻辑将对应数据库中的数据填充到对应位置即可。这种流程上的优化，可以更好地帮助前端和后台程序员进行分工协作。

2.2.4 底部设计

设计底部页面相对容易，具体代码如下。

```
<div class="container-fluid footer">
     <div class="container">
          <div class="row">
               <div class="col-4 left">
                         <p>版权所有 &copy; 蜗牛笔记 (V-1.0)</p>
                         <p>备案号： 蜀ICP备15014130号</p>
               </div>
               <div class="col-4 center">
                         <p>友情链接</p>
                         <p><a href="http://www.woniuxy.com/" target="_blank">
                             在线课堂</a>   
                             <a href="http://www.woniuxy.com/live" target="_blank">
                             直播课堂</a>   
                             <a href="http://www.woniuxy.com/train/index.html"
                             target="_blank">培训中心</a>   
                             <a href="http://www.aduobi.com"
                             target="_blank">UI设计学院</a>
                         </p>
               </div>
               <div class="col-4 right">
                         <p>联系我们</p>
                         <p>成都★孵化园   QQ/微信： 15903523</p>
               </div>
          </div>
     </div>
</div>
```

底部元素对应的 CSS 代码如下。

```
.footer {
     background-color: #333333;
     margin-top: 20px;
     margin-bottom: 0px;
     padding: 0px;
     border-radius: 0px;
     color: white;
}
.footer .left {
     font-size: 16px;
     margin: 20px 0px;
}
.footer .center {
     font-size: 16px;
     margin: 20px 0px;
     text-align: center;
}
.footer .right {
     font-size: 16px;
     margin: 20px 0px;
     text-align: right;
}
```

2.3 文章阅读页面

2.3.1 功能列表

文章阅读页面的功能点整理如下。

（1）需要将文章的标题、基本信息和正文内容全部展示出来。

（2）需要设置关联文章，如基于本篇文章的上一篇或下一篇文章。

（3）对于用户评论版块，主要包括发表评论、显示评论、对评论进行赞成或反对，以及回复对应评论功能。

（4）提供“收藏本文”“编辑内容”的附加功能，这些功能可以显示在标题栏处或正文结尾处。

2.3.2 设计思路

从框架上来说，文章阅读页面与首页应该保持完全一致，因为这两个页面是直接针对用户的页面。所以在设计页面时完全可以采用首页的模板，顶部、中部右侧及底部均可以复制首页的内容。本小节只需要关注文章阅读页面的关键部分的设计思路即可。

（1）文章标题的显示。此处不仅可以显示文章标题，也可以显示文章基本信息，同时可以将“编辑内容”“收藏本文”功能也添加在标题栏中，让标题栏显得比较“平衡”。

（2）正文内容的显示。此处只需要提供一个 DIV 容器，不做过多样式设置，文章内容的排版交由作者在 UEditor 编辑器中进行。

（3）关联文章的显示，可以使用一个独立的 DIV 容器。

（4）用户评论版块，主要包括发表评论和显示评论功能，可以每一条评论独占一行。同时，显示评论内容、评论者头像和评论时间，并且提供赞成、反对和回复功能。

文章阅读页面整体设计上相对比较简单。为了使交互过程更加直观，可以利用 Bootstrap 的图标功能，让页面显得更加丰富多彩一些。

2.3.3 代码实现

根据 2.3.2 小节的设计思路，对页面元素进行排列后，利用 CSS 和 Bootstrap 样式进行处理，可得到图 2-13 所示的页面效果。此处建议在 view/index 目录下创建一个新的文件 article.html 进行文章阅

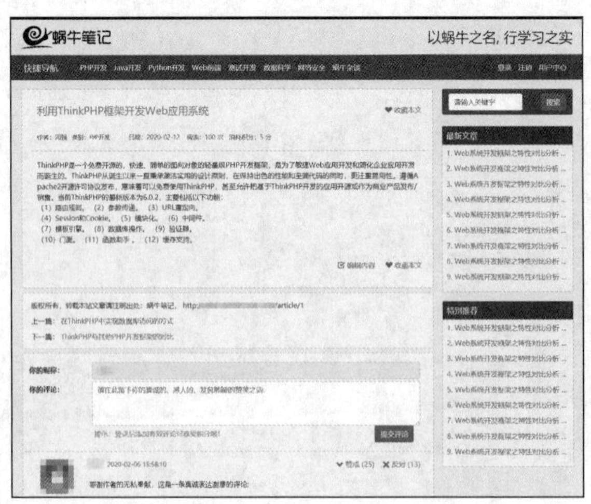

图 2-13　文章阅读页面效果

读页面的布局，同时在 app\controller\Index.php 控制器中将模板引擎渲染的页面从 view('index')修改为 view('article')，此时打开首页即可访问文章阅读页面。

在图 2-13 所示的页面效果中，可以看到应用了几个图标来增强页面的美感。此处需要到 GitHub 上下载 open-iconic 图标库，并在页面中进行引用。文章阅读页面中部区域对应的 HTML 代码如下。

```
<!-- 引用open-iconic图标库 -->
<link href="/icon/font/css/open-iconic-bootstrap.css" rel="stylesheet">

<!-- 中部区域左侧文章阅读页面布局代码 -->
<div class="col-sm-9 col-12" style="padding: 0 10px;" id="left">
<div class="col-12 article-detail row">
    <div class="col-9 title">
        利用ThinkPHP框架开发Web应用系统
    </div>
    <div class="col-3 favorite">
        <label>
            <span class="oi oi-heart" aria-hidden="true"></span> 收藏本文
        </label>
    </div>
    <div class="col-lg-12 col-md-12 col-sm-12 col-xs-12 info">
        作者：邓强   类别：PHP开发   
        日期：2020-02-12   
        阅读：100 次   消耗积分：5 分
    </div>
    <div class="col-12 content" id="content">
        ThinkPHP是一个免费开源的，快速、简单的面向对象的轻量级PHP开发框架，是为了敏捷Web应用开发
和简化企业应用开发而诞生的。ThinkPHP从诞生以来一直秉承简洁实用的设计原则，在保持出色的性能和至简代码的
同时，更注重易用性。遵循Apache2开源许可协议发布，意味着可以免费使用ThinkPHP，甚至允许把基于ThinkPHP
开发的应用开源或作为商业产品发布/销售。当前ThinkPHP的最新版本为6.0.2，主要包括以下功能：<br/>
         （1）路由规则。 （2）参数传递。 （3）URL重定向。<br/>
         （4）Session和Cookie。 （5）模块化。 （6）中间件。<br/>
         （7）模板引擎。 （8）数据库操作。 （9）验证器。 <br/>
         （10）门面。 （11）助手函数。 （12）缓存支持。<br/>
    </div>

    <div class="col-12 favorite" style="margin: 30px 0px;">
        <label>
            <span class="oi oi-task" aria-hidden="true"></span> 编辑内容
        </label>
           
        <label>
            <span class="oi oi-heart" aria-hidden="true"></span> 收藏本文
        </label>
    </div>
</div>

<div class="col-12 article-nav">
    <div>版权所有，转载本站文章请注明出处：蜗牛笔记， http://www.woniunote.com/article/1</div>
    <div>上一篇：
        <a href="#">在ThinkPHP中实现数据库访问的方式</a>
    </div>
    <div>下一篇：
        <a href="#">ThinkPHP与其他PHP开发框架的对比</a>
    </div>
</div>

<div class="col-12 article-comment" id="commenttop">
    <div class="col-12 row add-comment ">
        <div class="col-sm-2 col-12">
            <label for="nickname">你的昵称：</label>
        </div>
        <div class="col-sm-10 col-12" style="padding: 0 0 0 10px;">
```

```
                <input  type="text"  class="form-control"  id="nickname"  value='强哥'
readonly/>
            </div>
        </div>
        <div class="col-12 row">
            <div class="col-sm-2 col-12">
                <label for="comment">你的评论：</label>
            </div>
            <div class="col-sm-10 col-12" style="padding: 0 0 0 10px;">
                <textarea id="comment" class="form-control"
                    placeholder="请在此留下你真诚的、感人的、发自肺腑的赞美之词."
                    style="height: 100px;">
                </textarea>
            </div>
        </div>
        <div class="col-12 row" style="margin-bottom: 20px;">
            <div class="col-2"></div>
            <div class="col-sm-8 col-12" style="text-align: left; color: #888888;">
                提示：登录后添加有效评论可享受积分哦！</div>
            <div class="col-sm-2 col-12" style="text-align: right">
                <button type="button" class="btn btn-primary"
                onclick="addComment(this)">提交评论</button>
            </div>
        </div>

        <div class="col-12 list row">
            <div class="col-2 icon">
                <img src="/img/avitar-1.png" class="img-fluid" style="width: 70px;"/>
            </div>
            <div class="col-10 comment">
                <div class="col-12 row" style="padding: 0px;">
                    <div class="col-7 commenter">
                        强哥   2020-02-06 15:58:10</div>
                    <div class="col-5 reply">
                        <label>
                            <span class="oi oi-chevron-bottom"
                            aria-hidden="true"></span>
                            赞成 (<span>25</span>)
                        </label>   
                        <label>
                            <span class="oi oi-x" aria-hidden="true"></span>
                            反对 (<span>13</span>)
                        </label>
                    </div>
                </div>
                <div class="col-12 content">
                    感谢作者的无私奉献，这是一条真诚表达谢意的评论；
                </div>
            </div>
        </div>
        <!-- 可以重复以上代码来显示多条评论 -->
</div>
</div>
```

与上述代码元素配套的 CSS 代码如下。

```
.article-detail {
      border: solid 1px #cccccc;
      margin: 0px;
      background-color: whitesmoke;
      padding: 0px 10px 0px 20px;
}
.article-detail .title {
      font-size: 24px;
      color: #e56244;
```

```
    margin-top: 30px;
}
.article-detail .favorite {
    margin: 30px 0px;
    padding-top: 5px;
    text-align: right;
}
.article-detail .favorite label {
    font-weight: normal;
    color: #337AB7;
    cursor: pointer;
}
.article-detail .info {
    font-size: 14px;
    color: #666666;
    padding-bottom: 20px;
    border-bottom: solid 1px #cccccc;
    margin-bottom: 20px;
}
.article-detail .content {
    font-size: 16px;
    word-break: break-all;
    word-wrap: break-word;
}
.article-detail .content img {
    border: solid 1px #999999;
    display: block;
   max-width: 100%;
   height: auto;
}
.article-nav {
    border: solid 1px #cccccc;
    margin: 10px 0px;
    background-color: whitesmoke;
    padding: 10px 10px 10px 20px;
    line-height: 35px;
}
.article-comment {
    border: solid 1px #cccccc;
    margin: 10px 0px;
    background-color: whitesmoke;
    padding: 20px 0px 10px 0px;
    line-height: 35px;
}
.article-comment .list {
    margin: 0px 0px 10px 0px;
    border-top: solid 1px #cccccc;
    padding-top: 10px;
}
.article-comment .list .icon {
    margin: 0px;
    padding-top: 10px;
}
.article-comment .list .comment {
    padding: 0px 0px;
}
.article-comment .list .comment .commenter {
    font-size: 14px;
    color: #666666;
}
.article-comment .list .comment .content {
    font-size: 16px;
    padding-left: 0px;
}
.article-comment .list .comment .reply {
    text-align: right;
```

```
}
.article-comment .list .comment .reply label{
      font-weight: normal;
      color: #337AB7;
      cursor: pointer;
}
```

2.4 其他页面

2.4.1 登录和注册页面

为了减少页面之间频繁的跳转，在设计一些功能相对简单的页面时，编者建议使用模态框弹出的方式来进行处理。诸如登录、注册或者一些修改之类的页面，均可以使用 Bootstrap 自带的模态框来进行布局处理。另外，登录和注册页面通常是一体的，可以使用 Bootstrap 的选项卡将登录和注册页面布局在同一个模态框中。具体的代码及注释如下。

```
<!-- 登录和注册模态框 -->
<!-- data-backdrop="static" 表示用户必须要手动关闭模态框才能操作其他页面 -->
<div class="modal fade" id="mymodal" data-backdrop="static" tabindex="-1"
      role="dialog" aria-labelledby="staticBackdropLabel" aria-hidden="true">
<div class="modal-dialog" role="document">
<div class="modal-content">
     <!-- 在模态框内部配置Tab，用于切换“登录”和“注册”模态框 -->
     <div class="tabbable" id="tabs"
           style="background-color: #337AB7; height: 50px;padding: 5px 20px;">
          <button type="button" class="close" data-dismiss="modal">
        <span aria-hidden="true">&times;</span><span class="sr-only">Close</span>
          </button>
          <!-- 与“登录”和“注册”窗口的ID进行关联 -->
          <ul class="nav nav-tabs" role="tablist">
               <li id="login" class="nav-item active">
                      <a href="#loginpanel" data-toggle="tab" class="nav-link"
                         style="color: midnightblue">登录</a>
               </li>
               <li id="reg" class="nav-item">
                      <a href="#regpanel" data-toggle="tab" class="nav-link"
                         style="color: midnightblue">注册</a>
               </li>
          </ul>
     </div>

     <!-- 绘制“登录”窗口 -->
     <div class="tab-content">
     <div class="tab-pane container active" id="loginpanel">
     <div class="modal-content" style="margin: 20px 0px;">
     <div class="modal-body">
          <div class="form-group row" style="margin-top: 20px;">
               <label for="loginname" class="col-4">  登录邮箱：</label>
               <input type="text" id="loginname" class="form-control col-7"
                      placeholder="请输入你的邮箱地址"/>
          </div>
          <div class="form-group row">
               <label for="loginpass" class="col-4">  登录密码：</label>
               <input type="password" id="loginpass" class="form-control col-7"
                      placeholder="请输入你登录的密码"/>
          </div>
          <div class="form-group row">
               <label for="logincode" class="col-4">   图片验证码：</label>
               <input type="text" id="logincode" class="form-control col-5"
                      placeholder="请输入右侧的验证码"/>
```

```
                <img src="/vcode" id="loginvcode" class="col-3" style="cursor:pointer;"/>
            </div>
        </div>
            <div class="modal-footer">
         <button type="button" class="btn btn-dark" data-dismiss="modal">关闭</button>
                <button type="button" class="btn btn-primary">登录</button>
            </div>
        </div>
        </div>

        <!-- 绘制“注册”窗口 -->
        <div class="tab-pane container" id="regpanel">
        <div class="modal-content">
        <div class="modal-content" style="margin: 20px 0px;">
        <div class="modal-body">
            <div class="form-group row" style="margin-top: 20px;">
                <label for="regname" class="col-4">  注册邮箱：</label>
                <input type="text" id="regname" class="form-control col-7"
                       placeholder="请输入你的邮箱地址"/>
            </div>
            <div class="form-group row">
                <label for="regpass" class="col-4">  注册密码：</label>
                <input type="password" id="regpass" class="form-control col-7"
                       placeholder="请输入你的注册密码"/>
            </div>
            <div class="form-group row">
                <label for="regcode" class="col-4">  邮箱验证码：</label>
                <input type="text" id="regcode" class="form-control col-4"
                       placeholder="请输入邮箱验证码"/>
                <button type="button" class="btn btn-primary col-3">发送邮件</button>
            </div>
        </div>
        <div class="modal-footer">
          <span>注册时请使用邮箱地址，便于找回密码。  </span>
          <button type="button" class="btn btn-dark" data-dismiss="modal">关闭</button>
          <button type="button" class="btn btn-primary">注册</button>
        </div>
        </div>
        </div>
        </div>
        </div>
</div>
</div>
</div>
```

由于默认情况下，登录和注册模态框是隐藏的，因此需要单击导航栏中的“登录”按钮来调出模态框，在“登录”超链接上添加 data-toggle、data-target 属性。

```
<a class="nav-item nav-link" href="#"
    data-toggle="modal" data-target="#mymodal">登录</a>
```

上述代码的运行效果如图 2-14 所示。

图 2-14　带“登录”和“注册”选项卡的模态框效果

利用模态框可以完成很多小功能的设计而不需要跳转页面，编者建议在设计系统时多使用模态框。例如，可以把找回密码的功能也设计在登录注册模态框中，3 个选项卡非常方便用户进行操作。另外，由于篇幅所限，本书无法详细讲解关于模态框的具体说明和属性设置，读者可参考 Bootstrap 中文网，其中有详细的案例说明，需要实现某种功能时，可以直接复制其案例代码并进行适当修改，并不需要记住具体的代码或属性所代表的意思。需要注意的是，本书使用的是 Bootstrap 4.4.1，请参考相应版本的使用说明。

2.4.2 文章发布页面

文章发布页面主要由以下元素组成："文章标题"输入框、内容编辑框、"类型"下拉列表、"积分"下拉列表、"保存草稿"按钮和"发布文章"按钮。其中重点需要关注内容编辑框，因为内容编辑涉及对 UEditor 插件的使用。文章发布页面属于后台管理模块的功能，必须是有权限的用户才能发布文章，所以除了顶部与底部内容与首页风格完全一致外，中部的内容需要重新设计，不再需要显示文章推荐栏。具体的代码和注释如下。

```
<!--引入UEditor库，并初始化编辑器高度 -->
<script type="text/javascript" src="/ue/ueditor.config.js"></script>
<script type="text/javascript" src="/ue/ueditor.all.min.js"> </script>
<script type="text/javascript" src="/ue/lang/zh-cn/zh-cn.js"></script>
<script type="text/javascript">
    // 初始化UEditor插件，将之与ID为content的元素进行绑定
    var ue = UE.getEditor('content', {
        initialFrameHeight: 400,     // 设置初始为400px
        autoHeightEnabled: true     // 设置可以根据内容自动调整高度
    });
</script>

<!-- 发布文章区域布局 -->
<div class="container" style="margin-top: 20px; background-color: white; padding: 20px;">
    <div class="row form-group">
        <label for="headline" class="col-1">文章标题</label>
        <input type="text" class="col-11" id="headline"/>
    </div>
    <div class="row">
        <!--与UEditor绑定的元素在此引用，注意是script标签 -->
        <script id="content" name="content" type="text/plain">
        </script>
    </div>
    <div class="row form-group" style="margin-top: 20px; padding-top: 10px;">
        <label for="type" class="col-1">类型：</label>
        <select class="form-control col-2" id="type">
            <option value="1">PHP开发</option>
            <option value="2">Java开发</option>
            <option value="3">Python开发</option>
            <option value="4">Web前端</option>
            <option value="5">测试开发</option>
            <option value="6">数据科学</option>
            <option value="7">网络安全</option>
            <option value="8">蜗牛杂谈</option>
        </select>
        <label class="col-1"></label>
        <label for="credit" class="col-1">积分：</label>
            <select class="form-control col-2" id="credit">
             <option value="0">免费</option>
             <option value="1">1分</option>
             <option value="2">2分</option>
             <option value="5">5分</option>
             <option value="10">10分</option>
```

```
            <option value="20">20分</option>
            <option value="50">50分</option>
        </select>
        <label class="col-1"></label>
        <button class="form-control btn-default col-2">保存草稿</button>
        <button class="form-control btn-primary col-2">发布文章</button>
    </select>
    </div>
</div>
```

上述代码的运行效果如图 2-15 所示。

图 2-15　文章发布页面效果

2.4.3　系统管理页面

系统管理页面包含的内容较多，由于篇幅所限，因此本书不再具体讲解每一个页面的设计和展现其效果，仅以文章管理页面举例，其他页面可如法炮制。文章管理页面主要根据文章列表进行浏览、编辑、推荐和隐藏操作，为了更加方便地找到想要的文章，也可以在其中添加搜索功能。根据图 2-3 的设计布局编写如下 HTML 代码。

```
<div class="container" style="margin-top: 10px;">
<div class="row">
<div class="col-sm-2 col-12" style="padding: 0px 10px; ">
    <div class="col-12 admin-side" style="height: 320px">
        <ul>
        <li><a href="#"><span class="oi oi-image"
             aria-hidden="true"></span>  文章管理</a></li>
        <li><a href="#"><span class="oi oi-task"
             aria-hidden="true"></span>  评论管理</a></li>
        <li><a href="#"><span class="oi oi-person"
             aria-hidden="true"></span>  用户管理</a></li>
        <li><a href="#"><span class="oi oi-heart"
            aria-hidden="true"></span>  收藏管理</a></li>
        <li><a href="#"><span class="oi oi-account-login"
            aria-hidden="true"> </span>  推荐管理</a></li>
        <li><a href="#"><span class="oi oi-zoom-in"
            aria-hidden="true"> </span>   隐藏管理</a></li>
        <li><a href="#"><span class="oi oi-zoom-in"
            aria-hidden="true"></span>   投稿审核</a></li>
```

```
            </ul>
        </div>
</div>
<div class="col-sm-10 col-12" style="padding: 0px 10px">
     <div class="col-12 admin-main">
     <div class="col-12 row"
           style="padding: 10px;margin: 0px 10px;">
          <div class="col-2">
               <label>选择常用操作：</label>
          </div>
          <div class="col-2">
               <input type="button" class="btn btn-primary" value="新增文章"/>
          </div>
          <div class="col-2">

          </div>
          <div class="col-4">
               <input type="text" class="form-control"/>
          </div>
          <div class="col-2">
               <input type="button" class="btn btn-primary" value="搜索文章"/>
          </div>
     </div>

     <div class="col-12" style="padding: 10px;">
     <table class="table col-12">
          <thead style="font-weight: bold">
          <tr>
               <td width="10%" align="center">编号</td>
               <td width="50%">标题</td>
               <td width="8%" align="center">浏览</td>
               <td width="8%" align="center">评论</td>
               <td width="24%">操作</td>
          </tr>
          </thead>
          <tbody>
          <tr>
               <td align="center">1</td>
               <td>利用ThinkPHP框架开发Web应用系统</td>
               <td>
                    <a href="#" target="_blank">浏览</a>  
                    <a href="#" target="_blank">编辑</a>  
                    <a href="#">推荐</a>  
                    <a href="#">隐藏</a>
               </td>
          </tr>
          <tr>
               <td align="center">1</td>
               <td>利用ThinkPHP框架开发Web应用系统</td>
               <td>
                    <a href="#" target="_blank">浏览</a>  
                    <a href="#" target="_blank">编辑</a>  
                    <a href="#">推荐</a>  
                    <a href="#">隐藏</a>
               </td>
          </tr>
          <tr>
               <td align="center">1</td>
               <td>利用ThinkPHP框架开发Web应用系统</td>
               <td>
                    <a href="#" target="_blank">浏览</a>  
                    <a href="#" target="_blank">编辑</a>  
```

```
                    <a href="#">推荐</a>  
                    <a href="#">隐藏</a>
                </td>
            </tr>
            </tbody>
        </table>
        </div>
        </div>
</div>
</div>
</div>
```

上述代码的运行效果如图 2-16 所示。

图 2-16　文章管理页面效果

Chapter 03

第3章

数据库设计

学习目标

（1）熟练使用Navicat或phpMyAdmin完成数据库设计。

（2）掌握MySQL数据库中的表关系和数据类型。

（3）进一步通过设计数据库来深入理解系统功能。

本章导读

■软件系统的研发过程主要包括 5 个基本阶段：需求分析、UI 与前端设计、数据库设计、编码实现、系统测试。第 1 章分析了蜗牛笔记的功能，第 2 章对 UI 界面进行了分析、设计，并利用 HTML 代码完成了具体实现。本章便进行第 3 个阶段的研发工作：数据库设计。

3.1 设计用户表

3.1.1 设计思路

蜗牛笔记作为一个多用户博客系统，其用户表（users 表）的设计及用户权限的处理显得至关重要。对于哪些用户是普通用户，哪些用户是可以发布文章的作者，必须有清楚的标识。另外，用户表也承载着注册、登录、积分消耗和发表评论等功能，所以用户表将与很多其他表产生关联。通过对用户表的设计，可以更好地帮助我们理解蜗牛笔记的各项功能。

（1）为用户表设计一个唯一标识字段，并设置为自增长，以此来标识不同的用户。同时，应该将该字段设计为主键，以便与其他表产生关联。

（2）设计用户名和密码，用于注册和登录，安全起见，密码建议使用 MD5 进行加密处理。同时，为了更加方便地与用户取得联系，以及便于用户在忘记密码时能够找回密码，建议使用邮箱地址或者电话号码进行注册。

（3）蜗牛笔记会显示作者的名字，发表评论时也会显示评论者的名字。显然，不应该将用户的手机号码或者邮箱地址直接显示在页面中，因此需要为每一个用户指定一个昵称用于显示，这样会显得更加友好。

（4）为了更方便地与用户取得联系，可以在用户同意的情况下索取用户的 QQ 号码，QQ 号码对应着 QQ 邮箱，对于某些优秀文章，可以通过直接发送邮件的方式分享给用户。

（5）为用户表的每一个用户指定一个角色，如 admin、editor 或 user，用于标识用户类别，便于系统检查用户是否有权限操作相应功能。

（6）由于蜗牛笔记设计了积分阅读功能，因此需要为用户表设计积分字段，用于汇总当前用户的剩余积分。

（7）为了让用户信息显得更加个性化，建议用户自己选择不同的头像，系统也可以默认为注册的初始用户生成一张随机头像。

（8）通常情况下，每一种表的每一条数据都需要有两个时间标识，分别用于标识某行数据是什么时候新增的、什么时候被修改过。

3.1.2 数据字典

根据用户表的功能设计数据字典，如表 3-1 所示。

表 3-1 用户表的数据字典

字段名称	字段类型	字段约束	字段说明
userid	int(11)	自增长×主键×不为空	用户唯一编号
username	varchar(50)	字符串×最多 50 个字符×不为空	登录账号，可以为有效的邮箱地址或电话号码
password	varchar(32)	MD5 加密字符串×不为空	登录密码
nickname	varchar(30)	字符串×最多 30 个字符×可为空	用户昵称
avatar	varchar(20)	字符串×最多 20 个字符×可为空	用户头像的图片文件名
qq	varchar(15)	字符串×最多 15 个字符×可为空	用户的 QQ 号码
role	varchar(10)	字符串×不为空，admin 表示管理员，editor 表示作者，user 表示普通用户	用户的角色
credit	int(11)	整型数据×默认为 50，表示用户注册时即赠送 50 积分	用户的剩余积分

续表

字段名称	字段类型	字段约束	字段说明
createtime	datetime	时间日期类型、格式为 yyyy-mm-dd hh:mm:ss	该条数据的新增时间
updatetime	datetime	时间日期类型、格式同上	该条数据的修改时间

此处需要额外注意一点，由于 user 是 MySQL 的关键字，为了避免出现与表名混淆的情况，因此将用户表命名为 users。

3.1.3 创建用户表

完成了用户表的数据字典的设计后，可以直接使用 Navicat 来创建用户表。在创建数据库的第一张表之前，需要先创建一个数据库，可将其命名为 woniunote，如图 3-1 所示。

在创建数据库的时候需要特别注意，为了与 PHP 和浏览器等应用系统的字符编码更好地匹配，请务必指定数据库的编码格式为 UTF-8。当然，也可以使用 phpMyAdmin 创建数据库和表，操作与之类似。数据库创建完成后直接创建用户表，将其命名为 users，如图 3-2 所示。

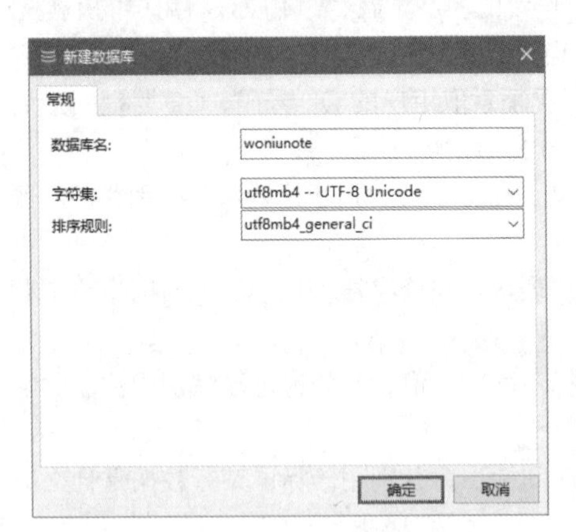

图 3-1 在 Navicat 中创建数据库

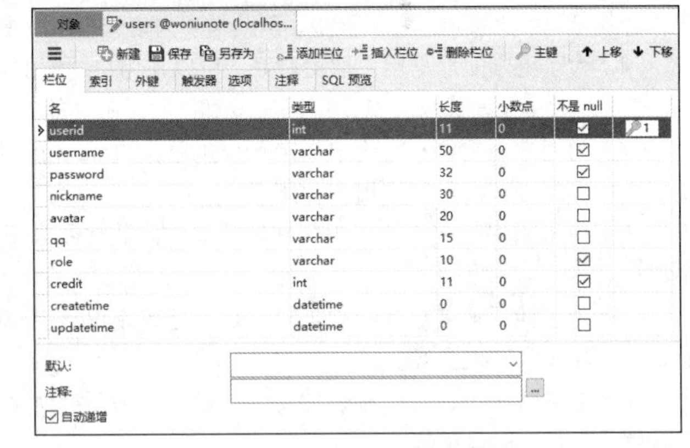

图 3-2 在 Navicat 中创建用户表

创建完用户表后，可以运行以下 SQL 语句先插入几条用户数据，便于后期在开发过程中进行调试。事实上，对于用户注册的过程，在后台最终也是执行这样的 SQL 语句。

```
INSERT INTO 'users' VALUES ('1', 'woniu@woniuxy.com',
   'e10adc3949ba59abbe56e057f20f883e', '蜗牛', '1.png', '12345678', 'admin', '0',
   '2020-02-05 12:31:57', '2020-02-12 11:45:57');
INSERT INTO 'users' VALUES ('2', 'qiang@woniuxy.com',
   'e10adc3949ba59abbe56e057f20f883e', '强哥', '2.png', '33445566', 'editor', '50',
   '2020-02-06 15:16:55', '2020-02-12 11:46:01');
INSERT INTO 'users' VALUES ('3', 'denny@wonixy.com',
   'e10adc3949ba59abbe56e057f20f883e', '丹尼', '3.png', '226658397', 'user', '100',
   '2020-02-06 15:17:30', '2020-02-12 11:46:08');
```

本书将不再阐述其他表的创建过程，实战时请读者参考本节的步骤进行处理。

3.2 设计文章表

3.2.1 设计思路

博客系统的核心是文章内容，所以文章表（article 表）的设计至关重要。从第 2 章的前端界面设计来看，文章表主要解决以下 11 个问题。

（1）文章的类型，属于哪一种技术类型的文章。

（2）文章的标题列，用于存储文章的标题。

（3）文章的内容，以 HTML 格式存储。

（4）文章的作者信息，由于在用户表中已经有了作者信息，因此此处进行关联即可。

（5）文章的缩略图，用于在首页中显示以使排版更加美观。不建议在数据库中直接保存二进制数据，通常将图片保存在硬盘中，数据库中只存储相应路径。

（6）文章阅读次数、评论次数和收藏次数，此类汇总数据通常有两种处理方式，一是直接在代码中运行 SQL 语句的 count 函数进行实时汇总，二是直接在主表中对相应列进行更新操作。例如，对于评论次数的处理，第一种方式的处理过程如下：对文章表不设计评论次数字段，每次要查询某篇文章的评论次数时，都直接汇总用户评论表中的数量。但是这种方式对数据库的查询开销比较大，例如，在首页显示文章列表时，需要同步查询一页用户评论表。第二种方式的处理过程如下：为文章表设计一个评论次数字段，每次有一条评论增加到评论表中时，将文章表的评论次数加一，删除某条评论时将评论次数减一。这样在显示文章列表时，不必再对评论表进行关联查询。

（7）文章的积分消耗，如果文章需要设置积分阅读功能，那么需要标识文章所需积分。

（8）文章的推荐标识，如果将某文章设置为推荐文章，则可以在首页文章推荐栏中将其显示出来。

（9）文章的隐藏标识，用于标识文章是否被隐藏。

（10）由于发布文章时可以保存成草稿，所以需要有一个字段来标识其是否为草稿。

（11）普通用户不能直接发布文章，但是可以投稿，投稿后需要管理员进行审核或编辑后才能正式发布。所以，需要一个字段来标识其是正式文章还是待审核文章。

另外，文章表与用户表的主外键关系的设计，包括后续各类表的主外键的约束关系也很关键。主外键约束可以确保多个表的数据的完整性和一致性，这也是关系数据库的核心功能。但实际经验是，针对互联网类业务系统，主外键约束并不是必需的，通过代码进行控制也是一种方案。因为当一个复杂系统中表与表之间的关系太多时，往往会增加更多数据库开销从而导致性能下降。其实，在 ThinkPHP 的模型类中也可以指定主外键约束，所以没有必要非要在数据库中指定。

主外键约束主要是约束关联表之间的数据更新，尤其是插入和删除。插入外表数据时，要确保外表中的外键数据一定存在于主表中，否则无法插入数据。而在删除主表数据时，要确保外表中没有进行主键引用，否则无法删除主表数据。以此来保证数据的完整性和一致性。

对蜗牛笔记来说，80%的应用场景都是查询，只有在发布文章和添加评论时需要插入数据，这部分场景对主外键约束的要求相对并不高，且程序员完全可以在程序中进行控制。而蜗牛笔记根本不存在删除操作，所有的删除操作均称为隐藏，只是用一个字段来标识该数据不显示在界面中，这也是很多系统的常用做法，可以确保数据不被永久删除或由于用户误操作而导致永久性删除，在需要的时候还可以通过修改状态进行找回。例如，某购物网站的用户中心可以删除订单，而删除的订单直接转移到草稿箱中，用户仍然可以找回，其原理与之是类似的。当然，如果很久不使用这些数据，确保备份后也是可以一次性批量运行 SQL 语句来将其删除的。

所以蜗牛笔记在数据库中不会设计主外键约束，但是数据字典中会体现，在后台 PHP 代码中也会体现这部分关联。当然，从另外一个层面来说，蜗牛笔记并不是一个大型系统，主外键约束对系统的性能影响并没有多大，所以不必在数据库中进行强制主外键约束的设计，但是读者可以自行添加约束，对后续功能的实现并无影响。

3.2.2 数据字典

根据文章表的功能设计数据字典，如表 3-2 所示。

为了降低表之间的关系复杂度，同时考虑到文章类别并不会经常被修改和调整，蜗牛笔记不再单独创建文章类别表，而是定义好类别名称和类别 ID 后在代码中直接处理。图 3-3 所示为在博客分类导航栏和发布文章时的类别下拉列表中已经定义好的规范。

表 3-2　文章表的数据字典

字段名称	字段类型	字段约束	字段说明
articleid	int(11)	自增长、主键、不为空	文章唯一编号
userid	int(11)	用户表外键、不为空	关联作者信息
category	tinyint	整型数据、无默认值、不为空	关联文章类别
headline	varchar(100)	字符串、最长 100 个字符、不为空	文章标题
content	mediumtext	字符串、最多 16777216 个字符	文章内容
thumbnail	varchar(20)	字符串，最多 30 个字符	缩略图文件名
credit	int(11)	整型数据、默认为 0	文章消耗的积分数
readcount	int(11)	整型数据、默认为 0	文章阅读次数
replycount	int(11)	整型数据、默认为 0	评论回复次数
recommended	tinyint	整型数据、默认为 0（不推荐）	是否设为推荐文章
hide	tinyint	整型数据、默认为 0（不隐藏）	文章是否被隐藏，注意 hidden 是 ThinkPHP 内置名称，无法使用其为列名
drafted	tinyint	整型数据、默认为 0（非草稿）	文章是否为草稿
checked	tinyint	整型数据、默认为 1（正式文章）	文章是否已被审核
createtime	datetime	时间日期类型	该条数据的新增时间
updatetime	datetime	时间日期类型	该条数据的修改时间

博客分类导航栏分类规范

```
<div class="navbar-nav">
    <a class="nav-item nav-link" href="/type/1">PHP开发</a>
    <a class="nav-item nav-link" href="/type/2">Java开发</a>
    <a class="nav-item nav-link" href="/type/3">Python开发</a>
    <a class="nav-item nav-link" href="/type/4">Web前端</a>
    <a class="nav-item nav-link" href="/type/5">测试开发</a>
    <a class="nav-item nav-link" href="/type/6">数据科学</a>
    <a class="nav-item nav-link" href="/type/7">网络安全</a>
    <a class="nav-item nav-link" href="/type/8">蜗牛杂谈</a>
</div>
```

文章发布页面类别下拉列表规范

```
<select class="form-control col-2" id="type">
    <option value="1">PHP开发</option>
    <option value="2">Java开发</option>
    <option value="3">Python开发</option>
    <option value="4">Web前端</option>
    <option value="5">测试开发</option>
    <option value="6">数据科学</option>
    <option value="7">网络安全</option>
    <option value="8">蜗牛杂谈</option>
</select>
```

图 3-3　文章类别在代码中定义的规范

3.3 其他表的设计

3.3.1 用户评论表

用户评论表（comment 表）的设计需要重点解决一个问题：有效区分哪些数据是原始评论，哪些数据是对原始评论的回复。本书采用一种比较简单的方案来解决，对用户评论表增加一列用于标识被回复的评论的 ID，如果是原始评论，则标识该列值为 0。请读者按照用户评论表的数据字典完成表的设计，如表 3-3 所示。

表 3-3 用户评论表的数据字典

字段名称	字段类型	字段约束	字段说明
commentid	int(11)	自增长、主键、不为空	评论唯一编号
userid	int(11)	用户表外键、不为空	关联评论者信息
articleid	int(11)	文章表外键、不为空	关联文章表信息
content	text	字符串、最多 65536 个字符	评论的内容
ipaddr	varchar(30)	字符串、最多 30 个字符	评论用户的 IP 地址
replyid	int(11)	整型数据，如果是评论的回复，则保存被回复评论的 commentid，否则为 0，表示为原始评论	是否为原始评论及被回复评论的 ID
agreecount	int(11)	整型数据、默认为 0	赞成该评论的数量
opposecount	int(11)	整型数据、默认为 0	反对该评论的数量
hide	tinyint	整型数据、默认为 0（不隐藏）	评论是否被隐藏
createtime	datetime	时间日期类型	该条数据的新增时间
updatetime	datetime	时间日期类型	该条数据的修改时间

3.3.2 文章收藏表

文章收藏表（favorite 表）结构比较简单，它标识了哪个用户在什么时候收藏了哪篇文章，并利用另外一列来标识是否取消了收藏。文章收藏表的数据字典如表 3-4 所示。

表 3-4 文章收藏表的数据字典

字段名称	字段类型	字段约束	字段说明
favoriteid	int(11)	自增长、主键、不为空	文章收藏表唯一编号
articleid	int(11)	文章表外键、不为空	关联文章表信息
userid	int(11)	用户表外键、不为空	关联用户表信息
canceled	tinyint	整型数据、默认为 0（不取消收藏）	文章是否被取消收藏
createtime	datetime	时间日期类型	该条数据的新增时间
updatetime	datetime	时间日期类型	该条数据的修改时间

3.3.3 积分详情表

积分详情表（credit 表）详细记录了用户的积分增加和消耗的历史记录，用户可以查询自己的积分增加和消耗情况，以便于核对。同时，积分详情表也对蜗牛笔记的积分策略进行了设计，定义了什么时候为用户增加积分，什么时候消耗积分。积分详情表的数据字典如表 3-5 所示。

表 3-5　积分详情表的数据字典

字段名称	字段类型	字段约束	字段说明
creditid	int(11)	自增长、主键、不为空	积分详情表唯一编号
userid	int(11)	用户表外键、不为空	关联用户表信息
category	varchar(10)	积分变化对应的类别，举例如下。 阅读文章：消耗文章设定积分。 评论文章：增加 2 分。 正常登录：增加 1 分。 用户注册：增加 50 分。 在线充值：1 元兑换 10 分。 用户投稿：增加 200 分	积分变化的原因说明，以便于用户和管理员查询明细。在线充值不支持个人用户开通支付账户，本书暂不对其进行讲解
target	int(11)	积分新增或消耗对应的目标，如果是阅读和评论文章，则对应为文章 ID；如果是正常登录或注册，则显示 0	积分增加或消耗对应的目标对象
credit	int(11)	整型数据，可正可负	积分的具体数量
createtime	datetime	时间日期类型	该条数据的新增时间
updatetime	datetime	时间日期类型	该条数据的修改时间

Chapter 04

第4章

ThinkPHP框架应用

学习目标

（1）掌握ThinkPHP的核心组件及其使用方法。

（2）熟练运用ThinkPHP处理HTTP、HTML和MySQL。

（3）熟练掌握ThinkTemplate模板引擎的语法和使用方法。

（4）熟练掌握ThinkPHP在数据库的ORM中的操作和应用。

（5）能够利用ThinkPHP开发部分蜗牛笔记的功能。

本章导读

■本章主要讲解 ThinkPHP 框架的核心功能及用法，它也是 Web 系统开发的重要组成部分，可以完整实现 MVC 分层模式的所有功能。ThinkPHP 框架主要用于处理 HTTP 请求（控制层）、完成 HTML 页面渲染（视图层）及数据库处理（模型层）等，这些功能都属于 Web 服务器的核心所在。不仅是 ThinkPHP，其他任何编程语言的任何 Web 开发框架，也都必须包含这些功能。所以通过本章的学习，读者在后续学习和使用其他 Web 开发框架时应该会非常容易上手。无论是 Python、Java 还是 PHP 的其他开发框架，都是如此。

4.1 ThinkPHP 核心功能

4.1.1 项目结构

当利用 Composer 在项目根目录下安装好 ThinkPHP 后，初次使用时难免会感觉无所适从，因为目录和文件都太多了。事实上，ThinkPHP 的目录和文件有很多是不需要关注也不需要修改的。因为 ThinkPHP 作为一套与项目紧密结合的框架，所有的项目目录都是与项目一致的。因此，在开发过程中，只需要重点关注几个重要的文件，其他文件只要保持供系统调用即可。下面对重要的目录和文件进行简单的解释。

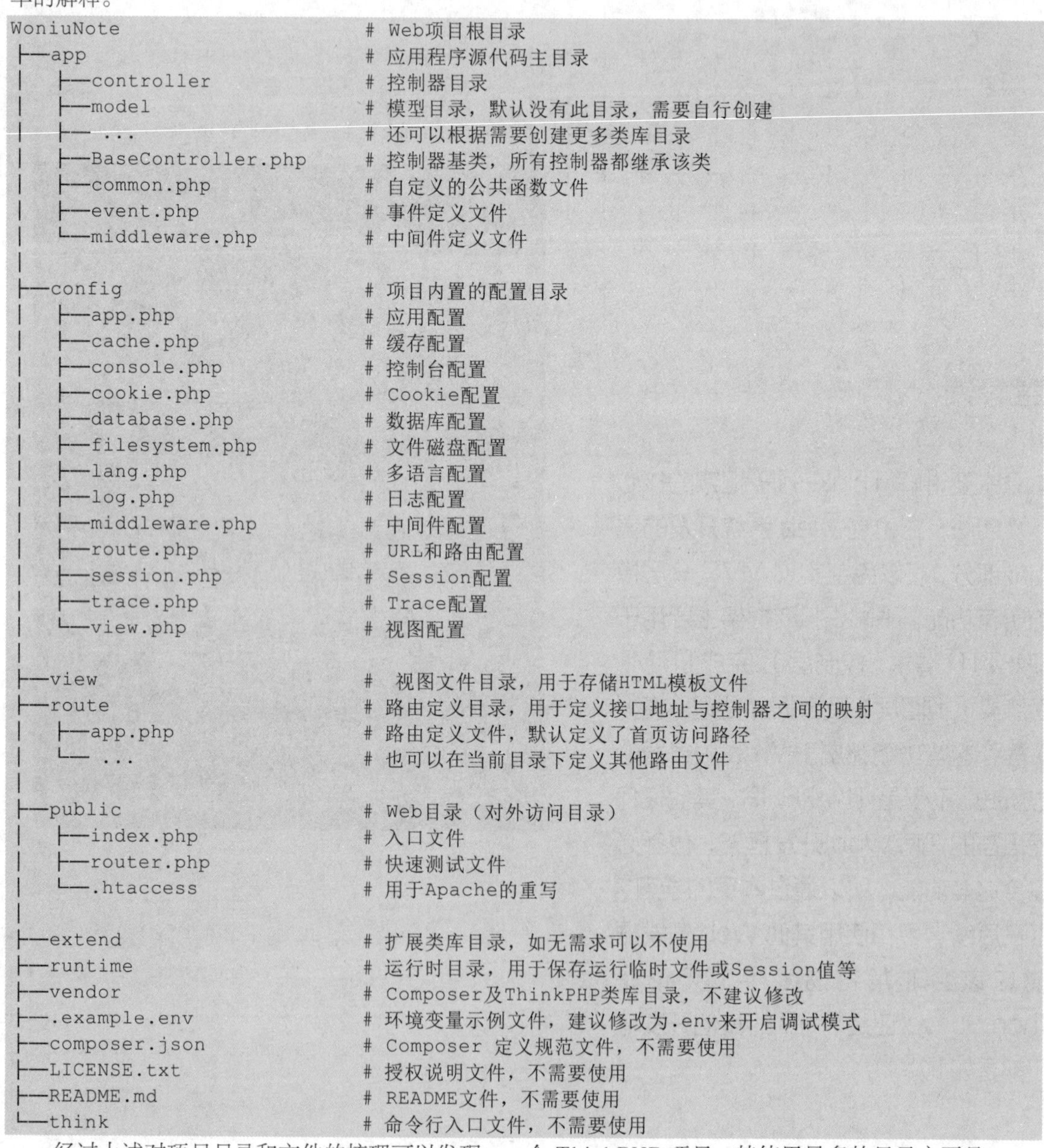

```
WoniuNote                         # Web项目根目录
├─app                             # 应用程序源代码主目录
│  ├─controller                   # 控制器目录
│  ├─model                        # 模型目录，默认没有此目录，需要自行创建
│  ├─ ...                         # 还可以根据需要创建更多类库目录
│  ├─BaseController.php           # 控制器基类，所有控制器都继承该类
│  ├─common.php                   # 自定义的公共函数文件
│  ├─event.php                    # 事件定义文件
│  └─middleware.php               # 中间件定义文件
│
├─config                          # 项目内置的配置目录
│  ├─app.php                      # 应用配置
│  ├─cache.php                    # 缓存配置
│  ├─console.php                  # 控制台配置
│  ├─cookie.php                   # Cookie配置
│  ├─database.php                 # 数据库配置
│  ├─filesystem.php               # 文件磁盘配置
│  ├─lang.php                     # 多语言配置
│  ├─log.php                      # 日志配置
│  ├─middleware.php               # 中间件配置
│  ├─route.php                    # URL和路由配置
│  ├─session.php                  # Session配置
│  ├─trace.php                    # Trace配置
│  └─view.php                     # 视图配置
│
├─view                            #  视图文件目录，用于存储HTML模板文件
├─route                           # 路由定义目录，用于定义接口地址与控制器之间的映射
│  ├─app.php                      # 路由定义文件，默认定义了首页访问路径
│  └─ ...                         # 也可以在当前目录下定义其他路由文件
│
├─public                          # Web目录（对外访问目录）
│  ├─index.php                    # 入口文件
│  ├─router.php                   # 快速测试文件
│  └─.htaccess                    # 用于Apache的重写
│
├─extend                          # 扩展类库目录，如无需求可以不使用
├─runtime                         # 运行时目录，用于保存运行临时文件或Session值等
├─vendor                          # Composer及ThinkPHP类库目录，不建议修改
├─.example.env                    # 环境变量示例文件，建议修改为.env来开启调试模式
├─composer.json                   # Composer 定义规范文件，不需要使用
├─LICENSE.txt                     # 授权说明文件，不需要使用
├─README.md                       # README文件，不需要使用
└─think                           # 命令行入口文件，不需要使用
```

经过上述对项目目录和文件的梳理可以发现，一个 ThinkPHP 项目，其使用最多的目录主要是 app、

route、view、public 这 4 个，因为这 4 个目录对应的都是项目运行的核心代码。另外，根据项目需求进行配置文件修改的 config 目录也偶尔会使用到，但是一旦配置完成就不再需要修改。

4.1.2 命名规范

ThinkPHP 项目的命名规范基本遵守 PHP 的命名规范，本书介绍的所有的命名同样遵守如下规范。

（1）目录：全部使用小写字母，多个单词之间使用下画线分隔，如 public、config_file。

（2）类文件：类文件名均以命名空间定义，且命名空间路径和类库文件所在路径一致。

（3）类文件采用驼峰法命名（首字母大写），如 Index.php。

（4）类名和文件名保持一致，统一采用驼峰法命名（首字母大写），如 Base、UserController。

（5）其他文件或 PHP 函数类源代码，采用小写字母和下画线命名，如 common.php、unit_test.php。

（6）函数和变量的命名全部使用小写字母，多个单词之间使用下画线分隔，如 find、get_name。

（7）方法和类属性的命名建议使用驼峰法命名，但是首字母小写，如 findMyName、render。

（8）常量和环境变量以大写字母和下画线命名，如 APP_DEBUG。

（9）配置参数以小写字母和下画线命名，如 url_convert。

4.1.3 路由规则

路由功能是 Web 开发框架中非常核心的功能，也是解决 URL 和控制器之间关系映射的“桥梁”。路由器主要解决 4 个问题。

（1）定义服务器接口的 URL，便于前端访问。

（2）定义接收前端数据的请求类型，如 Get、Post、Put 或 Delete 等。

（3）获取请求地址中的查询参数或请求正文数据。

（4）通过路由器与控制器的绑定，使 URL 可以访问到正确的控制器，实现代码处理。

为了演示路由规则的定义，建议在 route 目录下新建一个源代码文件，并将其命名为 demo.php，下面的代码演示了定义各种路由规则的用法。

```
<?php
// 引用Route门面，实现静态访问，从而不需要实例化Route类即可调用其方法
use think\facade\Route;

// 定义一个请求，地址为think，直接在路由器中返回hello,ThinkPHP6!响应
// 通过http://127.0.0.1/think访问时可以直接看到返回的响应
// 这种方式不需要通过控制器进行处理，而是直接返回响应，通常不建议使用此方式
// 定义路由规则，如果不指定请求类型，则默认接收任意请求类型
Route::rule('think', function () {
    return 'hello,ThinkPHP6!';
});

// 定义首页访问路由，首页地址由/直接指定
Route::rule('/', 'index');

// 定义一个Post请求，接口地址为add，并将其绑定到Article控制器中的add方法上
Route::rule('add', 'article/add', 'POST');
// 通常在不限定请求类型时才使用Route::rule来定义路由规则
// 如果明确限定请求类型，则建议通过调用Route的快捷方法直接指定，如下
Route::post('add', 'article/add');   // 表示只接收Post请求类型
Route::get('hello', 'index/hello');   // 表示只接收Get请求类型

// 定义路由参数，地址为hello/:带一个name参数，值可以任意修改
// 如访问http://127.0.0.1/hello/woniu，则woniu将作为Index控制器hello方法的参数
Route::get('hello/:name', 'index/hello');
// 定义Put请求路由规则，并指定文章编号为参数
Route::put('article/:id','article/update');
```

```
// 定义路由参数时，除了使用:，也可以使用<>对参数名进行标识，二者效果完全一致
Route::get('article/<id>','article/read');
// 如果将路由参数用 [] 标识，则表示该参数为可选参数，可以有值，也可以没有值
Route::get('hello/[:name]', 'index/hello');
// 可选参数只能放到路由规则的最后，否则后续的参数将无法确定类型
Route::get('hello/:phone/[:name]', 'index/hello');
```

再次强调，虽然一些简单的响应可以直接在路由文件中返回，这种方式在本章介绍一些简单的 ThinkPHP 用法时可以使用，但是编者并不建议在真实的系统开发中使用这种方式。应严格通过路由器中所绑定的控制器来进行逻辑处理，在控制器的方法中进行响应。

另外，路由规则一旦定义，系统就会按照路由地址和参数通过分隔符‘/’一条一条进行顺序对应，如果路由地址后面有多余的参数，则会被直接忽略。例如，定义了一个路由规则为 article/:id，而事实上访问地址为 http://127.0.0.1/article/123/456，则 123 会被传递给路由参数 id，而 456 则会被直接忽略。如果需要对路由地址进行严格的完全匹配，则在定义路由接口时应在后面添加$作为结尾，如 article/:id$，此时再访问 http://127.0.0.1/article/123/456 就会报错。

4.1.4 控制器

在 MVC 分层模式下，控制器承担着重要的业务逻辑处理和返回响应的作用。同时，控制器是路由规则最终能够实现对应功能的“落脚点”，所以控制器与路由规则息息相关、互相绑定。按照 ThinkPHP 的约定规则，路由器建议定义在 app\controller 目录下进行统一管理。此外，控制器的文件名必须与类名保持大小写完全一致，同时建议让控制器继承 BaseController 类，BaseController 类封装了更多的操作，可以方便地在自定义控制器中进行调用。下列代码定义了一个 User 控制器，其中定义了一个带 userid 参数的 query 方法。

```
<?php
namespace app\controller;   // 声明当前控制器的命名空间
use app\BaseController;     // 引用BaseController类

// 建议让控制器继承BaseController类，以方便方法调用，如验证器、Request对象等
class User extends BaseController {
    // 所有控制器方法，建议显式声明为public
    public function query($userid) {
        // PHP中的双引号可以直接引用变量，单引号不行
        return "正在查询用户编号为：$userid 的结果.";
    }
}
```

定义好控制器和相应方法后，还需要在路由器中注册该方法对应的 URL 路由地址，按照 4.1.3 小节介绍的路由规则，可以在 route 目录下的 demo.php 中注册以下路由。

```
// 为User控制器的query方法进行定义，将接口地址设置为user/userid
// 参数名必须与query方法的参数名保持一致
Route::get('user/:userid', 'user/query');
```

定义完路由和控制器后，直接在浏览器中访问地址 http://127.0.0.1/user/123 即可看到访问结果，如图 4-1 所示。

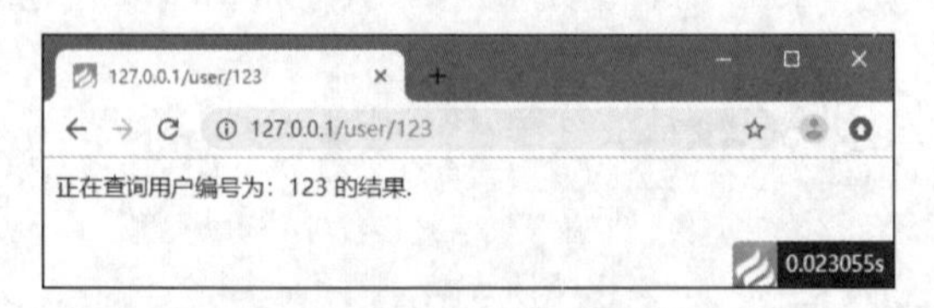

图 4-1　路由规则和控制器绑定的访问结果

理解了 Get 请求和 URL 参数的传递规则后，下面看看如何通过路由规则和控制器实现 Post 请求的处理。此处模拟一个典型的用户登录的场景，在请求正文中传递用户名、密码和验证码 3 条信息。首先在当

前的 User 控制器中创建一个新的方法 login，并实现简单的登录判断的业务逻辑代码，具体代码如下。

```
public function login() {
    // 获取Post请求正文，直接使用Request对象的param方法
    $username = Request::param('username');
    // 也可以使用post方法明确标识从Post请求中获取数据
    $password = Request::post('password');
    // 通常ThinkPHP建议使用param方法获取请求正文数据
    // $vcode = Request::param('vcode');

    if ($vcode == '0000') {
        if ($username == 'qiang' && $password == '123456') {
            return '恭喜你，成功登录';
        }
        else {
            return '用户名或密码错误';
        }
    }
    else {
        return '验证码不正确';
    }
}
```

实现控制器代码后，同样在 demo.php 中为用户的登录方法绑定路由地址。

```
Route::post('user/login', 'user/login');      // 通过http://127.0.0.1/user/login访问
```

但是现在问题来了，上述模拟用户登录的请求无法在浏览器中进行调试，因为并没有开发一个前端界面用于发送登录请求。此类情况在实际开发过程中经常遇到，此时可以使用 Postman 进行调试，直接模拟前端发送登录请求，如图 4-2 所示。

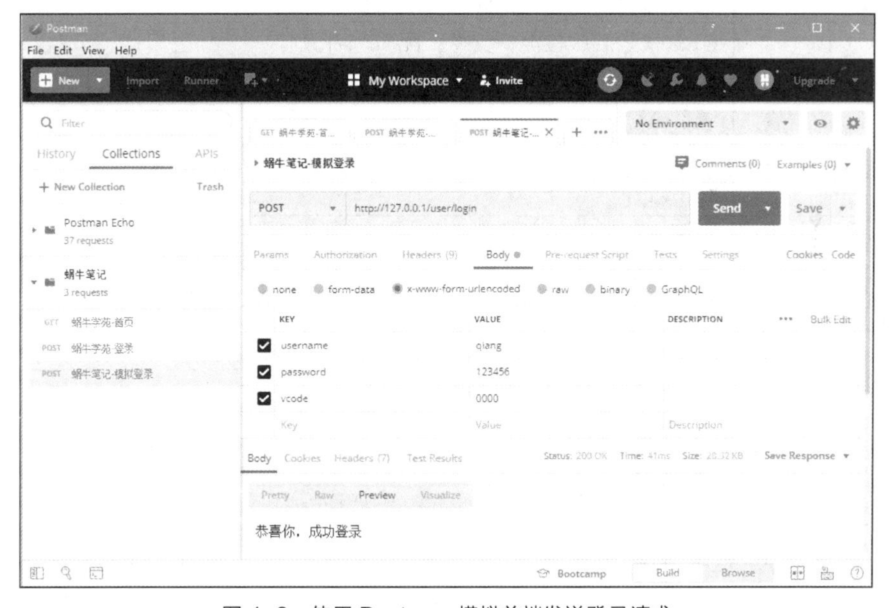

图 4-2　使用 Postman 模拟前端发送登录请求

在开发服务器端接口的时候，可能会经常出现无法通过前端操作的情况，此时便可以使用 Postman 对接口进行调试而不需要关注前端的实现。

4.1.5　路由参数

在设定路由规则时，除了指定路由地址和绑定的控制器方法外，还可以为该路由地址设定额外的配置参数，以增强路由功能。例如，下面的代码就可以实现伪静态的路由地址。

```
Route::get('user/:userid', 'user/query')->ext('html');
```

通过上述代码访问时，必须在 URL 后面添加.html 作为扩展名。也就是说，直接访问 http://127.0.0.1/user/1 是会报错的，必须访问 http://127.0.0.1/user/1.html 才会正常解析地址，并且获取的 userid 的变量值为 1。例如，在蜗牛笔记中，可以通过这种伪静态的方式来设定文章阅读地址为文件编号后面添加.html。但是伪静态毕竟不是真正的静态，只是通过“障眼法”来让用户或搜索引擎认为是静态页面，从而进行 SEO 优化，但是并不能像真正的静态页面那样对系统的性能进行优化处理。关于页面静态化的处理将在第 9 章中详细讲解。

再如，可以通过路由参数来为对应的控制器方法设定缓存，进而提高系统性能。ThinkPHP 内置对各种缓存的支持，默认使用文件作为缓存方案，在第 9 章中将详细介绍缓存的用法。本小节主要关注路由参数本身，例如，为下面的路由设定缓存时间为 30s，也就是说 30s 的时间内访问该接口地址，其数据是直接从缓存中取得的，并不需要真正执行代码。为了比较方便地演示缓存过程，这里直接让路由接口返回一个当前时间，如果缓存生效，那么当前时间在缓存有效期内刷新页面时不会发生变化。

```
Route::get('time', function () {
    $now = date('Y-m-d H:i:s');
    return $now;
})->cache(30);
```

除了上述路由参数外，ThinkPHP 还提供以下路由参数，Response 对象参数说明及其对应方法如表 4-1 所示。

表 4-1　Response 对象参数说明及其对应方法

参数	说明	方法
ext	URL 后缀检测，支持匹配多个后缀	ext
deny_ext	URL 禁止后缀检测，支持匹配多个后缀	denyExt
https	检测是否为 HTTPS 请求	https
domain	域名检测	domain
complete_match	是否完整匹配路由	completeMatch
model	绑定模型	model
cache	请求缓存	cache
ajax	Ajax 检测	ajax
pjax	Pjax 检测	pjax
json	JSON 检测	json
validate	绑定验证器类进行数据验证	validate
append	追加额外的参数	append
middleware	注册路由中间件	middleware
pattern	为路由中的请求参数设置正则表达式过滤	pattern
filter	请求变量过滤	filter

如果有多个路由参数需要设定，则可以选择使用链式操作或直接使用 option 方法进行批量设定，代码演示如下。

```
// 使用链式操作设定路由参数
Route::get('user/:userid', 'user/query')
    ->ext('html|shtml')->cache(30);

// 使用option方法批量设定路由参数
Route::get('user/:userid', 'user/query')
    ->option(['ext' => 'html|shtml', 'cache' => 30]);
```

4.1.6 注解路由

在 ThinkPHP 的默认配置下，路由地址和控制器是分开管理的，这样的设计有一个好处，即可以统一在路由文件中管理所有接口。但是麻烦之处在于定义好一个控制器和对应的方法后，无法直接在浏览器中进行访问，必须要在路由文件中对这个控制器方法进行注册，绑定一个可用的接口地址才行。

事实上，很多 Web 开发框架都是通过注解的方式来注册路由地址的，如 Java 或者 Python 等均是如此，ThinkPHP 同样支持注解路由。要在 ThinkPHP 中使用注解路由，必须首先使用 Composer 安装注解插件。

```
composer require topthink/think-annotation
```

注解插件安装完成后，在 app\controller 目录下新建一个控制器文件，将其命名为 Test.php，并编写如下代码来实现注解路由。

```
<?php
namespace app\controller;
use think\annotation\Route;  // 导入Route的命名空间

class Test {
    /**
     * 此处就是注解路由，注意使用@Route定义，路由地址必须使用双引号标识
     * 同时，必须使用文档注释的方式，使用/**开头，不能使用 /*或 //开头
     * @Route("test/ann")
     */
    public function ann() {
        return "这是注解路由的基本定义";
    }

    /**
     * 如果需要为接口指定请求类型，则应添加第二个参数method
     * 对于控制器方法的注释也可以写在此处，这样比较方便
     * @Route("test/method", method="GET")
     */
    public function method() {
        return "也可以在注解路由中指定请求类型";
    }

    /**
     * 为注解路由传递路由参数和请求参数，无法使用cache参数
     * @Route("test/time/:id", method="GET", ext="html", cache="30")
     */
    public function time($id) {
        $now = date('Y-m-d H:i:s');
        return $now;
    }
}
```

由于注解路由省略了编辑路由器文件的操作，因此相对来说更加方便。但是其在统一管理接口地址和代码的可维护性方面并不能很好地进行处理，并且部分路由参数也没有办法使用。本书在此约定，为了演示代码方便，会适当使用注解路由对控制器方法进行处理，以便在同一个源代码中看到路由地址，避免重复讲解一些代码。但是在实际的蜗牛笔记的项目开发过程中，均使用独立的路由文件来注册路由地址，同时通过简单注释（非注解路由注释）来标识路由地址规范，以便不再粘贴路由文件代码，后文均遵循这一约定。

4.1.7 路由分组

路由分组功能允许把相同前缀的路由定义合并分组，这样可以简化路由定义，并提高路由匹配的效率，不必每次都遍历完整的路由规则。下面的代码使用 Route 类的 group 方法进行分组注册，并给分组

路由定义一些公用的路由设置参数。

```
// 为User控制器下面所有以/user为前缀的路由地址进行分组管理
Route::group('user', function () {
    Route::rule('login', 'user/login');
    Route::rule('reg', 'user/reg');
    Route::rule('get', 'user/get');
    Route::rule(':userid', 'user/query');
}) ->pattern(['userid' => '^\d+$']);   // 检验userid的请求参数必须为数字
```

同时，路由分组功能还支持虚拟分组和延迟注册等。例如，虽然某些路由并不是归属于同一个前缀的，但是它们拥有一些公共的请求参数，为了给这些请求参数设定正则匹配条件，也可以将这些路由分组到一个虚拟分组中，只是前缀需要单独指定而已。

```
Route::group(function () {
   Route::rule('article/:id', 'article/read');
   Route::rule('user/:name', 'user/query');
})->ext('html')->pattern(['id' => '\d+', 'name' => '\w+']);
```

另外，可以编辑 config 目录下的 route.php 配置文件，设定“'url_lazy_route' => true,”，即表示开启路由分组的延迟路由功能。延迟路由是指已经定义的路由规则在加载路由定义文件的时候并没有实际进行注册，而是在匹配到路由分组或者域名的情况下，才会实际进行注册和解析，大大提高了路由注册和解析的性能。

路由分组并不会减少太多代码量，主要是为了提高匹配效率，以及统一管理相同控制器下的路由地址和绑定的接口方法。路由分组由于用法相对比较简单，因此本书不再过多讲解，在后续项目实战中会直接使用。

4.1.8 请求参数

HTTP 标准参数分为两种，一种是 URL 参数，另一种是 Post 请求的正文参数。URL 参数指在 URL 中的？后面添加的参数，如 http://127.0.0.1/url?username=qiang；Post 请求的正文参数在控制器的内容中已经介绍过。这两种参数均可以通过\think\facade\Request 类的 param 方法获取。

```
// 通过Get请求的URL参数获取
Route::get('getdata', function () {
    $username = \think\facade\Request::param('username');
    return "你的用户名为：$username";
});

// 获取Post请求的正文参数获取
Route::post('postdata', function () {
    $username = \think\facade\Request::param('username');
    return "你的用户名为：$username";
});
```

而 ThinkPHP 中还定义了一种参数类型叫作路由参数，该参数是通过 URL 中的/进行分隔处理的，在 4.1.4 小节中对其进行了简单讲解。这类参数需要在 URL 中通过冒号或角括号进行声明，同时在控制器方法中需要定义相同名称的参数进行接收。

```
// 定义路由参数username
Route::rule('param/:username', 'user/param');   // 或使用<username>

// 在控制器中定义对应的方法，并定义该方法的参数名与路由参数名一致
public function param($username) {
     return "你的用户名为：$username";
}
```

路由参数的使用在 ThinkPHP 中是非常灵活的，例如，可以通过任意字符来对两个或多个路由参数进行分隔，而不一定必须使用 / 进行路由参数分隔。例如，下面的路由定义中，可以直接使用 http://127.0.0.1/type/1-2 地址中的短线来将 1 传递给 typeid，将 2 传递给 pageid。

```
// 使用不同的字符分隔路由参数
```

```
Route::rule('type/<typeid>-<pageid>', function ($typeid, $pageid) {
    return "类型为：$typeid，当前页码为：$pageid";
});
```

上述 3 种参数类型均可以在 ThinkPHP 中使用，基于实践经验，编者给出如下 4 条建议。

（1）URL 参数是比较传统的写法，一般可以应用于所有请求类型中，但是通常情况下应用于 Get 请求比较多。如非特殊情况，建议使用路由参数代替 URL 参数，但使用 URL 参数更加精简。

（2）Post 请求的正文参数通常用于表单数据的提交，如登录的用户名和密码，或者在蜗牛笔记中发布的文章内容等。Get 请求的 URL 通常是有长度限制的，虽然完全可以使用 Get 请求通过地址参数或路由参数来完成用户登录，但是仍然建议优先考虑使用 Post 请求提交表单数据。同时，Post 请求可以用于更好地隐藏用户名和密码信息。

（3）建议整个网站统一使用同一种风格的 URL，编者建议使用路由参数完全代替 URL 参数，这也是目前主流的地址使用方式。

（4）当不需要明确请求参数的类型时，也可以直接使用 Request::param 方法进行获取。此时，ThinkPHP 会自动识别可能的参数类型，并获取一个正确的参数类型，包括路由参数。

另外，关于请求参数，还可以为其设置默认值，也就是说，在请求参数没有正确传递时，可以使用默认值代替，这样可以保证前端地址出现错误时也能正确进行处理。

```
Request::get('name','woniuxy');     // 如果没有为name参数指定值，则返回woniuxy
```

4.1.9 请求对象

在 HTTP 中，请求与响应串联起了所有的交互过程。同样，对 ThinkPHP 这类开发框架来说，也必然提供了对 HTTP 的完整支持。从前文可以看到，所有和请求相关的处理，基本都是通过 Request 对象完成的，如获取请求参数等。对于请求的处理，除了使用 Request 门面进行静态调用外，还可以使用父类 BaseController 中的 request 实例进行调用，或者使用 ThinkPHP 中的助手函数 request 进行调用。例如，在 User 控制器的 login 方法中获取前端验证码时，可以通过以下 3 种方式进行。

```
// 通过Request门面进行验证码获取
$vcode = Request::param('vcode');
// 也可以直接调用父类BaseController中的request实例
$vcode = $this->request->param('vcode');
// 或者使用request助手函数
$vcode = request()->param('vcode');
```

另外，可以通过 Request 对象获取当前的控制器名称和方法名称，以及所有与请求相关的属性。

```
use think\facade\Request;
// 获取完整URL，不带域名
Request::url();
// 获取完整URL，包含域名
Request::url(true);
// 获取当前URL（不含查询字符串），不带域名
Request::baseFile();
// 获取当前URL（不含查询字符串），包含域名
Request::baseFile(true);
// 获取URL访问根地址，不带域名
Request::root();
// 获取URL访问根地址，包含域名
Request::root(true);
// 获取当前控制器名称
Request::controller();
// 如果需要，则返回控制器名称的小写字母
Request::controller(true);
// 获取当前方法名称
Request::action();
// 获取当前访问者的IP地址
Request::host()
```

在获取请求参数时，还可以通过变量修饰符强制转换参数的类型。

```
// 在获取参数时在参数名后面加/s，表示强制转换为字符串类型
$username = Request::param('username/s');
// /d表示强制转换为整型
$age = Request::param('age/d');
// /f表示强制转换为浮点数类型，/b表示强制转换为布尔类型，/a表示强制转换为数组类型
```

另外，通过 Request 对象也可以直接获取 HTTP 请求字段。

```
$agent = Request::header('user-agent');
```

4.1.10 响应对象

在 ThinkPHP 中响应对象主要使用 Response 对象来定义和调用。但是在大多数情况下，响应输出的主要是 HTML 或者 JSON 数据，直接使用 return 关键字在控制器方法中返回即可。所以 Response 对象在代码中的存在感相对较低，很多时候不需要关心这一对象和相应方法的调用。表 4-2 所示为 Response 对象的常用输出类型、快捷方法及对应类。

表 4-2 Response 对象的常用输出类型、快捷方法及对应类

常用输出类型	快捷方法	对应类
HTML 输出	response	\think\Response
渲染模板输出	view	\think\response\View
JSON 输出	json	\think\response\Json
JSONP 输出	jsonp	\think\response\Jsonp
XML 输出	xml	\think\response\Xml
页面重定向	redirect	\think\response\Redirect
附件下载	download	\think\response\Download

下列代码演示了 Response 对象的常见用法。

```
// Response对象及子对象的基础用法演示
// 将PHP以JSON数据格式返回，响应中的Content-Type="application/json"
Route::get('json', function () {
    $data = ['name' => 'woniuxy', 'email' => 'dengqiang@woniuxy.com'];
    return json($data);
});

// 直接响应HTML内容，Content-Type="text/html"
Route::get('html', function () {
    $html = "<p style='color: red'>这是HTML红色字体</p>";
    return $html;   // 直接将HTML文本返回
    return response($html);    // 也可以使用response助手函数返回
    // 请在调试时注释掉另外一条不用的return结果，否则只会返回第一条结果，下同
});

// 通过view助手函数直接渲染模板引擎并返回
Route::get('view', function () {
    // 由于此处并没有将代码放在控制器方法中，因此使用完整模板引擎路径
    // 对于在非控制器中渲染模板的页面，其路径的定义以项目目录下的public目录作为起点
    // 所有其他目录文件均以public目录作为参考进行路径定义，下同
    return view('../view/index/index.html');
});

// 修改响应的标头信息
Route::get('head', function () {
    $data = ['name' => 'woniuxy', 'email' => 'dengqiang@woniuxy.com'];
    // 设置响应的状态码
    return json($data, 201);
```

```
    // 或使用链式操作设置状态码
    return json($data)->code(201);
    // 修改响应字段的值
    return json($data)->code(200)->header([
        'Cache-control' => 'no-cache,must-revalidate' // 修改缓存策略
    ]);
    // 或者使用链式操作对常用响应头直接进行修改
    return json($data)->cacheControl('no-cache,must-revalidate');
});
```

接下来探讨关于重定向的问题。对前端界面来说，要重定向到另外一个页面，只需要添加一个超链接。在 JavaScript 中也可以使用 location.href=<网址>进行页面重定向。但是在服务器端，如何进行页面重定向呢？其实服务器本身是不存在直接跳转到某个页面的能力的。页面重定向的目的是让前端用户能够通过浏览器进行一系列操作后经过服务器的处理跳转到服务器指定页面。服务器重定向的本质是在请求的响应中返回一个状态码为 302 的重定向响应类型，并在响应中通过标头的 Location 字段告诉浏览器跳转的目标地址，最终是通过浏览器来实现重定向跳转的。

例如，利用响应对象的操作方法来向前端返回一个带 Location 字段的 302 状态码响应，当访问 red 路由地址时，直接跳转到 json 地址，代码如下。

```
// 后台重定向，其本质是响应一个带Location字段的302状态码响应
Route::get('red', function () {
    return response('这是后台页面重定向响应页面内容.', 302)->header([
        'Location' => '/json'   // URL直接使用基于主机的绝对路径
        // 也可以直接跳转到其他外网网址，通常不需要这样做
        // 'Location' => 'http://www.woniuxy.com'
    ]);
});
```

打开浏览器访问 http://127.0.0.1/red，同时打开 Fiddler 监控该过程，会发现有两个请求存在，第一个请求/red 地址，第二个请求/json 地址，说明页面正常跳转到了指定的/json 地址。这一过程基于标准 HTTP 的 302 状态码进行，如图 4-3 所示。

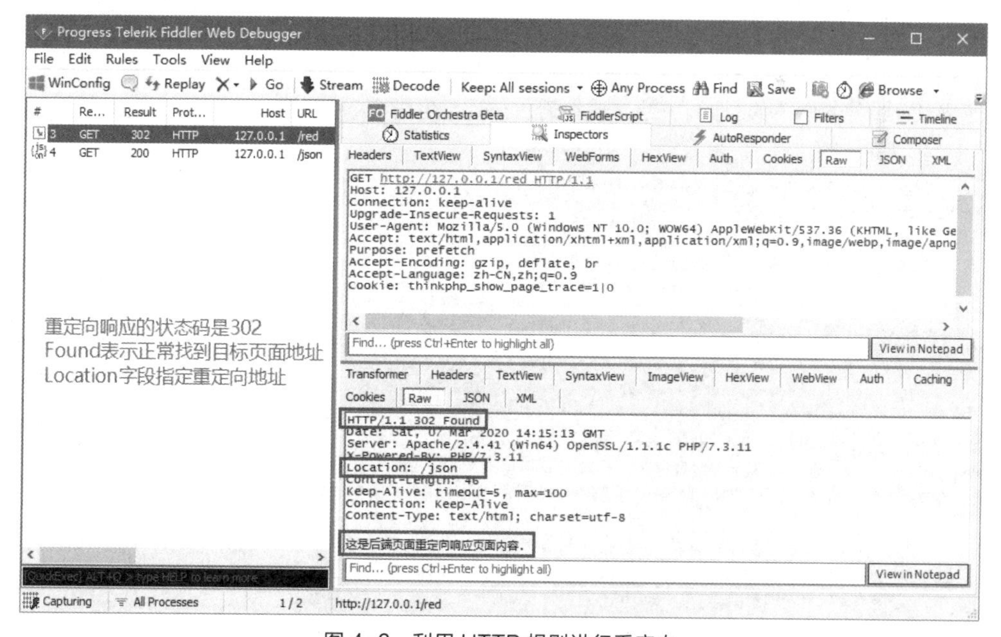

图 4-3　利用 HTTP 规则进行重定向

另外，重定向响应的正文内容写什么其实不重要，因为用户根本看不到内容，重定向直接对页面进行了跳转。但是有时候为了更清楚地将这一过程展示给用户，也可以写一段 HTML 内容，再结合

JavaScript 的 setTimeout 函数和 location.href 进行前端延迟重定向，这样后台就不需要响应带 Location 字段的 302 页面了，只要响应正常的 HTML 页面即可，也是一样的效果。

```
// 调用JavaScript的setTimeout函数和location.href实现前端延迟重定向
Route::get('red', function () {
    $html = "这是重定向页面，2秒后将跳转到/json页面.
    <script>
        setTimeout(function () {
            location.href = '/json';
        },  2000);
    </script>
    ";
    return $html;
});
```

所以，实现重定向的方式比较多，其完全根据系统需要来决定。另外，在 ThinkPHP 的响应对象中，也可以直接使用助手函数 redirect 进行重定向操作，只要指定重定向的地址即可。

```
Route::get('red', function () {
    return redirect('/json');
});
```

4.1.11 Session 和 Cookie

为了保持 HTTP 的状态，必须使用 Session 和 Cookie，ThinkPHP 同样具备处理 Session 和 Cookie 的能力。在 ThinkPHP 中，Session 的处理是通过中间件 SessionInit 进行的。默认情况下，该中间件并没有启用，所以先在 app 目录下的 middleware.php 文件中将其开启。

```
<?php
// 全局中间件定义文件
return [
    // 全局请求缓存
    // \think\middleware\CheckRequestCache::class,
    // 多语言加载
    // \think\middleware\LoadLangPack::class,
    // Session初始化，取消对该中间件的注释即可开启Session支持
    \think\middleware\SessionInit::class
];
```

再重构 User 控制器下的 login 方法来模拟用户登录后生成 Session 和 Cookie，并通过响应将 Cookie 和 Session ID 写入浏览器。

```
// 模拟实现用户的登录验证，并生成Session和Cookie
public function login() {
    $username = Request::param('username');
    $password = Request::post('password');
    $vcode = request()->param('vcode');

    if ($vcode == '0000') {
        if ($username == 'qiang' && $password == '123456') {
            // 保存Session，需要引用think\facade\Session
            Session::set('username', $username);
            // 也可以使用助手函数来保存Session
            session('islogin', 'true');
            // 保存Cookie并响应给前端，同样引用think\facade\Cookie
            Cookie::set('username', $username, 3600);
            // 或使用助手函数，其中，3600表示Cookie有效期为3600s
            cookie('password', $password, 3600);
            return '恭喜你，成功登录';
        }
        else {
            return '用户名或密码错误';
        }
    }
```

```
    else {
        return '验证码不正确';
    }
}

// 读取Session和Cookie
public function get() {
    // 读取Session的值
    $islogin = session('islogin');
    $username1 = Session::get('username');
    // 读取Cookie的username的值
    $username2 = cookie('username');
    $password = Cookie::get('password');
    return "$islogin, $username1, $username2, $password";
}

// 删除或清空Session和Cookie
public function delete() {
    // 删除Session
    Session::delete('islogin');
    session('username', null);
    Session::clear();  // 一次性删除所有Session
    // 删除Cookie
    Cookie::delete('username');
    cookie('password', null);
}
```

完成上述控制器方法的代码实现后，同样需要在 route 目录下的 demo.php 中定义路由规则以提供前端访问接口。

```
Route::post('user/login', 'user/login');
Route::get('user/get', 'user/get');
Route::get('user/delete', 'user/delete');
```

完成上述代码后，使用 Postman 来模拟用户登录的操作，并从响应中查看是否通过 Set-Cookie 字段将 Cookie 信息返回，如图 4-4 所示。

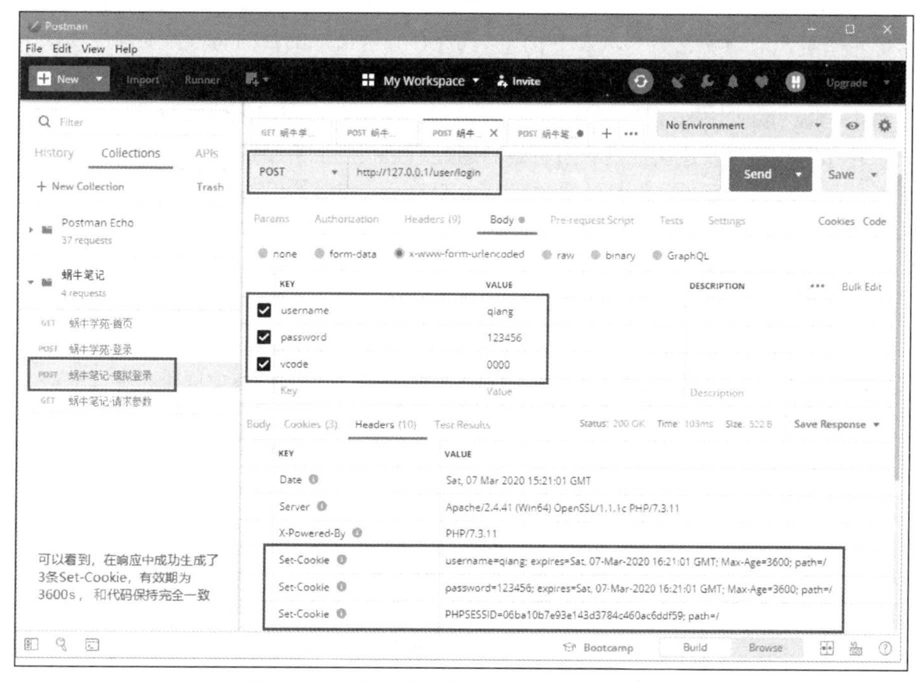

图 4-4　服务器响应中的 Session 和 Cookie

通过响应可以看到，后台已经正常返回了 3 条 Set-Cookie 的响应，包含 Session ID（即 PHPSESSID）、username 和 password 3 个变量。同时，在服务器端可以读取到 Session 的值，由于登录操作是使用 Postman 发送的请求，为了维持相同的客户端状态，因此必须使用 Postman 来读取信息，如果使用浏览器，则无法读取到相应的 Session 和 Cookie，如图 4-5 所示。

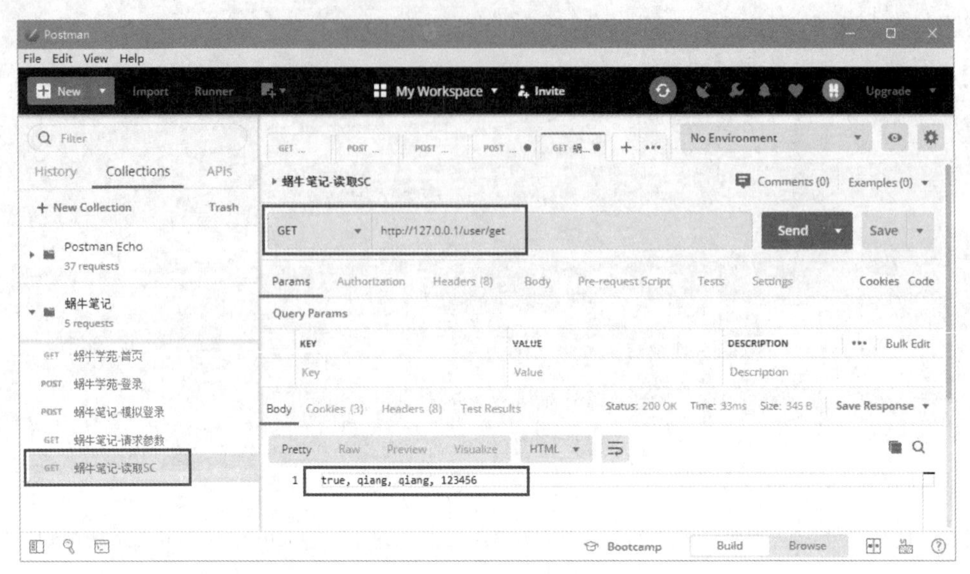

图 4-5 在 Postman 中读取 Session 和 Cookie

需要注意的是，读取 Cookie 的值时必须在 Cookie 生成后的下一个请求和响应中才能进行，并且 Cookie 最终是保存在浏览器端而不是服务器端的。例如，用户登录成功后响应中生成了 Cookie，设置 Cookie 的有效期为一个月，那么一个月内如果不清空浏览器的 Cookie，是可以读取到 Cookie 的值的。在相同的域名下，Cookie 的值不仅可以通过后台代码读取，也可以通过 JavaScript 读取。读取到 Cookie 的值后，可以将之填充到登录表单中，这样可以实现保存登录信息的目的而不需要用户再次输入用户名和密码。当然，保存登录信息实现自动登录的方式还有以下 3 种。

（1）通过 JavaScript 调用浏览器的 WebStorage 接口将用户名和密码信息保存起来，每次打开首页时直接将用户名和密码信息发送给后台，后台检验通过后直接返回登录成功后的响应。这个过程不需要进入登录界面，可实现自动登录，但是需要掌握 WebStorage 接口的用法。

（2）直接将 Session ID 作为一条 Cookie 进行永久保存，并在服务器端将本次生成的 Session ID 保存于数据库中，浏览器保存的 Session ID 和服务器端保存的 Session ID 一致时实现登录。这种方式需要重新定义 Session ID 的保存方式，也涉及一些底层代码的修改。

（3）通常采用第 3 种方式实现用户的自动登录，即当用户打开网站首页时，直接在后台代码中读取浏览器的 Cookie，并检验该 Cookie 中保存的用户名和密码是否有效，有效则直接完成登录，返回登录后的信息。在实现蜗牛笔记的自动登录功能时，本书将采用这种方式完成。

另外，在 config 目录下的 session.php 中还可以对 Session 的参数进行配置，如修改 Session 的过期时间或者存储 Session 的方式等。

4.1.12 中间件

中间件是 ThinkPHP 中比较有特色的一个功能，其主要用于拦截或过滤应用的 HTTP 请求，并进行必要的业务处理。例如，对于用户必须要登录成功后才能访问的接口，使用中间件就可以极大地提高代码的重用性，而不需要在每一个接口处都对用户是否登录或权限是否满足进行判断。

ThinkPHP 的中间件分为全局中间件、应用中间件、路由中间件和控制器中间件 4 种。其作用分别如下。

（1）全局中间件：全局中间件是优先级最高的中间件，并且是针对全站所有请求生效的，也就是说，一旦该中间件完成定义和注册，则每一个请求在处理时，都会运行该中间件代码。所以，通常对于一些全站通用的过滤或者校验才使用全局中间件，而对一些特定业务场景的处理建议使用路由中间件或控制器中间件。全局中间件需要在 app 目录下的 middleware.php 文件中进行注册才能生效。

（2）应用中间件：如果使用了多应用模式，则支持应用中间件定义，可以直接在应用目录下增加 middleware.php 文件。应用中间件的定义方式和全局中间件的定义方式一样，只是应用中间件只会在该应用下生效。

（3）路由中间件：即针对某一个路由地址专门定义的中间件。例如，针对一些需要特定权限的接口，可以通过路由中间件对相应接口的权限进行判断。

（4）控制器中间件：即针对某一个控制器定义的中间件，默认情况下对当前控制器中的所有方法生效，也可以通过参数来指定只针对控制器中的部分方法生效。

综上所述，ThinkPHP 的中间件定义和使用是非常灵活的，所以在真实的应用系统开发时，建议各位读者先设计好中间件的定义策略，避免出现定义过多中间件或重复定义的情况，尤其是在团队协作开发的时候很有可能出现这类情况。为了更好地进行中间件的控制，建议优先考虑使用路由中间件，其次考虑使用控制器中间件，尽量避免滥用全局中间件。

先来看看如何定义一个全局中间件，对所有网站请求进行拦截处理。首先，在 app 目录下创建一个 middleware 目录，专门用于保存全局中间件的定义代码，并创建一个类文件 Whole.php 用于定义全局中间件。

```
<?php
namespace app\middleware;

class Whole {
    // 全局中间件入口方法必须命名为handle，且必须传递两个固定参数
    public function handle($request, \Closure $next) {
        // 在全局中间件中判断当前用户是否登录，如果未登录，则跳转到首页
        // 注意，一定要判断当前URL是不是首页地址，否则会出现死循环跳转
        if ($request->session('islogin') != 'true' && $request->url() != '/') {
            return redirect('/');
            // 也可以在进行拦截处理后，返回一个标准的Response页面
            //  return response('你还没有登录，无法访问该接口.');
            // 或者直接在全局中间件中渲染一个视图页面
            //  return view('../view/index/index.html');
        }

        // 如果未满足拦截条件，则正常将请求传输给路由地址进行处理
        return $next($request);
    }
}
```

其次，定义好全局中间件后，需要对其进行注册。全局中间件的注册位置在 app 目录下的 middleware.php 中，将下列代码添加到 middleware.php 所定义的数组对象中即可完成注册。

```
<?php
// 全局中间件定义文件
return [
    // 全局请求缓存
    // \think\middleware\CheckRequestCache::class,
    // 多语言加载
    // \think\middleware\LoadLangPack::class,
    // Session初始化，取消对该全局中间件的注释即可开启Session支持
    \think\middleware\SessionInit::class,
    // 加载自定义全局中间件Whole
```

```
    \app\middleware\Whole::class
];
```

一旦注册成功，全局中间件就会生效，此时，在浏览器中访问除首页以外的任意地址，都会由于没有登录而跳转到首页。全局中间件就是通过这样的运行机制实现请求拦截和处理的。

再次，为路由和控制器定义一个中间件，其作用同样是检查用户是否处于登录状态。为了验证路由中间件和控制器中间件的功能，请先在 middleware.php 中注释掉全局中间件的注册代码，再在 app\middleware 目录下创建一个 Check.php 的类文件并实现如下代码。

```
<?php
namespace app\middleware;

class Check{
    public function handle($request, \Closure $next) {
        if ($request->session('islogin') != 'true') {
            return redirect('/');
        }
        return $next($request);
    }
}
```

现在进入 route 目录下的 demo.php 路由文件为/user/get 接口定义中间件的调用。

```
Route::get('user/get', 'user/get')
   ->middleware(app\middleware\Check::class);
```

此时，当用户访问/user/get 接口时，将会执行中间件拦截处理，而当用户访问其他接口时，中间件代码不会介入。通过路由中间件的定义，可以更加清楚地为特定的接口设定中间件拦截，其相对于全局中间件来说更加有针对性，代码的可维护性也会更强。但是，如果定义中间件只是为了使某一个接口生效，那么就失去了中间件重用性高的价值。因为一个接口对应一个中间件，这段中间件的代码直接放在接口方法中进行定义，完全没有必要使用中间件。例如，针对 User 控制器下的 get 方法和 delete 方法，它们完全可以共用 Check 中间件，虽然可以在路由文件中直接定义，但是这样就需要为这两个接口分别进行定义，略显烦琐。此时，使用控制器中间件便可以进行更为快捷的处理，修改 User 控制器代码，为其添加一个类属性以完成中间件注册。

```
protected $middleware = [\app\middleware\Check::class];
```

最后，便完成了针对 User 控制器的中间件注册，也就是说，所有 User 控制器中的接口方法在访问时均会先执行 Check 中间件的代码。那么，此时会存在一个新的问题，即/user/login 这个接口本身就是用于登录的，它一旦也被中间件代码拦截，系统将无法实现登录操作，因为一旦发送登录请求，Check 中间件将会直接拦截该请求并跳转到首页。可以在控制器中注册中间件时，指定哪些接口方法不使用中间件，或者只有某些接口方法使用中间件。

```
// 除了login方法外，其他方法使用中间件，黑名单模式
protected $middleware = [\app\middleware\Check::class => ['except' => ['login'] ]];
// 或者使用白名单模式，指定只有某些方法使用中间件
protected $middleware = [\app\middleware\Check::class => ['only' => ['get', 'delete'] ]];
```

4.1.13 助手函数

在前文中，使用了部分助手函数，其可以在不引用门面的情况下实现快速操作。例如，针对 Session 和 Cookie 的处理，或者针对 Request 对象和 Response 对象的处理，都可以直接使用助手函数。ThinkPHP 为一些常用的操作方法封装了助手函数，以便于使用，建议在实际开发中优先使用这些助手函数代替门面进行调用，如表 4-3 所示。

表 4-3 ThinkPHP 内置的助手函数

助手函数	描述
abort	中断执行并发送 HTTP 状态码
app	快速获取容器中的实例，支持依赖注入

续表

助手函数	描述
bind	快速绑定对象实例
cache	缓存管理
class_basename	获取类名（不包含命名空间）
class_uses_recursive	获取一个类中所有用到的 trait
config	获取和设置配置参数
cookie	Cookie 管理
download	获取\think\response\Download 对象实例
dump	浏览器友好的变量输出
env	获取环境变量
event	触发事件
halt	变量调试输出并中断执行
input	获取输入数据，支持默认值和过滤
invoke	调用反射执行 callable，支持依赖注入
json	JSON 数据输出
jsonp	JSONP 数据输出
lang	获取语言变量值
parse_name	字符串命名风格转换
redirect	重定向输出
request	获取当前 Request 对象
response	实例化 Response 对象
session	Session 管理
token	生成表单令牌输出
trace	记录日志信息
trait_uses_recursive	获取一个 trait 中所有引用到的 trait
url	生成 URL
validate	实例化验证器
view	渲染模板输出
display	渲染内容输出
xml	XML 数据输出
app_path	当前应用目录，即 WoniuNote\app 目录
base_path	应用基础目录，即 WoniuNote\app 目录
config_path	应用配置目录，即 WoniuNote\config 目录
public_path	Web 根目录，即 WoniuNote\public 目录
root_path	应用根目录，即项目根目录 WoniuNote
runtime_path	应用运行时目录，即 WoniuNote\runtime 目录

4.1.14 定制错误页面

通常，在一个网站中，除了正常的访问页面之外，还需要定制两个特殊的错误页面，即 404 错误页面和 500 错误页面。在 HTTP 中，404 状态码表示找不到 URL，500 状态码表示服务器内部错误。如果没有专门定制这两个错误页面，那么很有可能因为一些漏洞或误操作导致响应给了用户一个非常“难看”

的页面。图 4-6 所示是标准的 404 错误页面。

图 4-6　标准的 404 错误页面

如果用户看到的是这种页面，那么是非常不友好的，用户并不知道发生了什么，也不知道怎样解决出现的问题。如果希望在没有匹配到所有的路由规则后执行一条设定的路由，则可以注册一个单独的 Miss 路由，用以代替 404 错误页面。其在 route 目录下的 demo 路由器中进行定义。

```
Route::miss(function () {
    return view('../view/public/error_404.html');    // 出错后直接渲染一个错误页面
    // 当然，也可以比较省事地进行处理，即直接跳转到首页，但是这样往往会使用户不知所措
    return redirect('/');
});
```

同时，在视图目录下创建一个 public 目录，将 index.html 复制过来，将其保存为 error_404.html 页面，并利用下面的 HTML 代码替换中部区域的内容。

```
<div class="container">
     <div class="row">
          <div class="col-10" style="margin: auto">
               <!-- 指定一张图片来提示用户未找到URL -->
               <img src="/img/404.png" class="img-fluid" />
          </div>
     </div>
</div>
<script>
     setTimeout(function () {
         location.href = '/';      // 2s后跳转到首页，以达到提醒用户的目的
     }, 2000);
</script>
```

上述代码运行后，如果输入一个无效的 URL，则会自动跳转到 Miss 路由，渲染出来的 404 错误页面效果如图 4-7 所示。

图 4-7　渲染出来的 404 错误页面效果

除了使用 Miss 路由来定义 404 错误页面外，也可以使用助手函数 abort 来手动触发 404 错误页面。另

外，除了 404 错误页面外，在系统出现异常时，Web 服务器也会自动触发 500 错误页面。而对于 500 错误页面来说，可以直接修改 config 目录下的 app.php 中的 exception_tmpl，将其指定为自定义的错误页面。

exception_tmpl 原始内容如下。

```
'exception_tmpl'   => app()->getThinkPath() . 'tpl/think_exception.tpl',
```

这里其被修改如下。

```
'exception_tmpl'  =>  '../view/public/error_500.html',
```

为了验证 500 错误页面能否生效，可以在控制器方法中随意修改某一源代码，让其报错误，此时系统就会触发 500 错误页面。但是，编者建议在开发过程中取消 500 自定义页面，而是使用系统默认配置，这样才可以方便地看到后台出错的提示信息，便于调试。

4.1.15 RESTful 接口

表述性状态迁移（Representational State Transfer，REST）是非常抽象的概念。REST 设计的目的，就是想在符合架构原理的前提下，理解和评估以网络为基础的应用软件的架构设计，得到一个功能强、性能好、适宜通信的架构。REST 指的是一组架构约束条件和原则。如果一个架构符合 REST 的约束条件和原则，则称它为 RESTful 架构，这个架构同样满足 RESTful 风格。

REST 本身并没有创造新的技术、组件或服务，而隐藏在 RESTful 背后的理念就是使用 Web 的现有特征和能力， 更好地使用现有 Web 标准中的一些准则和约束。虽然 REST 本身受 Web 技术的影响很深， 但是理论上 REST 架构风格并不是“绑定”在 HTTP 上的，只不过目前 HTTP 是唯一与 REST 相关的实例。所以本小节所介绍的 REST 也是通过 HTTP 实现的 REST。

要理解 RESTful 架构，需要理解 Representational State Transfer 到底是什么意思，它的每一个词都有些什么含义。结合 REST 原则，围绕资源展开讨论，从资源的定义、获取、表述、链接、状态变迁等角度，列举一些关键概念并加以解释。

（1）资源与统一资源标志符（Uniform Resource Identifier，URI）：基于 URL 获取到的任意一个响应内容都可以称之为一个资源，而资源的统一标识称为 URI。

（2）统一资源接口：对于一个资源的访问，必须使用相同的接口地址。

（3）资源的表述：在客户端和服务器端之间传送的就是资源的表述，而不是资源本身。例如，文本资源可以采用 HTML、XML、JSON 等格式进行表述，图片资源可以采用 PNG 或 JPG 等格式进行表述。资源的表述包括数据和描述数据的元数据，例如，HTTP 头 Content-Type 就是一个元数据属性。

（4）资源的链接：从一个链接跳到一个页面，再从另一个链接跳到另外一个页面。

（5）状态的变迁：会话状态不是作为资源状态保存在服务器端的，而是被客户端作为应用状态进行跟踪的。从本质上来说就是 RESTful 的通信是基于无状态规则进行的，这样可以便于通信各方进行相对简单的校验，如 Cookie 或者 Token。

对 Web 开发人员来说，即使没有理解 RESTful 完整的定义也没有关系，只需要搞清楚最核心的几点定义 HTTP 请求类型和服务器 URL 接口规范的标准即可。例如，对一篇博客文章的操作，其资源对象就是文章，而请求类型和接口定义应该按照表 4-4 所示的方式进行。

表 4-4　RESTful 风格的基本标准

接口功能	请求类型	接口定义	备注
查询所有文章	Get	/article	地址只能是/article，不能附加其他内容，例如，/article/all 不是有效的 RESTful
查询一篇文章	Get	/article/<id>	必须指定文章 ID 进行查询
新增一篇文章	Post	/article	地址仍然是/article，没有附加其他内容，非 RESTful 风格的地址很有可能写成/article/add，这个地址没有正确描述资源

续表

接口功能	请求类型	接口定义	备注
删除一篇文章	Delete	/article/<id>	指定删除哪一个 ID 的文章，请勿使用/article/delete/<id>
修改一篇文章	Put	/article/<id>	对某一个 ID 的文章进行更新，更新的数据由 Put 请求的正文指定，请勿使用/article/update/<id>

从表 4-4 中可以看出，一个完整的资源处理是由请求类型和接口地址共同决定的，即使是同样的接口地址，由于请求类型的不同也会进行不同的处理。在 ThinkPHP 的路由规则中，内置了对 RESTful 规范的支持，例如，在路由器中定义如下规则。

```
Route::resource('article', 'Article');
```

其表示注册了一个名称为 article 的资源路由到 Article 控制器，ThinkPHP 会自动生成 7 个路由规则，如表 4-5 所示。

表 4-5　ThinkPHP 自动生成的 7 个路由规则

标识	请求类型	生成路由规则	对应操作方法（默认）
index	Get	article	index
create	Get	article/create	create
save	Post	article	save
read	Get	article/:id	read
edit	Get	article/:id/edit	edit
update	Put	article/:id	update
delete	Delete	article/:id	delete

同样的，针对控制器类使用注解路由也可以实现路由分组，只需要在控制器类的前面添加@Resource("article")注解即可。由于目前的互联网应用系统大部分优先采用 RESTful 规范进行接口设计，因此本书后文均尽量遵循 RESTful 规范。但是考虑到在设计接口时并不是所有的接口都能够通过简单的增、删、改、查来表示，所以不做强制要求。

4.2 ThinkTemplate 模板引擎

4.2.1 模板引擎简介

在互联网应用开发的早期，整个 Web 系统开发的生态远没有现在这样完善，Web 服务器端的框架通常只能处理较为简单的 HTTP 请求，那么如何响应美观的 HTML 页面给用户，便成了一个非常现实的技术问题。早期的 Web 服务器框架通常都是在服务器端直接写出 HTML 代码再响应给前端的，其方式类似如下。

```
public function orig() {
    $username = '蜗牛学苑';
    $content = '
    <div style="width: 500px; height: 300px; margin:auto; border: solid 2px red;">
        <a href="http://www.woniunote.com">蜗牛笔记</a>
        <ul>
            <li>这是菜单项一</li>
            <li>这是菜单项二</li>
            <li>这是菜单项三</li>
```

```
            <li>这是菜单项四</li>
        </ul>
        <p>欢迎 %s 登录.</p>
    </div>';
    return sprintf($content, $username);    // 将变量与HTML代码拼装在一起返回
}
```

上述代码完全可以正常运行，也能够正常地把内容渲染到浏览器中。但是这样编码的效率很低，并且属于 HTML 代码和 PHP 代码混编，代码的可维护性很差。上述方式是在 PHP 页面中嵌入 HTML 代码，其实与这类方式类似的还有直接在 HTML 页面中嵌入 PHP 代码。例如，定义如下 HTML 页面，在其中嵌入一段 PHP 代码。

```
// 先定义一个路由规则，设置一个Session变量，并渲染php.html页面
Route::get('php', function () {
    session('username', '蜗牛学苑');
    return view('../view/public/php.html');
});

// php.html页面的源代码为在HTML页面中嵌入PHP代码的方式
<html lang="en">
<head>
    <meta charset="UTF-8">
    <title>在HTML页面中嵌入PHP代码</title>
</head>
<body>
    <div style="width: 500px; height: 300px; margin:auto; border: solid 2px red;">
        <a href="http://www.woniunote.com">蜗牛笔记</a>
        <ul>
            <?php for ($i=1; $i<=5; $i++) {
                echo "<li>这是菜单项: $i</li>";
            }?>
        </ul>
        <p>欢迎 <?=session('username')?> 登录.</p>
    </div>
</body>
</html>
```

上述两段代码采用了 HTML 代码和 PHP 代码混编的方式。在早期的 Web 系统开发中，无论是 PHP，还是 Java 的 Java 服务器页面（Java Server Pages，JSP），都是采用类似的方式来处理的。但是当系统的规模越来越大以后，或者前端页面和业务逻辑越来越复杂的时候，这种混编的方式就显得非常不好维护，代码可读性也很差。例如，在前面的代码中，需要仔细辨认才知道哪里是 PHP 代码，哪里是 HTML 代码。事实上，HTML 代码中混编 PHP 代码的这种方式是早期模板引擎的一种体现，只是这类模板引擎不友好而已。

基于这样的前提，程序员发明了更友好的模板引擎，让 PHP 代码可以更好地与 HTML 代码分离，同时提高了模板引擎的渲染效率。在前面的代码中使用 view 助手函数，这就是模板引擎较基本的用法：用于渲染模板页面。

但是单纯这样还不够，因为前面的代码都只是简单地把一个 HTML 页面渲染出来，HTML 页面中并没有任何其他动态内容。模板引擎的引入主要解决了以下 3 个问题。

（1）使 PHP 代码和前端 HTML 代码分离，不再采用混编的方式来编写代码，提高代码的可维护性，同时提高代码的开发效率。

（2）在渲染模板页面的同时，可以向模板页面中传递变量和值，这些变量和值将会在模板页面中被引用，从而直接在 HTML 页面中填充动态内容。

（3）服务器在渲染模板页面时，能够通过算法实现更加高效的处理，提升服务器响应性能。

事实上，模板引擎的运行原理相对是比较简单的，在进行渲染的过程中，通常分为以下 3 步来解决问题。

（1）正常打开 HTML 文件，把 HTML 文件当作普通文本文件进行处理。

（2）找到 HTML 文件中的模板引擎的标识，用预先定义好的规则进行替换和数据填充。

（3）填充完成后，把这个文本文件的内容作为长字符串返回给前端作为响应正文。

知道了原理，就可以根据网站的需求自己定义模板引擎。但是，考虑到性能和开发效率，通常一套 Web 开发框架会内置已经定义好的模板引擎，程序员只需要简单学习其语法规则就可以使用了，而不需要自己再定制一套模板引擎。ThinkPHP 框架内置的模板引擎是 ThinkTemplate，这也是本节学习的重点，并会贯穿全书使用。

4.2.2 基本用法

理解了模板引擎的基本实现原理，再学习 ThinkTemplate 将会容易很多。首先定义一个 HTML 静态页面，并在页面中内嵌模板引擎标识，用于获取两个变量的值。

```
<html lang="en">
<head>
    <meta charset="UTF-8">
    <title>ThinkTemplate模板引擎页面</title>
</head>
<body>
    <div style="width: 300px; height: 150px; border: solid 2px red;
        text-align: center; padding: 20px; line-height: 40px">
        <!-- 使用{$变量名}引用模板变量，也可以进行基本运算、判断、循环等 -->
        <!-- 在模板页面中使用ThinkPHP函数时，需要在函数前面加冒号 -->
        <span>你的登录账号为：{:session('username')}</span><br/>
        <span>这篇文章的标题：{$article.title}</span><br/>
        <span>文章的阅读次数：{$article.count + 1}</span>
    </div>
</body>
</html>
```

在渲染模板页面之前，为其定义 Session 变量和 article 字典类型的变量并赋值，代码如下。

```
Route::get('article', function () {
    session('username', '蜗牛学苑');
    $article = ['title'=>'ThinkPHP实战教程', 'count'=>100];
    return view('../view/public/template.html', ['article'=>$article]);
});
```

运行上述代码，可以看到变量的值在 HTML 页面中被成功渲染了出来，最终运行效果如图 4-8 所示。

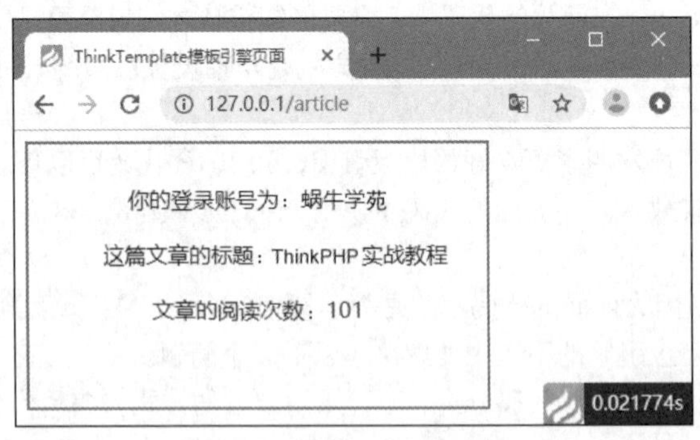

图 4-8　ThinkPHP 渲染运行效果

除了标准的模板变量外，还可能会在 ThinkPHP 中输出系统变量或者常量等，下面的代码演示了输出这类变量和常量的基本用法。

```
{$Request.server.script_name}    // 输出$_SERVER['SCRIPT_NAME']变量
{$Request.session.user_id}       // 输出$_SESSION['user_id']变量
{$Request.get.page}              // 输出$_GET['page']变量
```

```
{$Request.cookie.name}          // 输出$_COOKIE['name']变量

// 调用Request对象的param方法，传入参数为name
{$Request.param.name}
// 调用Request对象的param方法，传入参数为user.nickname
{$Request.param.user.nickname}
// 调用Request对象的root方法
{$Request.root}
// 调用Request对象的root方法，并传入参数true
{$Request.root.true}
// 调用Request对象的path方法
{$Request.path}
// 调用Request对象的module方法
{$Request.module}
// 调用Request对象的controller方法
{$Request.controller}
// 调用Request对象的action方法
{$Request.action}
// 调用Request对象的ext方法
{$Request.ext}
// 调用Request对象的host方法
{$Request.host}
// 调用Request对象的ip方法
{$Request.ip}
// 调用Request对象的header方法
{$Request.header.accept-encoding}

{$Think.PHP_VERSION}                // 输出常量
{$Think.config.app.app_host}        // 输出配置参数
```

另外，在一些特定场景下，我们可能不希望 ThinkTemplate 解析某些模板引擎语法，或者在与前端框架产生一些冲突时要保持原样输出，这时可以使用 literal 标签进行标识。

```
{literal}
Hello,{$name}!    //  这部分内容不会被ThinkTemplate解析
{/literal}
```

4.2.3 控制结构

在模板页面中，同样可以使用控制语句，包括分支判断语句、循环语句等。考虑到渲染模板变量的需要，ThinkTemplate 也在模板中加入了一些特定的语法规则，但是其思路和本质与编程是类似的，但凡有一些编程基础的读者，理解起来都是非常容易的。

先来看看分支判断语句，在 ThinkTemplate 中主要使用 if...else...和 switch...case...两种语法，示例代码如下。

```
// 基础的分支判断语句用法
// 请注意在else或if的结束符中需要加 /，这是和原生PHP代码不一样的地方
{if ( $name == 1) OR ( $name > 100) } value1
{elseif $name == 2 /} value2
{else /} value3
{/if}

// 在判断条件中，同样支持对象取值方式
{if $user.name == 'ThinkPHP'}ThinkPHP
{else /} other Framework
{/if}

{if $user->name == 'ThinkPHP'}ThinkPHP
{else /} other Framework
{/if}

// 和PHP原生代码类似，也可以使用switch...case...语法
```

```
{switch 变量 }
    {case value1 }输出内容1{/case}
    {case value2}输出内容2{/case}
    {default /}默认情况
{/switch}
```

另外，在 ThinkPHP 中，对条件判断语句封装了一些快捷的操作，这些操作与 switch...case...语法类似，并非分支判断语句的必备语法，因为它们完全可以使用 if...else...语法结合 PHP 函数来替代。但是使用这些快捷操作会更加方便，代码可读性也更强。

```
// 使用in和notin判断变量的离散取值范围
{in name="id" value="1,2,3"}  // 表示id模板变量的值是1、2或者3时，条件成立
id在范围内
{/in}

{notin name="id" value="1,2,3"}  // 表示id模板变量的值不是1、2或者3时，条件成立
id不在范围内
{/notin}

// 也可以合并上面两个表达式，使其变成in…else…语法
{in name="id" value="1,2,3"}
id在范围内
{else/}
id不在范围内
{/in}

// 使用between 和 notbetween来判断一个连续范围
{between name="id" value="1,10"}   // id的值为1～10时条件成立
输出内容1
{/between}

{notbetween name="id" value="1,10"}   // id的值小于1或大于10时条件成立
输出内容2
{/notbetween}

// 同样，也可以使用between…else…语法来整合上面的表达式
{between name="id" value="1,10"}
输出内容1
{else/}
输出内容2
{/between}

// 使用present标签可判断某个变量是否已经定义
{present name="name"}
name已经赋值
{/present}

{notpresent name="name"}
name还没有赋值
{/notpresent}

// 其同样支持present…else…语法
{present name="name"}
name已经赋值
{else /}
name还没有赋值
{/present}

// 另外，可用empty和notempty来判断某个值是否为空，用法与present的一致
// 或使用defined和notdefined来判断某个常量是否已经定义，用法与present的一致
```

另外，ThinkTemplate 内置了比较标签，用于快速比较两个值的大小，如表 4-6 所示。

表 4-6 ThinkTemplate 内置的比较标签

标签	含义	应用示例
eq 或者 equal	等于	{eq name="name" value="5"}value{/eq}
neq 或者 notequal	不等于	{neq name="name" value="5"}value{/neq}
gt	大于	{gt name="name" value="5"}value{/gt}
egt	大于等于	{egt name="name" value="5"}value{/egt}
lt	小于	{lt name="name" value="5"}value{/lt}
elt	小于等于	{elt name="name" value="5"}value{/elt}
heq	恒等于	{heq name="name" value="5"}value{/heq}
nheq	不恒等于	{nheq name="name" value="5"}value{/nheq}
compare	比较标签	所有的比较标签都可以统一使用 compare 标签表示（其实所有的比较标签都是 compare 标签的别名），例如，当 name 变量的值等于 5 时就输出，可以写为{compare name="name" value="5" type="eq"}value{/compare}

特别说明，上述条件表达式中，对于 name 属性的取值同样支持对象取值。例如，引用一个数组的字段，使用 name="array.key"；或者引用一个对象的属性，使用 name="vo:key"；或者直接通过方括号引用，如 name="array['key']"。

继续学习 ThinkTemplate 中的循环语句，循环语句主要通过 3 个标签来进行处理：foreach、volist 和 for。下面的代码列出了相应标签的示例。

```
{foreach $list as $key=>$vo }    // 其中，$list变量为带键名的数组变量
    {$vo.id}:{$vo.name}
{/foreach}

// 上述代码也可以使用volist标签来指定，默认循环变量为i，也可以通过key属性指定
{volist name="list" id="vo" key="i"}
    {$vo.id}:{$vo.name}，当前循环变量为：{$i}<br/>
{/volist}

// volist标签支持输出结果中的部分数据，例如，输出其中的第5～15条记录的语句如下
{volist name="list" id="vo" offset="5" length='10'}
    {$vo.name}
{/volist}

// 也可以使用for标签，通过指定属性的方式来进行循环处理
{for start="开始值" end="结束值" comparison="" step="步进值" name="循环变量名" }
{/for}
// 如使用下面的表达式循环100次
{for start="1" end="100"}   // 循环变量名不指定时默认为i
    {$i}
{/for}
```

4.2.4 模板函数

在模板页面中处理控制器传过来的变量值的时候，不排除会需要对其进行一些特殊的处理。例如，在控制器中直接获取到的是数据库中的数据，而在模板变量中要对数据库中的数据进行一些处理后再渲染给前端页面。此时，就可以使用模板函数进行处理，用以代替在控制器中处理后再将变量值传递给模板页面。请看下面的代码。

```
{$data.name | md5}              // 将data.name的值转换成MD5编码格式
{$article.content | raw}        // 表示不对HTML标签进行转义，直接输出
{$data.name | substr=0,3}       // 截取字符串，只输出前3个字符
```

```
{$data.name | mb_substr=0,3}  // 以UTF-8编码格式来处理字符个数
{$data.name | strip_tags}  // 删除HTML标签
{$article.content | raw | strip_tags | mb_substr=0,80}  // 也可以联合起来使用

// 下面两种写法的功能是一样的
{$name|md5|upper|substr=0,3}  // 转换成MD5编码格式后再转换成大写字母形式，取前3个字符
{:substr(strtoupper(md5($name)),0,3)}  // 功能与上面的一致
```

除了使用 PHP 的函数外，ThinkTemplate 也内置了一批固定的模板函数，如表 4-7 所示。

表 4-7　ThinkTemplate 模板函数

函数名称	作用	用法说明
format	字符串格式化	{$data.number|format='%02d'}
upper	转换成大写字母形式	{$data.name|upper}
lower	转换成小写字母形式	{$data.name | lower}
first	输出数组的第一个元素	{$data | first}
last	输出数组的最后一个元素	{$data | last}
default	默认值	{$data | '没有赋值时使用该默认值'}
raw	不使用（默认）转义	{$article.content | raw}

4.2.5　应用示例

下面通过使用二维数组类型来定义一批图书的基本信息，并在一张 HTML 表格中通过循环的方式将其渲染出来显示在页面中。这类应用场景也是模板引擎使用较多的场景。先在控制器中定义图书信息，代码如下。

```
// 定义路由规则
Route::get('book', 'index/book');

// 定义控制器方法，或使用注解路由定义接口地址
/**
 * @return \think\response\View
 * @Route("book")
 */
public function book() {
     $books = [
          ['id' => '1', 'title' => 'PHP教程', 'author' => '张三', 'price' => 52],
          ['id' => '2', 'title' => 'Python教程', 'author' => '李四', 'price' => 36],
          ['id' => '3', 'title' => 'Java教程', 'author' => '王五', 'price' => 68]
     ];
     return view('../view/public/template.html', ['books'=>$books]);
}
```

再定义 HTML 模板页面，并进行数据填充。

```
<html lang="en">
<head>
    <meta charset="UTF-8">
    <title>模板引擎填充图书信息</title>
</head>
<body>
<table width="500" border="1" align="center" cellpadding="5">
    <tr>
         <td width="20%">编号</td>
         <td width="30%">书名</td>
         <td width="30%">作者</td>
         <td width="20%">价格</td>
```

```
    </tr>
    <!-- 这一部分通过模板引擎填充，可以比较好地融入HTML标签 -->
    {volist name='books' id='book'}
    <tr>
        <td>{$book.id}</td>
        <td>{$book.title}</td>
        <td>{$book.author}</td>
        <td>{$book.price}</td>
    </tr>
    {/volist}
</table>
</body>
</html>
```

上述代码的运行效果如图 4-9 所示。

编号	书名	作者	价格
1	PHP教程	张三	52
2	Python教程	李四	36
3	Java教程	王五	68

图 4-9　ThinkTemplate 模板引擎示例运行效果

事实上，ThinkTemplate 模板引擎最终会被编译成标准的 PHP 模板语法，并会将对应位置的内容替换为<?php 和?>来输出内容。

4.2.6　模板继承

在第 2 章介绍构建蜗牛笔记的前端界面的时候，读者可能会发现前端界面通常会有一些共同的内容，如顶部、底部或侧边栏。如果每一个页面都需单独处理，那么页面的重用性就会变得很差，维护起来也会更加低效。例如，对于页面顶部区域，如果需要对其进行修改，那么每一个页面都要修改一遍，显然这不是一种太好的做法。此时，可以通过 ThinkTemplate 提供的模板继承功能来实现对公共页面的提取，进而实现页面重用。

在 ThinkTemplate 中，主要通过关键字 block、extend 实现模板继承，用法如下。

```
<!-- 定义一个母版，将其命名为base.html，放于public目录下，其中包含公共页面内容 -->
<!-- 通过block关键字在需要填充内容的位置进行声明，告诉模板引擎在此填充 -->
<!--其中，block和/block为ThinkTemplate的关键字，content为自定义模板变量 -->
{block name="content"}中部左侧内容{/block}     // 其中的文字为说明文字

<!--在子模板中进行填充，如将其命名为index.html，其中只需要包含index页面特有的内容的代码，不需要将
base.html页面的公共代码再写一遍 -->
{extend name="../view/public/base.html" /}    <!--extend关键字表示继承base.html母版 -->
{block name="content"}          <!-- 声明开始填充内容至母版对应位置 -->
.................................    <!--具体要填充的HTML、JavaScript代码，或CSS代码-->
{/block}      <!-- 模板引擎填充完成后添加结束标记 -->

<!-- 使用view函数渲染index.html,
ThinkTemplate会自动将base.html页面中的代码放到index.html的对应位置 -->
return view('../view/index/index.html');
```

基于上述原理，对蜗牛笔记进行页面拆分，将公共页面全部提取出来，并放到 base.html 页面中，代码简写如下。

```
<!DOCTYPE html>
<html lang="en">
<head>
    <meta charset="UTF-8">
    <title>蜗牛笔记-全功能博客系统</title>
```

```
    <meta name="viewport" content="width=device-width, initial-scale=1"/>
    <link rel="stylesheet" href="/css/bootstrap.css" type="text/css"/>
    <!-- 将CSS写入专门的文件，在此处引入 -->
    <link rel="stylesheet" href="/css/woniunote.css" type="text/css"/>
    <script type="text/javascript" src="/js/jquery-3.4.1.min.js"></script>
    <script type="text/javascript" src="/js/bootstrap.js"></script>
</head>
<body>
<!-- 此处省略顶部导航栏HTML代码（含登录和注册模态框代码） -->

<!-- 此处标识填充文章列表的HTML内容 -->
{block name="content"}中部内容{/block}

<!-- 此处省略文章推荐侧边栏和底部HTML代码 -->
```

例如，对于首页 index.html，则只需要编写如下代码。

```
{extend name="../view/public/base.html" /}
{block name="content"}

<!-- 中部区域布局 -->
<div class="col-sm-9 col-12" style="padding: 0 10px;" id="left">
    <!-- 轮播图组件应用，除了修改图片路径外，其他内容可不修改 -->
    <div id="carouselExampleIndicators" class="col-12 carousel slide"
            data-ride="carousel" style="padding: 0px">
<!-- 此处省略其他首页HTML代码 -->
</div>

{/block}    <!-- 填充后一定要添加结束标记 -->
```

此时，通过模板继承调整首页的文章列表部分代码后，打开蜗牛笔记首页，看到的页面是完全一样的，没有任何变化。

4.2.7 模板包含

模板继承看起来可以很好地解决 HTML 页面重用的问题。但是现在有一个新的问题，根据第 2 章的页面设计方案来看，并不是每一个页面都会包含侧边栏，例如，系统管理和用户中心就不需要侧边栏。此时，有两种解决方案可解决这个问题。

（1）第一种方案：将侧边栏直接包含在需要显示的侧边栏的模板页面中，如首页和文章阅读页面。这种方案的弊端就是侧边栏不能被重用，只能固定在需要它的所有页面中。

（2）第二种方案：不使用模板继承功能，而是使用模板包含功能。将侧边栏的代码保存到 public/side.html 中，在需要使用侧边栏的页面中，直接使用 {include file="../view/public/side.html" /} 代码即可完成导入。

例如，上述 index.html 可以修改为以下内容。

```
{extend name="../view/public/base.html" /}
{block name="content"}

<!-- 中部区域布局 -->
<div class="col-sm-9 col-12" style="padding: 0 10px;" id="left">
    <!-- 轮播图组件应用，除了修改图片路径外，其他内容可不修改 -->
    <div id="carouselExampleIndicators" class="col-12 carousel slide"
            data-ride="carousel" style="padding: 0px">
<!-- 此处省略其他首页HTML代码 -->
</div>

<!-- 在此处直接将side.html包含进来，如果是不需要使用侧边栏的页面，则不包含即可 -->
{include file="../view/public/side.html" /}

{/block}    <!-- 填充后一定要添加结束标记 -->
```

ThinkTemplate 既然支持 include 关键字，那么不使用 block 关键字和 extend 关键字也是可以的。例如，把所有版块都分别保存到不同的模板页面中，被渲染页面只需要按需引入即可。从理论上来说，确实是这样的。但是使用 include 关键字的问题在于需要引入的页面必须被拆成几块，一旦有不连续的内容就必须拆分。例如，要渲染 index.html 页面，其大致代码如下。

```
{include file='header.html' /}

<!-- 中部区域布局 -->
<div class="container" style="margin-top: 20px;">
    <div class="row">
        <div class="col-sm-9 col-12" style="padding: 0 10px;" id="left">
        此处省略详细代码
        </div>
        {include file='side.html' /}
    </div>
</div>

{include file='foot.html' /}
```

而对于一个公共页面，如果使用模板继承的方式，那么公共页面就不需要被拆分，只需要在公共页面中填充一个 block 来代替不同的内容，这样可以保持公共页面的布局完整性。所以，通常情况下，编者建议根据页面布局的实际需要，灵活运用 block 和 include 两种关键字。

4.3 ThinkPHP 数据访问

4.3.1 原生数据库操作

PHP 与 MySQL 数据库是“与生俱来的好搭档”，所以 PHP 原生提供了对 MySQL 数据库的支持。在正式学习 ThinkPHP 对数据库的处理方式前，有必要理解如何利用 PHP 原生代码实现对 MySQL 数据库的访问和处理。其实，任何一个 Web 系统的开发，基本上都会使用数据库来永久保存数据，所以利用 PHP 操作数据库也是开发 Web 系统的一个必经过程。本节内容基于对 WoniuNote 数据库中的用户表进行增、删、改、查操作来演示 PHP 操作 MySQL 数据库的基本用法。为了演示方便，此处直接编写原生 PHP 代码，并通过 PhpStorm 直接运行，而不需要基于网页来渲染，以方便代码的调试。直接在 app 目录下创建 phpdb 目录，并创建一个名为 mysql_demo.php 的源代码文件。

1. 建立数据库连接

```
<?php
$host = "127.0.0.1";
$port = 3306;
$username = "qiang";
$password = "123456";
$dbname = 'woniunote';

// 建立连接
$conn = new mysqli($host, $username, $password, $dbname, $port);

// 检测连接
if ($conn->connect_error) {
    die("连接失败: " . $conn->connect_error);
}
echo "连接成功";
```

2. 在 PhpStorm 中直接运行上述代码

在源代码位置单击右键，在弹出的快捷菜单中选择“Run”→“mysql_demo.php(PHP Script)”选项运行代码，如图 4-10 所示。

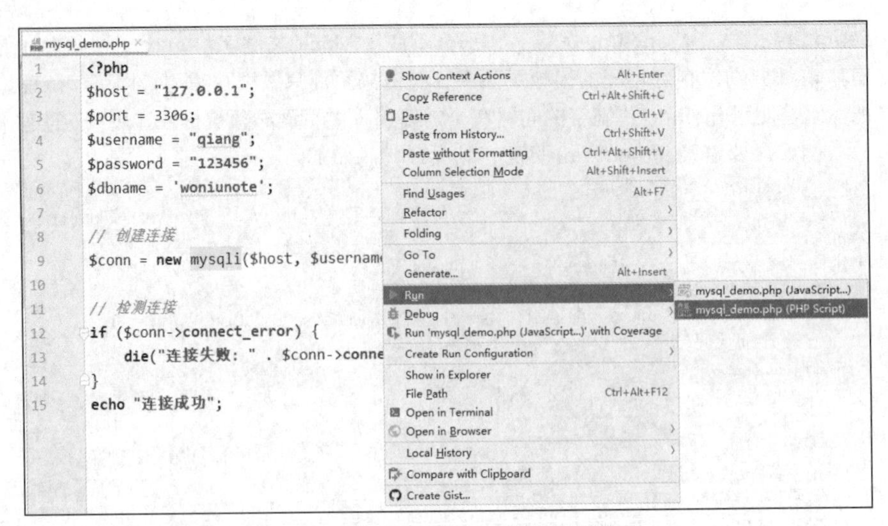

图 4-10　使用 PhpStorm 直接运行代码

在弹出的对话框中，选择 PHP 解释器版本，在 1.2.5 小节中已经指定了 php.exe 的位置，此处直接从下拉列表中选择即可。如果没有指定，则直接单击右侧的浏览按钮进行浏览并选择 Xampp 目录下的 php.exe 所在位置。此后，单击“Run”按钮即可运行，如图 4-11 所示。

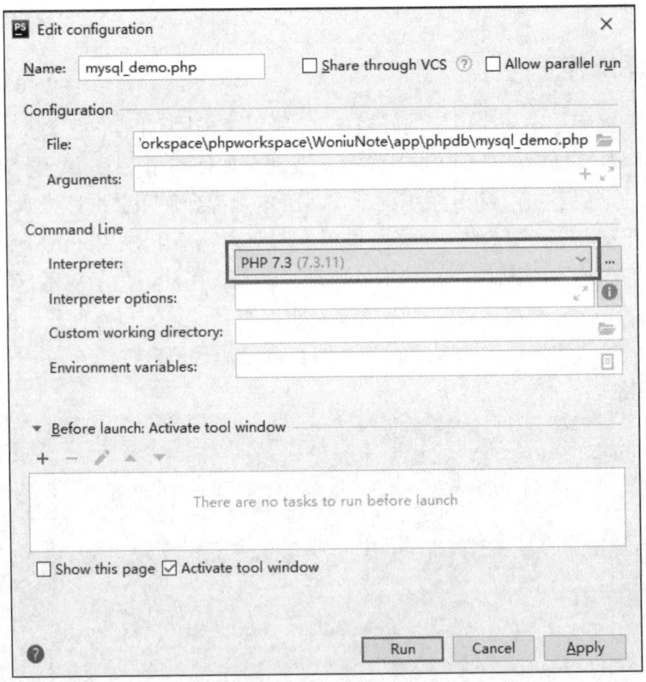

图 4-11　配置 PHP 解释器版本并运行代码

3. 查询用户表数据

查询语句是数据库操作中变化多端的一种语句类型，本小节不讨论 SQL 语句本身的语法，只讨论 PHP 代码的使用。PyMySQL 提供了 3 个查询接口用于查询需要的数据。

```
$sql = "select * from users";
$result = $conn->query($sql);
// 获取结果集的行数
```

```
echo "本次共查询到: $result->num_rows 条记录\n";
// 以索引数组的方式一次性取出所有结果
$rows = $result->fetch_all();
print_r($rows);    // 输出数组的值
foreach ($rows as $row) {
    print("$row[0], $row[1], $row[2] \n");
}

// 也可以按行遍历，并使用fetch_assoc返回关联数组
$result = $conn->query($sql);
while($row = $result->fetch_assoc()) {
    echo "用户编号: " . $row['userid'] . ", 用户名称: " . $row['username'] . "\n";
}

// 另外，在执行带条件的SQL语句时，也可以使用预处理语句
$sql = "select userid, username, password from users where userid=?";
$stmt = $conn->prepare($sql);
$userid = 1;
// 将SQL语句的查询条件参数绑定到变量$userid中，并将其设置为整型
// d为双精度浮点型，s为字符串型，b为二进制型（不常用）
$stmt->bind_param("i", $userid);
$stmt->bind_result($uid, $username, $password);
$stmt->execute();
while ($stmt->fetch()) {
    echo "\n用户编号: " . $uid . ", 用户名称: " . $username . "\n";
}
```

上述代码的运行结果如下。

```
连接成功
本次共查询到: 7 条记录
用户编号: 1, 用户名称: woniu@woniuxy.com
用户编号: 2, 用户名称: qiang@woniuxy.com
用户编号: 3, 用户名称: denny@woniuxy.com
用户编号: 4, 用户名称: tester@woniuxy.com

用户编号: 1, 用户名称: woniu@woniuxy.com
```

除了常规的查询语句外，再来看看使用标准 SQL 语句和预处理 SQL 语句进行插入、修改和删除操作的代码。

```
// 使用标准SQL语句插入一条数据
$password = md5('123456');
/* 如果当前时间不正确，则通常是时区设置的原因，请在php.ini配置文件中设置date.timezone=PRC，并重启
Apache*/
$createtime = $updatetime = date('Y-m-d H:i:s');
$sql = "insert into users(
        username, password, nickname, avatar, qq, role, createtime, updatetime)
        values ('reader@woniuxy.com', '$password', '读者', '1.png',
        '12345678', 'user', '$createtime', '$updatetime')";
$result = $conn->query($sql);
if ($result == 1) {
      echo '插入数据成功.\n';
}
else {
      echo '插入数据失败.\n';
}

// 同样的，也可以使用预处理SQL语句来插入数据，这样的代码可读性更强、执行效率更高
$username = 'reader@woniuxy.com';
$password = md5('123456');
$nickname = '读者';
$avatar = '1.png';
$qq = '12345678';
$role = 'user';
```

```
$createtime = $updatetime = date('Y-m-d H:i:s');
$sql = "insert into users(
        username, password, nickname, avatar, qq, role, createtime, updatetime)
        values (?, ?, ?, ?, ?, ?, ?, ?)";
$stmt = $conn->prepare($sql);
$stmt->bind_param("ssssssss", $username, $password, $nickname,
        $avatar, $qq, $role, $createtime, $updatetime);
$result = $stmt->execute();     // 非select语句不需要bind_result
if ($result == 1) {
      echo '插入数据成功.\n';
}
else {
      echo '插入数据失败.\n';
}

// update和delete语句
$sql = "update users set avatar='2.png' where username='reader@woniuxy.com'";
$conn->query($sql);
$sql = "delete from users where username='reader@woniuxy.com'";
$conn->query($sql);
```

4.3.2 ORM 模型

对象关系映射（Object-Relational Mapping，ORM）的作用是在关系数据库和对象之间形成映射。这样，在具体操作数据库的时候，不需要直接编写 SQL 语句，而是像平时操作 Python 的类和对象一样操作数据库即可。

为什么需要使用 ORM 对数据库操作进行封装呢？4.3.1 小节使用 PHP 执行 MySQL 操作时，只需要执行简单的 SQL 语句。但是在一个大型系统中，由于表和列非常多，因此如果全部使用原生 SQL 语句来实现数据库操作，那么一旦表结构发生变化，就需要重写很多 SQL 语句，为代码的维护和开发效率带来了极大的困扰。而使用 ORM 封装后，就可以将业务处理和数据库操作完全分离开，程序员只需要关心业务处理逻辑的实现，而不用关注数据库是如何实现读写的。同时，对数据库进行增、删、改、查时完全不用编写 SQL 语句，而是操作一个类和类中的方法或属性来实现。这就是所谓的对象与关系之间的映射。

PHP 中返回的数据是以行为单位的结果集，使用数组进行读取，显然无法直接将一个数组变成一个 PHP 类，无法通过操作某个类实例和方法的方式来完成读写。所以需要对数据库中的表进行转换，常用的转换规则涉及以下 5 个方面。

（1）数据库中的表对应 PHP 中的类。

（2）表中的列对应 PHP 中类的属性。

（3）表中每一行的数据对应 PHP 的类对象。

（4）通过关联数组的 Key 来对应列名，关联数组的 Value 来对应行数据。

（5）将增、删、改、查分别封装到类中不同的方法中进行操作，由于最终数据库还是要执行 SQL 语句，因此要通过类的封装操作来拼接出一条正确的 SQL 语句。

接下来讲解如何利用 PHP 的面向对象特性进行简单的 ORM 封装，进而实现数据库操作的对象化。下列代码依然以操作用户表为例来进行说明，这是一个比较简单的类封装操作。

```
<?php
namespace app\demo;
use mysqli;

class MyORM {
    private $conn = null;           // 定义数据库连接对象
    public $table_name = '';        // 定义表名table_name

    public $username = '';          // 定义列名username
```

```
    public $password = '';          // 定义列名password
    public $role = '';              // 定义列名role
    public $createtime = '';        // 定义列名createtime

    // 在实例化对象时直接创建数据库连接，并指定表名
    public function __construct($table_name) {
        $conn = new mysqli('127.0.0.1', 'qiang', '123456', 'woniunote');
        if ($conn->connect_error) {
              die("连接失败: " . $conn->connect_error);
        }
        $this->table_name = $table_name;
        $this->conn = $conn;
    }

    // 利用已有字段拼接insert语句，并执行插入操作
    public function insert() {
        $sql = "insert into $this->table_name (username, password, role, createtime)
                values('$this->username', '$this->password', '$this->role',
                '$this->createtime')";
        $this->conn->query($sql);
    }

    // 利用已有字段拼接select语句，并带where查询条件
    public function select($where) {
        $sql = "select * from $this->table_name where $where";
        $result = $this->conn->query($sql)->fetch_all();
        return $result;
    }
}

// 实例化MyORM对象指定表名
$orm = new MyORM('users');
// 利用类属性赋值方式为各列赋值
$orm->username = 'orm@woniuxy.com';
$orm->password = md5('123456');
$orm->role = 'user';
$orm->createtime = '2020-03-12 12:45:28';
// 对类的实例赋值后，其值直接在insert方法中调用就可以正确拼接新增的SQL语句
$orm->insert();

// 以同样的方式，通过赋值where条件来执行select语句，并输出结果
print_r($orm->select('userid=1'));
```

作为演示程序，上述代码已经基本可以说明 ORM 的工作机制，即利用好 PHP 的面向对象特性，通过调用不同的方法拼接不同的 SQL 语句，最终依然是通过原生数据库操作来完成的，只是封装好以后，在进行数据库操作时可以不关注细节，比编写原生 SQL 语句要方便不少。但是上述代码依然存在一些问题，例如，表的列名是固定的，除了指定 where 条件无法做其他类型的查询处理、无法指定查询哪些字段名等。所以，针对这些问题，继续对代码进行优化，基本优化思路如下。

（1）由于表名是基于实例化类时动态传进来的，因此如果不是用户表，而是其他表，则列名无法使用，所以必须要动态处理列名。在 PHP 中，可以通过函数 get_object_vars 来动态获取类或者实例的属性和值并返回一个关联数组，这样在使用 insert 语句或其他类似语句时就可以对应上列名和列值，下面的代码演示了这一过程。

```
$orm = new MyORM('users');
// 动态地为类实例$orm设置属性和值
$orm->username = 'orm@woniuxy.com';
$orm->password = md5('123456');
$orm->role = 'user';
$orm->createtime = '2020-03-12 12:45:28';
print_r(get_object_vars($orm));    // 输出所有类实例的属性和值
```

上述代码的运行结果如下。

```
Array
(
    [username] => orm@woniuxy.com
    [password] => e10adc3949ba59abbe56e057f20f883e
    [role] => user
    [createtime] => 2020-03-12 12:45:28
)
```

（2）如果在执行查询时需要指定多个查询条件，如排序、过滤或者分组等，那么把这些条件写在一个方法的参数中虽然可行，但是会显得比较烦琐，也不够面向对象。所以根据目前业界常用的做法，可使用链式操作，把不同的条件放到不同的方法中，最后通过调用拼接方法来处理。所谓链式操作，其实不难理解，即每一个方法的返回值就是这个类实例本身，即“return $this”，这样调用完这个方法后还可以继续调用这个类中的其他方法。

（3）如果要指定查询哪些字段，则可以使用类似的手段，专门写一个方法，指定列名，并使用链式操作。优化后 MyORM 类的代码如下。

```
namespace app\demo;
use mysqli;
use ReflectionClass;

class MyORM
{
    private $conn = null;           // 定义数据库连接对象
    private $table_name = '';       // 定义表名table_name

    private $order = '';            // 指定排序方式，默认不带order
    private $where = '1=1';         // 指定过滤条件，默认不带条件
    private $field = '*';           // 指定查询列名，默认为所有列

    // 在实例化对象时直接创建数据库连接，并指定表名
    public function __construct($table_name)
    {
        $conn = new mysqli('127.0.0.1', 'qiang', '123456', 'woniunote');
        if ($conn->connect_error) {
            die("连接失败: " . $conn->connect_error);
        }
        $this->table_name = $table_name;
        $this->conn = $conn;
    }

    // 利用链式操作为order赋值，即赋值后返回类实例本身
    public function order($order) {
        $this->order = $order;
        return $this;
    }

    // 利用链式操作为where赋值，默认为1=1，表示无查询条件
    public function where($where) {
        $this->where = $where;
        return $this;
    }

    // 利用链式操作指定查询的字段名，默认为*，表示查询所有列
    public function field($field) {
        $this->field = $field;
        return $this;
    }

    // 删除get_object_vars获取到的所有类属性中预先定义好的属性
    // 这样返回的就只是在调用ORM模型方法时调用代码设置的动态属性
```

```
    public function get_column_value() {
        $columns = get_object_vars($this);
        unset($columns['conn']);
        unset($columns['table_name']);
        unset($columns['order']);
        unset($columns['where']);
        unset($columns['field']);
        return $columns;
    }

    // 利用已有字段拼接insert语句，并执行插入操作
    public function insert() {
        $sql = "insert into $this->table_name (";  // 按insert语句语法先拼接第一部分
        $columns = $this->get_column_value();
        // 使用implode函数通过逗号来拼接属性数组中的key作为列名
        $sql .= implode(',', array_keys($columns));
        $sql .= ") values('";    // 注意，values的值需要前后都加单引号
        // 继续拼接insert语句的values部分内容
        $sql .= implode("','", $columns);    // 注意分隔符为 ','
        $sql .= "')";   // 最后的单引号也要加上
        print($sql);    // 可以在此处输出拼接的SQL语句，查看其是否正确，以便于调试
        $this->conn->query($sql);
    }

    // 利用已有字段拼接select语句，其必须在链式操作中放到最后执行
    public function select() {
        $sql = "select $this->field from $this->table_name where $this->where ";
        if ($this->order != '') {
            $sql .= 'order by ' . $this->order;
        }
        print($sql);    // 可以在此处输出拼接的SQL语句，查看其是否正确，以便于调试
        // $result = $this->conn->query($sql)->fetch_all();

        // 也可以使用fetch_assoc按行获取并返回关联数组
        $result = array();
        $cursor = $this->conn->query($sql);
        while ($row = $cursor->fetch_assoc()) {
            $result[] = $row;
        }
        return $result;
    }
}

// 实例化MyORM对象指定表名
$orm = new MyORM('users');

// 利用动态属性赋值方式为各列赋值，并插入新数据
$orm->username = 'orm@woniuxy.com';
$orm->password = md5('123456');
$orm->role = 'user';
$orm->createtime = '2020-03-12 12:45:28';
$orm->insert();

// 执行select语句，通过链式操作设定查询条件，并输出结果
$result = $orm->field('username, password, nickname')
    ->where("userid < 5")->order('userid desc')
    ->select();
print_r($result);
```

其他操作也与之类似，由于篇幅所限，本书不再演示 ORM 的全部用法，而是通过代码优化让大家树立对 ORM 的认知，这样在学习 ThinkPHP 框架时就会更容易上手。

4.3.3 定义模型

ThinkPHP 框架完整实现了对于 MySQL 的 ORM 操作，该 ORM 框架被命名为 ThinkORM，是独立于 ThinkPHP 框架的，只是在使用 Composer 安装 ThinkPHP 框架时已经自动安装了该框架，ThinkPHP 这样设计是为了让程序员在使用时可以选择其他的 ORM 框架，而不一定必须要用 ThinkORM。当然，本书作为讲解 ThinkPHP 框架的教材，直接选用了其自带的框架，这样无论是兼容性还是代码一致性都更好。事实上，即使选用其他 ORM 框架，从本质上来说原理也是相通的，用法也大同小异。

在使用一个数据库之前，要建立与该数据库的连接，并定义表的模型，这样才可以使用 ORM。同样，这也是 MVC 架构的基本理念。在 ThinkPHP 框架中，要建立与数据库的连接，就需要在 config 目录下的 database.php 配置文件中指定正确的连接信息。

```
// 数据库类型
'type'            => env('database.type', 'mysql'),
// 服务器IP地址
'hostname'         => env('database.hostname', '127.0.0.1'),
// 数据库名
'database'         => env('database.database', 'woniunote'),
// 用户名
'username'         => env('database.username', 'qiang'),
// 密码
'password'         => env('database.password', '123456'),
// 端口
'hostport'         => env('database.hostport', '3306'),
```

由于在.env 文件中启用了调试模式，而默认在.env 文件中也定义了数据库连接信息，因此此处要么将数据库连接信息删除，要么将其修改为正确的连接信息，否则 ThinkPHP 框架会优先读取该环境变量信息，如果信息不正确，则可能连接不成功。

此后，为不同的数据表定义不同的模型类。在 app 目录下创建名为 model 的目录，在该目录下为 woniunote 数据库中的每一张表定义一个模型类，此处以用户表和文章表进行举例说明。

```
// 为用户表定义模型类，同时再定义几个方法，供控制器调用
<?php
namespace app\model;
use think\Model;

// 模型类必须继承think\Model类
class Users extends Model {
    // 如果主键名不为ID，则必须手动指定主键名
    protected $pk = 'userid';
    // 为当前模型指定表名，如果类名与表名一致，则可以不用指定
    protected $name = 'users';

    // 定义一个查询方法，根据userid查询用户表的一行数据
    public function findByUserid($userid) {
        $user = $this->find($userid);
        return $user;   // 直接通过关联数组返回一行数据
    }

    // 再定义一个查询所有用户表数据的方法，返回所有必须使用select方法
    public function findAll() {
        $users = $this->select();
        return $users;
    }
}

// 以同样的方式，为文章表定义模型类，由于类名和表名一致，因此不需要指定表名
<?php
namespace app\model;
```

```
use think\Model;

class Article extends Model {
    protected $pk = 'articleid';
}
```

完成模型的定义后，就可以直接设定一条路由规则来访问表的查询结果了。为此，在 app\controller 目录下创建名为 Database.php 的控制器文件，并执行以下代码。

```
<?php
namespace app\controller;
use app\BaseController;
use think\annotation\Route;

class Database extends BaseController {
    /**
     * @Route("db/basic")        // 使用注解路由定义路由地址
     */
    public function basic() {
        // 实例化模型类
        $user = new \app\model\Users();
        // 调用findByUserid方法，并返回一行结果
        $row = $user->findByUserid(1);
        return "用户编号：$row->userid，用户名称：$row->username";
        // 或者以JSON数据格式返回
        $rows = $user->findAll();
        return json($rows);
        // 当然，也可以通过助手函数view直接将其填充到模板引擎中
    }
```

从上述代码可以看到，通过 ThinkORM 框架来操作数据库变得非常方便，不需要编写 SQL 语句，或者是烦琐地拼接 insert 语句了，可以大大提高数据库开发效率。

4.3.4 添加数据

完成表模型定义后，使用如下代码可以完成表数据的添加（运行 insert 语句）。

```
/**
 * @Route("db/insert")
 */
public function insert() {
    $user = new \app\model\Users();    // 实例化模型类Users

    $now = date('Y-m-d H:i:s');
    $user->username = 'reader@woniuxy.com';
    $user->password = md5('123456');
    $user->nickname = '读者';
    $user->avatar = '3.png';
    $user->qq = '123456';
    $user->role = 'user';
    $user->createtime = $now;
    $user->updatetime = $now;
    $result = $user->save();
    // $result返回的是写入的记录数，不是新数据的主键ID
    if ($result == 1) {
        // 直接通过$user->userid可以获取新数据的主键ID
        return "新增用户数据成功，ID为：$user->userid";
    }
    else {
        return '新增用户数据失败.';
    }
};
```

上述代码实现后，直接在浏览器中访问 http://127.0.0.1/db/insert 即可完成数据的新增操作。上述代码是标准的 ORM 模型用法，通过面向对象的方式完成了数据的新增操作，这也是本书推荐的用法。除

了这种面向对象的方式外，也可以通过在 save 方法中指定关联数组的方式进行新增操作，使用此方式时，可以进行数据的批量增加，代码如下。

```
/**
 * @Route("db/batch")
 */
public function batch() {
     $user = new \app\model\Users();
     // 通过在save方法中指定关联数组的方式进行
     $now = date('Y-m-d H:i:s');
     $data = [
          'username' => 'reader@woniuxy.com',
          'password' => md5('123456'),
          'nickname' => '读者',
          'avatar' => '3.png',
          'qq' => '123456',
          'role' => 'user',
          'createtime' => $now,
          'updatetime' => $now
     ];
     $user->save($data);

     // 如果要批量提交，则可定义一个二维数组，其中包含多行数据，并调用saveAll
     $multi = [$data, $data, $data];
     $user->saveAll($multi);
};
```

4.3.5 修改、删除数据

对 update 语句来说，如果不明确定义 where 条件，那么将会修改整张表的数据。所以在 ThinkORM 中，修改数据分为两步：先查询到要修改的行，再对该行数据进行修改。具体代码如下。

```
/**
 * @Route("db/update")
 */
public function update() {
     // 直接使用静态访问方式获取要修改的数据
     $user = app\model\Users::find(10);
     $user->password = md5('654321');
     $user->nickname = 'VIP读者';
     $user->save();
};
```

与修改数据类似，删除数据是先查询到要删除的行，再调用 delete 方法。

```
/**
 * @Route("db/delete")
 */
public function delete() {
     // 直接使用静态访问方式获取要删除的数据
     $user = app\model\Users::find(35);
     $user->delete();
};
```

4.3.6 基础查询

无论是 SQL 语句还是 ORM 模型，create、insert、update 和 delete 这 4 种语句的操作都是非常简单的，即使考虑到一些主外键约束，其也依然是简单的操作。select 语句才是较为复杂和多变的。因此，在 ThinkORM 框架中，对查询的封装也是较复杂和多变的。下面来看一些基础的查询代码，示例如下。

```
/**
 * @Route("db/query")
 */
public function query() {
     $user = new app\model\Users();
```

```
    // 根据主键进行查询
    $row = $user->find(1);
    return json($row);

    // 查询指定的列，而不是所有列，注意所有列名写在一个字符串中并用逗号分隔
    $result = $user->field('userid,username,password')->select();
    return json($result);

    // 使用where条件进行过滤，其中where('role', 'user')表示条件为role=user
    // 在非等值条件下，必须使用3个参数，即where('userid', '<=', 5)，中间的参数指明了条件
    // 对于多个where条件可直接使用链式操作
    $result = $user->where('userid', '<=', 5)
                   ->where('role', 'user')->select();
    return json($result);

    // 另外，多个where等值判断也可以使用关联数据来指定，但是此类场景不多
    // 同时，若能使用链式操作这种面向对象的方式，则不建议使用传统的数组方式
    $result = $user->where([
        'userid' => 1,
        'role' => 'admin'
    ])->select();
    return json($result);

    // 模糊查询
    $result = $user->where('username', 'like', '%reader%')->select();
    // 也可以直接调用封装好的条件，这样会更加方便，代码可读性更强
    $result = $user->whereLike('username','%reader%')->select();
    // 对于比较复杂的条件查询，也可以使用whereRaw指定原生查询条件
    $result = $user->whereRaw("userid<10 and role='user'")->select();
    // 从第1条数据开始，限制返回5条数据，与原生SQL语句的limit 0,5作用一致
    $result = $user->limit(5)->select();
    // 直接设定从第几条数据开始，返回多少条数据，与limit 5,10完全等价
    $result = $user->limit(5, 10)->select();
    // 获取本次查询返回的数据行数
    $result = $user->select()->count();
    // 去除role列的重复数据
    $result = $user->distinct(true)->field('role')->select();
    // 排序
    $result = $user->order('userid', 'desc')->select();
    // 分组查询带having过滤器，顺便了解如何使用聚合函数
    $result = $user->field('role, sum(credit)')
                   ->group('role')->having('sum(credit)>100')->select();

    // 除了使用模型类实例查询外，也可以直接使用模型类名
    $result = \app\model\Users::where('userid', 1)->select();
    // 或者直接使用Db类进行查询，这种情况不需要创建模型类
    $result = \think\facade\Db::table('users')->where('userid', 1)->select();

    return json($result);     // 调试时请对上述代码中不需要的内容进行注释
};
```

4.3.7 连接查询

学习完基础查询之后，相信大家对 ThinkORM 的用法应该已经非常熟练了，但是在 SQL 查询中还有两种比较常见的连接查询：内连接和外连接。连接查询的代码示例如下。

```
/**
 * @Route("db/join")
 */
public function join() {
    $article = new app\model\Article();
    // 内连接查询，查询文章对应的作者信息
    // 其对应的原生SQL语句如下
```

```
    // SELECT * from article a join users u on u.userid=a.userid where a.articleid=1
    // 或者SELECT * from article a, users u where u.userid=a.userid and a.articleid=1
    $result = $article->alias('a')->join('users u', 'a.userid=u.userid')
        ->where('a.articleid', '1')->select();

    // 左外连接查询，直接使用Db类，查询所有用户发表的文章的阅读次数总和
    // SELECT u.userid, u.username, sum(a.readcount) from users u LEFT JOIN
    // article a on u.userid=a.userid GROUP BY u.userid
    $result = \think\facade\Db::table('users')->alias('u')
        ->leftJoin('article a', 'a.userid=u.userid')
        ->field('u.userid, u.username, sum(a.readcount)')
        ->group('u.userid')->select();
    $sql = \think\facade\Db::getLastSql();  // 调试时
    return json($result);
};
```

在编写一些相对复杂的查询语句时，编者给出两个建议：一是先编写原生 SQL 语句，再根据原生 SQL 语句中的各种条件去对应 ThinkORM 中的方法；二是将查询条件生成的最终 SQL 语句输出，以方便确认没有编写正确的位置。

4.3.8 模型关系

在 ThinkORM 中进行数据操作时用法是比较灵活的，例如，可以直接使用 Db 类在不定义模型类的情况下进行表的查询，也可以定义好模型后使用模型类进行查询，还可以使用模型类的实例进行查询。事实上，使用 Db 类直接进行查询的方式与 ORM 关系并不大，更像是换了一种生成 SQL 语句的方式而已。所以建议使用模型类进行操作，这样才能够更加高效地使用 ThinkORM 的各类特性。

定义了模型类之后，还可以在模型与模型之间定义关系，通过这种关系的定义，可以在对多表进行连接查询时省略连接关系。例如，下面的代码定义了用户表与文章表之间的一对多的关系，即一个用户可以发布多篇文章。

```
class Users extends Model {
    protected $pk = 'userid';

    // 用户表与文章表之间一对多的关系，函数名称建议设置为表名
    public function article()
    {
        // 指定与模型类Article建立一对多的关系，通过外键userid进行关联
        return $this->hasMany(Article::class, 'userid');
    }
}
```

定义好模型关系后，便可以在 Database.php 代码中利用模型关系进行方便的查询处理了。

```
/**
 * 根据用户表与文章表一对多的关系查询数据
 * @Route("db/relate")
 */
public function relate() {
    $user = Users::find(3);
    // 查找编号为3的作者发布的所有文章，等价于原生SQL语句
    // SELECT * FROM users u, article a WHERE u.userid=a.userid AND u.userid=3
    $result = $user->article;     // 注意，此处调用的article方法不要加括号
    // 也可以在模型关系中使用查询条件
    $result = $user->article()->where('articleid',2)->select();
    // 或者使用其他可用的查询操作
    $result = $user->article()->field('articleid, headline')
                ->order('articleid', 'desc')->select();
    // 也可以使用关联查询条件查询发布过2篇以上文章的作者
    $result = Users::has('article', '>', 2)->select();

    return json($result);
}
```

在蜗牛笔记中，一对多的关系是大量存在的。例如，一个作者可以发布多篇文章、一个用户可以发表多个评论、一篇文章可以有多个评论等。当然，除此以外，也存在多对多的关系。例如，一篇文章可以被多个用户收藏，一个用户可以收藏多篇文章，相对于收藏来说，文章和用户之间就通过文章收藏表建立了多对多的关系。在 ThinkPHP 中，可以通过 belongsToMany 方法建立一对多的关系，示例代码如下。

```
// 先在Article模型类中指定与Users模型类的一对多关系
class Article extends Model {
    protected $pk = 'articleid';

    // 通过favorite中间表建立与用户表之间多对多的关系
    public function favorite() {
        /* 第1个参数：用户表。第2个参数：favorite,中间表。第3个参数：
        中间表与当前模型的关联外键。第4个参数：中间表与当前模型的关联主键*/
        return $this->belongsToMany(Users::class, 'favorite', 'userid', 'articleid');
    }
}

// 在Database.php中执行多对多查询
/**
 * @Route("db/mm")
 */
public function manyMany() {
     $article = \app\model\Article::find(122);
     // 根据编号为122的文章找到对应的文章收藏表的数据及作者数据
     $result = $article->favorite;
     return json($result);
}
```

上述代码在指定中间表 favorite 的时候直接使用了表名，也可以为 favorite 中间表创建模型类，而 Favorite 模型类作为中间表时，需要继承自 Pivot 类而不是 Model 类。

```
class Favorite extends Pivot {
    protected $pk = 'favoriteid';
}
```

在蜗牛笔记中并不存在一对一的关系，那么什么是一对一的关系呢？例如，有一个用户表，包含很多用户字段，但是通常用户不会频繁修改这些字段，所以一些常用的字段，如用户名、密码、编号等就保存到用户表中，而其他的诸如联系方式、真实姓名、地址等字段属于平时很少会使用的字段，则保存到用户信息表（UserInfo 表）中，UserInfo 表通过 userid 与用户表建立了一对一的关系。这里简单用代码做一个演示，蜗牛笔记中不涉及一对一的关系，而且很多互联网应用为了简化表结构、提高查询效率，也不太使用一对一的关系。

```
class User extends Model {
    public function userinfo ()
    {
         return $this->hasOne(UserInfo::class, 'userid');   // 通过userid建立一对一的关系
    }
}
```

模型之间即使不创建关系，也可以使用连接查询处理数据，而且这样处理相对更加灵活，所以读者可根据需要决定采用何种方式。

4.3.9 执行原生 SQL 语句

使用 ORM 模型进行数据库操作时，往往操作增、删、改和一些简单查询语句是比较方便的。但是当操作一些特别复杂的查询语句时反而并不是很方便，甚至会使人在开发过程中有写原生 SQL 语句的冲动。尤其是对 ThinkORM 语法规则不是特别熟悉的时候，往往会觉得写原生 SQL 语句会比较方便。为了执行原生 SQL 语句，ThinkORM 特别提供了接口，演示代码如下。

```
/**
 * 直接使用think\facade\Db类执行原生SQL语句
 * @Route("db/sql")
 */
public function sql() {
     // 原生SQL语句执行查询操作，使用Db类的query方法即可返回关联数据结果集
     $sql = "select * from users";
     $result = Db::query($sql);

     $sql = "select * from article where userid in(3,4,5)";
     $result = Db::query($sql);

     // 如果执行数据库的增、删、改操作，则使用Db类的execute方法
     $sql = "update users set nickname='新读者' where userid=5";
     $result = Db::execute($sql);   //返回的结果是受影响的行数

     // 无论是查询还是修改，均支持参数传递，这比mysqli预处理语句更加便捷、高效
     $sql = "select * from users where userid=?";  // 使用问号点位符
     $result = Db::query($sql, [2]);
     // 或使用带命名点位符的参数，参数以冒号标识
     $sql = "update users set nickname=:nickname where userid=:userid";
     $result = Db::execute($sql, ['nickname'=>'张三', 'userid'=>5]);
     return json($result);
}
```

4.3.10 JSON 数据

JavaScript 对象标记（JavaScript Object Notation，JSON）是一种轻量级的数据交换格式，属于 JavaScript 的一个子集。简洁和清晰的层次结构使得 JSON 成为理想的数据交换格式。JSON 数据易于人们阅读和编写，同时易于机器解析和生成，并能有效地提高网络传输效率，是目前在互联网上进行数据传输的重要手段。

在 JavaScript 中，可使用方括号来定义数组，与 PHP 中利用方括号来定义索引数组相似。例如，定义一个用户姓名的数组，方式如下。

```
var users = ["张三", "李四", "王五", "赵六", "田七"];
```

另外，在 JavaScript 中也可以利用花括号来定义对象，与 PHP 中定义关联数组相似，通过键值（Key-Value）对来指定对象值，定义方式如下。

```
var user1 = {name:"张三", sex:"男", age:30, phone:"18012345678",addr:"成都"};
var user2 = {name:"李四", sex:"女", age:25, phone:"13012365659",addr:"重庆"};
```

在 JavaScript 中还可以混合使用数组和对象，例如，可以在 JavaScript 中定义如下的数组或对象，这类方式与 PHP 中定义二维数组的方式相似。

```
var users = [{name:"张三", sex:"男", age:30, phone:"18012345678",addr:"成都"},
             {name:"李四", sex:"女", age:25, phone:"13012365659",addr:"重庆"}];
```

或者如下。

```
var users = {user1:["张三","男",30,"18012345678","成都"],
             user2:["李","女",25,"13012365659","重庆"]};
```

上述定义的各类数据格式构成了 JSON 数据的基础，并且 JSON 数据为了能在网络中方便地进行传输，都是以标准的字符串类型或 JSON 数据类型（在 HTTP 响应头中将 Content-Type 标识为 application/json）存在的。JSON 数据格式本身就来源于 JavaScript，而若想直接响应 JSON 数据，则在 JavaScript 中可以直接按照数组和对象进行处理，无须二次转换，这也是 JSON 数据格式非常受欢迎的原因之一。同样的方式，提交数据请求时，也可以使用 JSON 数据格式向服务器端进行提交，服务器端根据自己的数据格式进行反序列化操作。

在蜗牛笔记的开发过程中，由于会大量使用后台模板引擎进行渲染，因此这种情况下并不需要使用 JSON 数据格式来进行内容的响应。但是有一些功能需要使用前后端分离的方式来处理，也就是把数据交

给前端渲染，在这种情况下就可以使用 JSON 数据格式来响应前端。

4.4 验证器

4.4.1 基础应用

为了更加快速地理解验证器的用法，现在假设以下场景：用户在注册时需要填写用户名、密码、邮箱地址和年龄，而这 4 个数据都是有合法性要求的。例如，4 个数据都必须要填写，不能为空；用户名为 5～20 位；密码只能是数字或字母且不低于 8 位；而邮箱地址必须是合法的邮箱地址格式；同时，年龄必须为 18～100 岁。上述规则如果使用标准的 if...else...代码来进行验证，则需要进行的判断操作并不少，代码量也较大。而如果直接使用 ThinkPHP 的验证器进行验证，则相对要容易许多。

为了对上述用户注册功能的输入数据进行验证，先在 app 目录下创建 validate 目录，用于保存所有验证器代码；再创建 User.php 类文件用于验证和用户相关的操作，代码如下。

```
<?php
namespace app\validate;
use think\Validate;

class UserVal extends Validate {
    protected $rule =   [
        'username'  => 'require|min:5|max:20',
        'password'   => 'require|alphaNum|min:8',
        'email' => 'require|email',
        'age' => 'number|between:18,100'
    ];
}
```

对上述代码进行如下解释。

（1）UserVal 类必须继承自 Validate 父类才能起到验证器的作用。

（2）必须将验证规则定义在变量$rule 中才可生效。

（3）通过数据的方式指定各个字段的验证规则。

（4）require 表示这个字段必须有值，如果不设置 require，那么当字段的值为空时将不会进行合法性校验，后续的验证规则将失效。

（5）min:5 表示该字段的值最少为 5 位字符长度。

（6）max:20 表示该字段的值最多只能为 20 位字符长度。

（7）alphaNum 表示该字段只能是数字或字母，可以是纯数字，也可以是纯字母，或者二者都有，但是不能出现中文或者特殊符号等。

（8）email 表示必须是一个有效的邮箱地址格式。

（9）number 表示该字段只接受数字类型。

（10）between:18,100 表示该字段的值必须是 18～100 中的整数。

设定好上述验证规则后，先在 demo.php 中为用户注册功能添加/user/reg 接口并路由到 User 控制器中的 reg 方法，再在 reg 方法中添加下列代码即可实现对请求参数的验证。

```
public function reg() {
     $username = request()->post('username');
     $password = request()->post('password');
     $email = request()->post('email');
     $age = request()->post('age');
     try {
         validate(UserVal::class)->check([
              'username'  => $username,
              'password' => $password,
              'email' => $email,
```

```
            'age' => $age
        ]);
        return '规则正确,可以进行注册';
    } catch (ValidateException $e) {
        // 验证失败则直接输出错误信息响应给前端
        dump($e->getError());
    }
}
```

上述接口方法的代码实现后，利用 Postman 对接口进行测试，输入不同的 Post 请求的正文数据后，可以看到验证器的验证结果。但是由于上述验证规则中并没有强制要求 age 字段必须输入值，因此如果 age 字段值为空，则不会进行验证，此时验证可以通过。如果要求前端用户必须填写 age 字段的值，那么需要为该字段添加 require 规则。

但是对于后台接口代码来说，需要验证的场景特别多，如果每次都要为不同的验证场景新建一个验证器类就显得特别烦琐。所以 ThinkPHP 内置了路由验证器，直接在定义路由地址时就可以进行验证，相对来说更加方便。例如，下面的定义路由接口的代码可以完全代替上述用户注册的代码，且不需要在接口方法中再进行验证，直接就可以完成验证的过程。

```
Route::post('/reg', 'user/reg')->validate([
        'username'  => 'require|min:5|max:20',
        'password'   => 'require|alphaNum|min:8',
        'email' => 'require|email',
        'age' => 'number|between:18,100'
]);
```

4.4.2 错误消息

在 ThinkPHP 的验证器中，如果不想使用其内置的错误消息，则可以自定义错误消息，直接在验证器类 UserVal 中进行指定即可，代码如下。

```
<?php
namespace app\validate;
use think\Validate;

class UserVal extends Validate {
    // 定义针对某个字段的验证规则
    protected $rule =   [
        'username'  => 'require|min:5|max:20',
        'password'   => 'require|alphaNum|min:8',
        'email' => 'require|email',
        'age' => 'number|between:18,100'
    ];

    // 为相应字段的验证规则定义错误消息，变量名必须为$message
    protected $message  =   [
        'username.require' => '用户名必须填写.',
        'username.min'     => '用户名至少应该包含5个字符',
        'username.max'     => '用户名最多不能超过20个字符',
        'age.number'   => '年龄必须是数字',
        'age.between'  => '年龄只能在18到100之间',
        'email'        => '你的邮箱格式错误',
    ];
}
```

但 ThinkPHP 已经把错误消息封装得比较清楚了，没有太大必要去自定义错误消息，读者只需要了解这种用法即可。

4.4.3 验证规则

现将 ThinkPHP 中内置的基础验证规则列举如下，如表 4-8 所示。

表 4-8　ThinkPHP 内置的基础验证规则

规则名称	使用说明	应用举例
require	验证某个字段必须有值	'name'=>'require'
number	验证某个字段的值是否为纯数字（不包含负数和小数点）	'num'=>'number'
integer	验证某个字段的值是否为整数	'num'=>'integer'
float	验证某个字段的值是否为浮点数	'num'=>'float'
boolean 或者 bool	验证某个字段的值是否为布尔值	'num'=>'boolean'
email	验证某个字段的值是否为邮箱地址	'email'=>'email'
array	验证某个字段的值是否为数组	'info'=>'array'
accepted	验证某个字段的值是否为 yes、no，或 1。这在确认“服务条款”是否同意时很有用	'accept'=>'accepted'
date	验证某个字段的值是否为有效的日期	'date'=>'date'
alpha	验证某个字段的值是否为纯字母	'name'=>'alpha'
alphaNum	验证某个字段的值是否为字母和数字	'name'=>'alphaNum'
alphaDash	验证某个字段的值是否为字母、数字、下画线及破折号	'name'=>'alphaDash'
chs	验证某个字段的值只能是汉字	'name'=>'chs'
chsAlpha	验证某个字段的值只能是汉字、字母	'name'=>'chsAlpha'
chsAlphaNum	验证某个字段的值只能是汉字、字母和数字	'name'=>'chsAlphaNum'
chsDash	验证某个字段的值只能是汉字、字母、数字、下画线及破折号	'name'=>'chsDash'
cntrl	验证某个字段的值只能是控制字符（换行符、缩进符、空格符）	'name'=>'cntrl'
graph	验证某个字段的值只能是可输出字符（空格符除外）	'name'=>'graph'
print	验证某个字段的值只能是可输出字符（包括空格符）	'name'=>'print'
lower	验证某个字段的值只能是小写字符	'name'=>'lower'
upper	验证某个字段的值只能是大写字符	'name'=>'upper'
space	验证某个字段的值只能是空白字符（包括缩进符、垂直制表符、换行符、回车符和换页符）	'name'=>'space'
xdigit	验证某个字段的值只能是十六进制字符串	'name'=>'xdigit'
activeUrl	验证某个字段的值是否为有效的域名或者 IP 地址	'host'=>'activeUrl'
url	验证某个字段的值是否为有效的 URL	'url'=>'url'
ip	验证某个字段的值是否为有效的 IP 地址	'ip'=>'ip'
dateFormat:format	验证某个字段的值是否为指定格式的日期	'create_time'=>'dateFormat:y-m-d'
mobile	验证某个字段的值是否为有效的手机号码	'mobile'=>'mobile'
idCard	验证某个字段的值是否为有效的身份证格式	'id_card'=>'idCard'
macAddr	验证某个字段的值是否为有效的 MAC 地址	'mac'=>'macAddr'
zip	验证某个字段的值是否为有效的邮政编码	'zip'=>'zip'

除了对字符串或数字进行格式验证外，ThinkPHP 还支持长度和区间验证，其验证规则如表 4-9 所示。

表 4-9　ThinkPHP 中的长度和区间验证规则

规则名称	使用说明	应用举例
in	验证某个字段的值是否在某个范围内	'num'=>'in:1,2,3'
notIn	验证某个字段的值不在某个范围内	'num'=>'notIn:1,2,3'
between	验证某个字段的值是否在某个区间	'num'=>'between:1,10'
notBetween	验证某个字段的值不在某个区间	'num'=>'notBetween:1,10'
length:num1,num2	验证某个字段的值的长度是否在某个范围内	'name'=>'length:4,25' 'name'=>'length:6' 或直接指定长度为 6
max:number	验证某个字段的值的最大长度	'name'=>'max:25'
min:number	验证某个字段的值的最小长度	'name'=>'min:5'
after:日期	验证某个字段的值是否在某个日期之后	'begin_time' => 'after:2016-3-18'
before:日期	验证某个字段的值是否在某个日期之前	'end_time' => 'before:2016-10-01'
expire:开始时间,结束时间	验证当前操作（注意不是某个值）是否在某个有效日期之内	'expire_time' => 'expire:2016-2-1, 2016-10-01'
allowIp:allow1,allow2,...	验证当前请求的 IP 地址是否在某个范围内	'name' => 'allowIp:114.45.4.55'
denyIp:allow1,allow2,...	验证当前请求的 IP 地址是否禁止访问	'name' => 'denyIp:114.45.4.55'

针对字段与字段之间的比较，ThinkPHP 专门内置了验证规则，如表 4-10 所示。例如，典型的应用场景就是密码和确认密码之间的比较，可以直接使用验证器来进行处理。

表 4-10　ThinkPHP 中的字段比较验证规则

<table>
<tr><th>规则名称</th><th>使用说明</th><th>应用举例</th></tr>
<tr><td>confirm</td><td>验证某个字段是否和另外一个字段的值一致</td><td>'repassword'=>'require|confirm:password'</td></tr>
<tr><td>different</td><td>验证某个字段是否和另外一个字段的值不一致</td><td>'name'=>'require|different:account'</td></tr>
<tr><td>eq 或者 = 或者 same</td><td>验证是否等于某个值</td><td>'score'=>'eq:100'
'num'=>'=:100'
'num'=>'same:100'</td></tr>
<tr><td>egt 或者 >=</td><td>验证是否大于等于某个值</td><td>'score'=>'egt:60'
'num'=>'>=:100'</td></tr>
<tr><td>gt 或者 ></td><td>验证是否大于某个值</td><td>'score'=>'gt:60'
'num'=>'>:100'</td></tr>
<tr><td>elt 或者 <=</td><td>验证是否小于等于某个值</td><td>'score'=>'elt:100'
'num'=>'<=:100'</td></tr>
</table>

续表

规则名称	使用说明	应用举例
lt 或者 <	验证是否小于某个值	'score'=>'lt:100' 'num'=>'<:100'
字段比较	验证对比其他字段大小（数值大小对比）	'price'=>'lt:market_price' 'price'=>'<:market_price'

除此之外，ThinkPHP 同样支持正则表达式验证规则，或者对上传文件进行验证等。ThinkPHP 中的其他验证规则如表 4-11 所示。

表 4-11　ThinkPHP 中的其他验证规则

<table>
<tr><th>规则名称</th><th>使用说明</th></tr>
<tr><td>filter 验证</td><td>支持使用 filter_var 进行验证，如'ip'=>'filter:validate_ip'</td></tr>
<tr><td rowspan="2">正则验证</td><td>支持直接使用正则表达式验证，如'zip'=>'\d{6}'表示 6 位数字，或者添加 regex 标识，如'zip'=>'regex:\d{6}'</td></tr>
<tr><td>如果正则表达式包含 | 符号，则必须使用数组方式定义，如'accepted'=>['regex'=>'/^(yes|on|1)$/i']，/后面的 i 表示不区分大小写字符，这是 PHP 的标准用法</td></tr>
<tr><td>file</td><td>验证是否为一个上传文件</td></tr>
<tr><td>image:width,height,type</td><td>验证是否为一个图像文件，width、height 和 type 都是可选的，width 和 height 必须同时定义</td></tr>
<tr><td>fileExt:允许的文件扩展名</td><td>验证上传文件的扩展名</td></tr>
<tr><td>fileMime:允许的文件类型</td><td>验证上传文件的类型</td></tr>
<tr><td>fileSize:文件字节大小</td><td>验证上传文件的字节大小</td></tr>
<tr><td>token:表单令牌名称</td><td>表单令牌验证</td></tr>
</table>

本章不再举例说明上述验证规则的用法，在后续项目开发过程中使用时会再进行讲解。

Chapter 05

第5章

首页功能开发

学习目标

（1）熟练使用ThinkPHP的基础模块功能。
（2）熟练使用模板引擎ThinkTemplate。
（3）熟练使用ThinkORM数据库框架。
（4）熟练运用JavaScript及jQuery前端框架。
（5）深入理解网站的开发过程和前后端技术。
（6）对MVC分层模式有深入的理解。
（7）基于ThinkPHP和前端代码完整实现首页功能。
（8）理解图片验证码和邮箱验证码的实现原理。
（9）熟练使用Vue模板引擎进行前端渲染。

本章导读

■从本章开始，将基于前4章的知识以及PHP开发知识来逐步利用ThinkPHP和前后端交互实现蜗牛笔记的功能。本章将主要实现蜗牛笔记的首页功能，包括文章列表、文章分页浏览、文章分类浏览、文章搜索、文章推荐以及登录和注册功能。

5.1 文章列表功能

5.1.1 项目准备

到目前为止，本书已经对开发蜗牛笔记所需要的基础技术进行了相对完善的讲解，包括 ThinkPHP 框架应用和前端界面布局实现等。读者应该对 PHP 的语法规则有了更加深入的理解，已经初步具备开发一个业务系统的基础能力。

在正式实现项目功能之前，建议读者再从头开始创建一个新的项目，从零开始实现蜗牛笔记的代码。一方面，在学习前文的内容时，WoniuNote 的项目目录和源代码相对会设计得比较乱，并且零散的不成体系的知识点演示也比较多，所以还没有一套完整的项目开发结构，只是具备了初步思路。另一方面，将前文的试验性代码当作一个版本备份起来，在后续的项目开发过程中，也可能存在一些一时半会儿不太好理解的技术问题，那么可以在这个试验版本中做一些实验来验证自己的理解。重新创建一个项目，也可以把前文介绍的知识梳理一遍。其实，在一个项目的开发过程中，经常性地重构代码是一个好的习惯。否则，很多代码通常会越写越乱，功能越多，代码会越冗余。

为了减少对 XAMPP 的配置和框架组件的再次下载，以及对现有项目代码实现重用，本书不再重新创建项目，而是将项目根目录 WoniuNote 进行备份，设定版本号为 0.1，并将路由文件 demo.php、无用的模板文件、app\controller 下的控制器代码以及一些试验性源代码文件全部删除，尽量还原到初始状态。但是模型类文件或者一些修改过的配置参数不需要删除，同时，引入的 JavaScript 和 CSS 库文件以及已经重构完成的模板页面也可以不用删除，并确保数据库中的表已经根据第 3 章介绍的数据字典创建完成。最终，还原后的正式的蜗牛笔记开发的项目结构如图 5-1 所示。

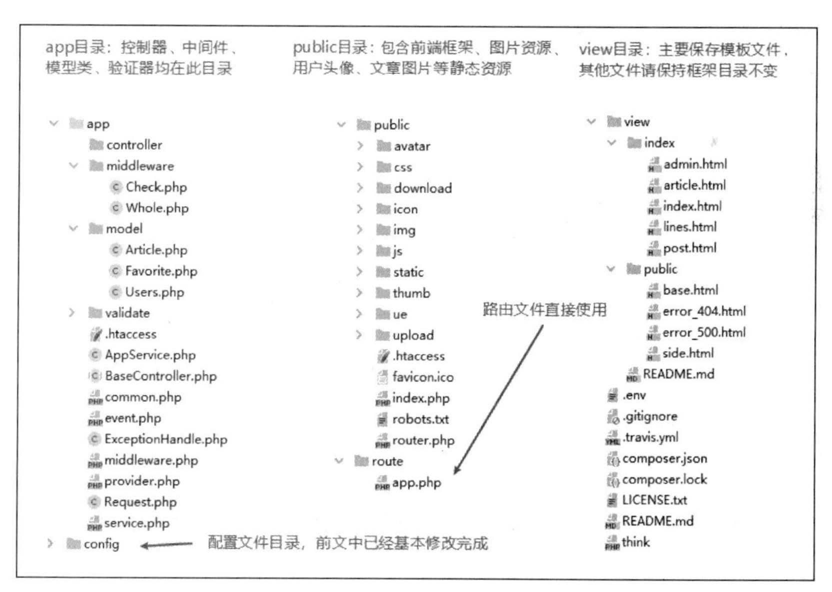

图 5-1 还原后的正式的蜗牛笔记开发的项目结构

对于已经实现的前端界面，请按照第 4 章中模板继承和模板包含的代码完成模板页面的重构，后文将不再说明完整的前端代码，而是只说明关键部分的代码。

5.1.2 开发思路

在正式实现蜗牛笔记的功能之前，要确保已经对 ThinkPHP 框架和模板页面有了基本的理解。准备工作就绪后，整理首页文章列表功能的开发思路如下。

（1）目前数据库中可能还没有文章，系统也没有实现文章发布的功能，为了能够正常地开发出首页，可以手动向数据库中预先插入几篇文章。可以选择从蜗牛笔记的官网直接复制几篇文章并将其插入数据库，或者写好一条数据重复地插入文章表。

（2）首页文章列表中需要显示文章的标题和摘要。其中，文章标题正常显示，查询出来直接使用即可，无须过多处理；但是文章摘要很明显不能显示完整的文章内容，而是摘取最前面的几十个字符进行显示。此外，由于文章内容是 HTML 格式的，因此不能把 HTML 格式的文本显示在文章摘要中，只能显示纯文本，否则文章摘要的显示要么格式错乱，要么 HTML 标签没有截取完整导致整个页面显示错误。基于第 4 章的学习，可以考虑使用模板函数 strip_tags 来去掉文章内容的 HTML 标签，并使用 mb_substr 函数截取文章开头部分的内容。

（3）文章列表中需要显示作者昵称，所以需要在查询时对文章表和用户表进行连接查询。

（4）文章列表的显示应该倒序排列，将最新发布的文章显示在最前面。

（5）由于每一篇文章都需要显示一张缩略图，因此，在插入文章时，也需要指定正确的缩略图路径，否则无法正常在首页中显示。

（6）基于 MVC 分层模式的设计思路，需要为用户表和文章表创建模型类（在第 4 章中已经创建完成），同时创建 Index 控制器用于处理首页功能。

（7）在 route 目录下的 app.php 路由文件中为各路由地址绑定接口方法。本书为了省略这一部分的篇幅，直接在控制器方法中使用普通注释（非注解路由注释）来标识接口地址，让读者清楚接口地址是什么，除非特殊情况需要对路由规则进行参数设定，否则均不再单独展示路由绑定代码。

图 5-2 所示为编者数据库中文章表的部分测试数据。

articleid	userid	type	headline	content	thumbnail	credit	readcount	replycount	recommanded
1	2	5	漫谈：强哥在[illegible]想对朋友们说的一些话	<p>大家好，我是强哥	1.jpg	0	1430	0	1
2	2	5	漫谈：已经有蜗牛学苑了，为什么还要创办[illegible]?	<p></p><p><spai	2.jpg	0	2728	0	1
3	2	5	漫谈：软件开发和软件测试，我该如何选择?	<p></p><p>你说，	3.jpg	0	2976	0	1
4	4	1	原理：Java程序设计基础->进制转换	<p></p><p> 	54.jpg	3	731	0	0
5	2	5	漫谈：Java和Python现在都挺火，我应该怎么选?	<p></p><p>声明：	4.jpg	0	5426	0	1
6	2	5	漫谈：强哥关于程序设计学习和实战经验分享	<p></p><p>强哥的	5.jpg	0	1134	0	0
7	2	5	管理：强哥关于人才培养方面的实战经验分享	<p></p><p> 	6.jpg	0	906	0	0
8	2	5	管理：强哥关于团队建设方面的实战经验分享	<p></p><p> 	7.jpg	0	872	0	0
9	2	5	漫谈：强哥关于软件测试学习和实战经验分享	<p> </p><p>	8.jpg	0	1032	0	0
10	2	7	漫谈：月薪突破 万，你需要经历什么?	<p></p><p>这个版	9.jpg	0	863	0	0
11	2	5	管理：项目管理十大TION法	<p></p><p>我个人	10.jpg	2	907	0	1
12	2	4	漫谈：软件测试，也许你误解了它!	<p></p><p>今天的	11.jpg	0	1744	0	1
13	2	4	原理：强哥倾情奉献　软件测试最全专业术语	<p></p><p>1.<sp	12.jpg	3	1784	0	1
14	2	1	原理：大话面向对象(一)　理解面向对象	<p>要学好程序设计，	13.jpg	0	1681	0	1
15	2	1	原理：大话面向对象(二)　类与实例	<p>关于面向对象的	14.jpg	0	918	0	0
16	2	1	原理：大话面向对象(三)　继承	<p><span style="fc	15.jpg	0	914	0	0
17	2	1	原理：大话面向对象(四)　接口	<p><span style="fc	16.jpg	0	921	0	0
18	2	1	原理：大话面向对象(五)　多态	<p><span style="fc	17.jpg	0	819	0	0
19	2	4	原理：理解自动化测试框架设计与CBT	<p><strong>1. 为什	18.png	0	1702	0	1
20	2	3	实验：利用JavaScript+CSS完成一个在线时钟效果	<p><strong><spar	19.jpg	0	1561	0	1
21	2	3	实验：利用JavaScript完成一个倒计时程序	<ol class=" list-pad	20.JPG	0	2401	0	0
22	2	5	漫谈：月薪突破 万，你需要经历什么?	<p>根据强哥的经验，	21.JPG	0	2275	0	1
23	2	5	漫谈：月薪突破 万，你需要经历什么?	<p>聊大学生涯之前，	22.jpg	0	1992	0	1
24	2	1	原理：大话面向对象(六)　静态与非静态	<p></p><p><spai	23.jpg	0	880	0	0
25	2	1	原理：大话面向对象(七)　构造方法	<p></p><p><spai	24.jpg	0	916	0	0
26	2	1	原理：大话面向对象(八)　失血模型	<p><span style=";f	25.jpg	0	953	0	0
27	2	4	实验：Robot Framework(一)　安装配置	<p></p><p style='	26.jpg	0	1453	0	0
28	2	4	实验：Robot Framework(二)　基础应用	<p><span style="fc	27.jpg	5	1010	0	0
29	2	4	实验：Robot Framework(三)　Web页面GUI测试	<p></p><p style='	28.jpg	0	981	0	0
30	2	4	实验：Robot Framework(四)　HTTP协议级接口测试	<p style="margin-tc	29.jpg	3	1118	0	0

图 5-2　文章表的部分测试数据

5.1.3　代码实现

对项目的目录结构和开发思路进行梳理后，就可以开始蜗牛笔记的首页文章列表功能的编码实现了。首先，确保模型类 Article 已经成功创建并封装了查询文章列表的方法，为了能在 5.2 节中实现文章分页浏览功能，这里直接在查询时加上 limit 方法预留分页接口。

```
<?php
namespace app\model;
```

```
use think\Model;

class Article extends Model {
    protected $pk = 'articleid';

    // 与用户表连接查询倒序排列的带分页功能的文章列表，因为要显示作者信息
    public function findLimitWithUser($start, $count) {
         $result = $this->alias('a')->join('users u', 'u.userid=a.userid')
              ->order('a.articleid', 'desc') ->limit($start, $count)->select();
         return $result;
    }
}
```

其次，定义完数据模型和首页需要用到的部分对 Article 的操作方法后，在 app\controller 控制器目录下创建 Index 控制器，用于定义首页的控制层代码。

```
<?php
namespace app\controller;
use app\BaseController;
use app\model\Article;

class Index extends BaseController {
    // 路由地址为 "/"，请求类型为Get
    public function index() {
         $article = new Article();
         $result = $article->findLimitWithUser(0, 10);
         return view("index", ['result'=>$result]);
    }
}
```

至此，首页的基本接口功能构建完成。最后，使用 ThinkTemplate 对 index.html 页面进行数据填充。由于控制器只给模板页面传递了 result 的查询结果变量，因此需要在模板页面中利用 ThinkTemplate 的语法规则进行数据填充。

```
{extend name="../view/public/base.html" /}

{block name="content"}
<div class="col-sm-9 col-12" style="padding: 0 10px;" id="left">
     <!-- 轮播图组件应用，除了修改图片路径外，其他内容可不修改 -->
     <div id="carouselExampleIndicators" class="col-12 carousel slide"
          <!-- 轮播图代码此处省略 -->
     </div>

     <!-- 文章列表，使用volist标签循环填充 -->
     {volist name='result' id='article'}
     <div class="col-12 row article-list">
          <div class="col-sm-3 col-3 thumb d-none d-sm-block">
               <img src="/thumb/{$article.thumbnail}" class="img-fluid"/>
          </div>
          <div class="col-sm-9 col-xs-12 detail">
               <div  class="title"><a  href="/article/{$article.articleid}">{$article.
headline}
               </a></div>
               <div class="info">作者：{$article.nickname}   
                    类别：{$article.category}   
                    日期：{$article.createtime}   
                    阅读：{$article.readcount} 次   
                    消耗积分：{$article.credit} 分</div>
               <div class="intro">
                    {$article.content | strip_tags | mb_substr=0,85} ...
               </div>
          </div>
     </div>
     {/volist}
```

```
    <!-- 分页导航栏，暂时不做处理 -->
    <div class="col-12 paginate">
        <a href="#">上一页</a>  
        <a href="#">1</a>  
        <a href="#">2</a>  
        <a href="#">3</a>  
        <a href="#">4</a>  
        <a href="#">5</a>  
        <a href="#">下一页</a>
    </div>
</div>

<!-- 在此处直接将side.html包含进来，如果不需要使用侧边栏的页面，则不包含即可 -->
{include file="../view/public/side.html" /}

{/block}
```

运行上述代码，访问蜗牛笔记首页 http://127.0.0.1，如果进入图 5-3 所示的界面，则说明代码运行良好。从图 5-3 所示的界面中可以看到，文章标题与第 2 章中设计前端界面的内容不再相同，而是来源于编者数据库中文章表的真实数据。同时，分页功能和文章推荐栏以及文章搜索栏仍然是静态填充的，还未实现功能。

图 5-3　蜗牛笔记首页文章列表界面

5.1.4　代码优化

上述代码仍然存在三大问题：一是文章类别只能显示为数字；二是首页只需要显示用户名，查询数据库时会将所有用户字段全部查出，降低了性能；三是有一些文章是被隐藏起来的，有一些是草稿，查询的时候应该将这些文章过滤掉。

针对文章类别无法完整显示类别名称而显示类别编号的问题，通常有以下两种处理方案。

（1）第 1 种方案。在数据库中再创建一张表，将类别编号与类别名称对应起来，查询时对文章表、用户表和 Type 表进行 3 表连接查询，然后将类别名称填充到页面中。这种方案涉及 3 表连接查询，操作相对烦琐，而且要再创建一张基本不更新的表，并非最优方案。

（2）第 2 种方案。继续创建一张 Type 表，包含两列（类别编号和类别名称），但是不进行 3 表连接查询，而是单独查询出 Type 表并将其转换为一个关联数组，将类别编号作为键、类别名称作为值，并在渲染时将其作为第 2 个变量传给模板页面，在模板页面中根据文章对应的类别编号获取类别名称。类似于 type["1"]="PHP 开发"。这种方案仍然需要建表，但是不用进行连接查询。

既然第 2 种方案已经将结果转换为关联数组了，而且 Type 表几乎不会更新，那不如直接将其在代码中固定，写入一个关联数组中，这样就不需要维护数据库的表了。由此可知，并不是所有数据都一定需要保存在数据库中，其实用 CSV 文件、XML 文件或者 PHP 变量也是可以存储一些数据的，尤其是一些相对简单又固定的数据。例如，ThinkPHP 将系统的各种配置信息直接保存在了 config 目录下的各种关联数组中。

下面的代码演示了如何在 PHP 代码中通过 config 目录来自定义一个关联数组作为配置文件并在控制器中直接取值。先在 config 目录下创建一个 PHP 普通文件（注意不是类文件），将其命名为 article_type.php 并返回一个文章类别的关联数组。

```
<?php
return [
    '1' => 'PHP开发',
    '2' => 'Java开发',
    '3' => 'Python开发',
    '4' => 'Web前端',
    '5' => '测试开发',
    '6' => '数据科学',
    '7' => '网络安全',
    '8' => '蜗牛杂谈'
];
```

完成对文章类别数组的定义后，在模板页面中，修改数据填充部分的文章类别的引用方式，代码如下。

```
{volist name='result' id='article'}
<div class="col-12 row article-list">
    <div class="col-sm-3 col-3 thumb d-none d-sm-block">
        <img src="/thumb/{$article.thumbnail}" class="img-fluid"/>
    </div>
    <div class="col-sm-9 col-xs-12 detail">
        <div class="title"><a href="/article/{$article.articleid}">{$article.headline}
        </a></div>
        <div class="info">作者：{$article.nickname}   
            <!-- 注意文章类别的取值方式，直接读取配置文件进行处理 -->
            类别：{$Think.config.article_type[$article.category]}   
            日期：{$article.createtime}   
            阅读：{$article.readcount} 次   
            消耗积分：{$article.credit} 分</div>
        <div class="intro">
            {$article.content | strip_tags | mb_substr=0,85} ...
        </div>
    </div>
</div>
{/volist}
```

针对上述第 2 个问题，本来只需要使用用户表中的 nickname 字段，却查询出了所有的用户字段。简单修改 Article 模型类中的 findLimitWithUser 方法的代码，通过在连接查询中明确指定结果集返回哪些列来解决。此处需要注意的是，如果对多表进行连接查询时存在相同的字段，例如，在文章表和用户表中均存在“userid、createtime、updatetime”等相同的列名，则此时 ThinkPHP 会直接用第 2 张表（被连接表）中的列名来覆盖第 1 张表的列名，进而出现文章的发布日期其实显示的是用户的注册日期的问题。5.1.3 小节的代码就存在这个问题，而通过明确指定用户表（被连接表）的列名不包含 createtime 或 updatetime，就可以有效避免这一问题。当然，如果确实需要两张表或多张表的列名都存在于结果集中，则需要在指定查询条件时对列名进行重命名。

```
public function findLimitWithUser($start, $count) {
    $result = $this->alias('a')->join('users u', 'u.userid=a.userid')
        ->field('a.*, u.nickname')   // 指定返回文章表的所有列和用户表的昵称列
        ->order('a.articleid', 'desc')->limit($start, $count)->select();
    return $result;
}
```

针对上述第 3 个问题，继续重构 findLimitWithUser 方法，过滤草稿、隐藏或未审核通过的文章，最终该模型方法的代码如下。

```
public function findLimitWithUser($start, $count) {
    $result = $this->alias('a')->join('users u', 'u.userid=a.userid')
        ->where('a.hide', 0)->where('a.drafted', 0)->where('a.checked', 1)
        ->field('a.*, u.nickname')
        ->order('a.articleid', 'desc')->limit($start, $count)->select();
    return $result;
}
```

到此，首页文章列表功能已经实现，“万里长征”迈出了第一步，后续很多系统功能的开发过程都与本节介绍的流程和方法类似。第 1 步，先解决基本问题，在模型类中进行数据库处理；第 2 步，在控制器中进行业务逻辑处理和模板渲染；第 3 步，在模板页面中的对应位置填充数据，替换静态数据。实现了基础功能后，再确认是否存在要完善和优化的地方，最终实现一个功能模块。

5.1.5 重构分类导航菜单

由于在配置文件中定义了文章类别关联数组，为了保持全站数据的统一，减少对文章类别的维护，因此所有和文章分类有关的菜单或下拉列表操作等，都可以直接从后台配置文件中读取并在模板页面中进行动态填充，而不是固定在 HTML 代码中。固定 HTML 代码虽然方便，但是维护文章类别会比较麻烦，可能需要修改多处内容。修改 base.html 页面的分类导航菜单为从配置文件中动态填充，代码如下。

```
<!-- 直接读取配置文件来构建分类导航菜单 -->
{foreach $Think.config.article_type as $key=>$value}
    <a class="nav-item nav-link" href="/type/{$key}">{$value}</a>
{/foreach}
```

5.2 文章分页浏览功能

5.2.1 开发思路

蜗牛笔记的首页文章列表不可能只在一页中完成显示，这将涉及分页浏览功能。分页浏览功能也是各类系统的基础功能之一。其实现方式主要有两种，一种是前端通过 Ajax 渲染，页面无须刷新；另一种是通过模板引擎渲染，通过页码跳转到不同分页面。无论使用哪种方式，其核心均基于数据库的查询结果限制功能，如 MySQL 中的 limit 关键字。

例如，蜗牛笔记每页显示 10 篇文章，前端界面提供分页导航功能，根据前端不同的页码，向后台传递一个查询参数，如/page/5，表示浏览第 5 页。后台接收到第 5 页的参数值后直接通过 limit 40, 10 的查询语句返回从第 41 条开始往后的 10 条数据给页面。通过模板引擎将这 10 条数据渲染到模板页面中。假设每页显示的文章数量为 pagesize，当前浏览的页面是第 page 页，那么传递给 MySQL 的 limit 子句在程序中可以用 limit (page−1)* pagesize, pagesize 表示。

如何知道所有文章一共需要分为多少页呢？后台直接查询出整个文章表的文章总数，如 358 条，标识为 total，则总页数的计数规则为 ceil(total / count)（向上取整），即 358 条数据需要显示 10 页。获取到这个 10 页的数量后，在模板页面中使用循环直接显示出所有页码，如果页面数量太多，则可以通过下

拉列表的方式显示或者只显示当前页面的附近几页。这些操作都可以通过模板引擎的渲染或者JavaScript进行处理，并不复杂。

同时，在Article模型类中已经定义了一个方法叫作findLimitWithUser。从后端的角度来说，这已经为分页做好了准备，只需要对前端界面进行渲染，并在Index控制器中进行分页控制即可。

5.2.2 代码实现

由于要实现分页，需要获取文章表的文章总数，因此需要在Article模型类中添加一个新的方法来获取表格数据总量。

```
// 获取文章总数
public function getTotalCount() {
     $count = $this->where('hide', 0)->where('drafted', 0)
         ->where('checked', 1)->count();
     return $count;
}
```

由于使用MVC分层模式来构建代码，因此所有针对数据库的操作应全部封装在模型类中，在控制层代码中进行调用。接下来处理控制层代码，在Index控制器中新建一个接口方法page用于实现分页功能，具体代码如下。

```
// 分页接口，路由地址为 "/page/:page"，其中 :page为当前页码，请求类型为Get
public function page($page) {
     $pagesize = 10;
     $start = ($page - 1) * $pagesize;   // 根据当前页码定义数据的起始位置
     $article = new Article();
     // 获取分页查询后的结果
     $result = $article->findLimitWithUser($start, $pagesize);
     // 获取文章总数，并计算分页总数
     $total = ceil($article->getTotalCount() / $pagesize);
     // 将数据写入模板页面
     return view("index", ['result'=>$result, 'total'=>$total, 'page'=>$page]);
}
```

同时，在模板页面index.html的分页版块修改代码如下。

```
<!-- 分页导航栏 -->
<div class="col-12 paginate">
     <!-- 如果是第1页，则其上一页也是第1页，否则其上一页为当前页减1 -->
     {if $page == 1}
     <a href="/page/1">上一页</a>  
     {else /}
     <a href="/page/{$page - 1}">上一页</a>  
     {/if}

     <!-- 根据总页数循环填充页码，并为其添加超链接进行导航 -->
     {for start="0" end="$total"}
     <a href="/page/{$i + 1}">{$i + 1}</a>  
     {/for}

     <!-- 如果是最后一页，则其下一页也是最后一页，否则其下一页为当前页加1 -->
     {if $page == $total}
     <a href="/page/{$page}">下一页</a>
     {else /}
     <a href="/page/{$page + 1}">下一页</a>
     {/if}
</div>
```

但是现在会有新的问题产生，浏览首页时必须使用网址 http://127.0.0.1/page/1，而使用网址http://127.0.0.1将会出错，因为控制器的index接口代码中并无page和total变量的值。所以需要进一步修改index接口代码，将page和total变量的值写入模板页面。

```
public function index() {
    $article = new Article();
    $result = $article->findLimitWithUser(0, 10);
    $total = ceil($article->getTotalCount()/10);    // 获取总页数
    return view("index", ['result'=>$result, 'total'=>$total, 'page'=>1]);
}
```

5.3 文章分类浏览功能

5.3.1 开发思路

在文章分类导航栏中有文章分类，用户如果对某一类文章更感兴趣，那么可以直接通过文章分类导航栏进入分类页面，专门浏览这一类别的文章列表。所以，要解决文章分类浏览的问题，只需要解决好以下两个问题。

（1）单击文章分类超链接后，直接浏览所有该类别下的文章列表。从本质上来说，后台数据库只是简单地对文章类别进行过滤而已。例如，单击“PHP 开发”分类，对应的超链接是 http://127.0.0.1/type/1，则后台获取该 URL 的类别编号，并过滤文章表中的数据。

（2）分类页面依然存在很多文章，所以也需要进行分页。显然不能再使用类似 http://127.0.0.1/page/2 这样的网址，那么可能的网址会被设计为类似 http://127.0.0.1/type/1/page/2 的风格，是不是看起来很奇怪？这种风格的网址通常是不建议使用的，可以对其进行优化，例如，将其设计为 http://127.0.0.1/type/1-2 这种风格。其中，type 是接口地址，表示文章分类，参数 1-2 直接基于路由规则获取，前面的数字 1 表示类别，后面的数字 2 表示页码。

由于分页浏览的分页 URL 不再是/page/1 这样的形式，因此在模板页面中需要对其进行单独填充处理，建议直接将 index.html 模板页面复制为 type.html 页面并重新填充分页版块的代码。

5.3.2 代码实现

首先，在 Article 模型类中添加一个新的方法 findByCategory，用于过滤、查询某一类别的文章，同时根据文章类别重新计算文章总数，以便进行分页处理。

```
public function findByCategory($category, $start, $count) {
    $result = $this->alias('a')->join('users u', 'u.userid=a.userid')
        ->where('a.hide', 0)->where('a.drafted', 0)->where('a.checked', 1)
        ->where('a.category', $category)->field('a.*, u.nickname')
        ->order('a.articleid', 'desc')->limit($start, $count)->select();
    return $result;
}

// 根据文章类别获取文章总数
public function getCountByCategory($category) {
    $count = $this->where('hide', 0)->where('drafted', 0)
       ->where('checked', 1)->where('category', $category)->count();
    return $count;
}
```

其次，在 Index 控制器中创建分类浏览的接口方法，代码如下。

```
// 按类别搜索并进行分页，路由地址为"/type/:type-:page"，请求类型为Get
public function type($type, $page) {
    $pagesize = 10;
    $start = ($page - 1) * $pagesize;    // 根据当前页码定义数据的起始位置
    $article = new Article();
    $result = $article->findByCategory($type, $start, $pagesize);
    $total = ceil($article->getCountByCategory($type) / $pagesize);
    return view("type", ['result'=>$result, 'total'=>$total, 'page'=>$page, 'type'=>
$type]);
}
```

现在输入 http://127.0.0.1/type/1-2 即可访问到第 1 个分类的第 2 页。但是在文章分类导航栏中，并没有为其设置正确的超链接，之前的默认超链接是/type/1 而不是/type/1-1，所以需要修改。编辑 base.html 页面，在文章分类导航栏中修改分类导航超链接如下。

```
<!-- 直接读取配置文件来构建分类导航菜单 -->
{foreach $Think.config.article_type as $key=>$value}
     <a class="nav-item nav-link" href="/type/{$key}-1">{$value}</a>
{/foreach}
```

最后，复制模板页面 index.html 到同级目录下并将其命名为 type.html，修改分页代码。

```
<!--文章分类页面的分页导航栏填充 -->
<div class="col-12 paginate">
     <!-- 如果是第1页，则上一页也是第1页，否则上一页为当前页减1 -->
     {if $page == 1}
     <a href="/type/{$type}-1">上一页</a>  
     {else /}
     <a href="/type/{$type}-{$page-1}">上一页</a>  
     {/if}

     <!-- 根据总页数循环填充页码，并为其添加超链接进行导航 -->
     {for start="0" end="$total"}
     <a href="/type/{$type}-{$i+1}">{$i + 1}</a>  
     {/for}

     <!-- 如果是最后一页，则其下一页也是最后一页，否则其下一页为当前页加1 -->
     {if $page == $total}
     <a href="/type/{$type}-{$page}">下一页</a>
     {else /}
     <a href="/type/{$type}-{$page + 1}">下一页</a>
     {/if}
</div>
```

5.4 文章搜索功能

5.4.1 开发思路

搜索功能基本上是一个网站的标配功能，便于用户能够快速地找到自己感兴趣的话题。文章搜索功能也是为实现这一目的而设计的，那么要完成对文章的搜索，需要解决哪些问题呢？

（1）需要在前端提供一个文本框供用户输入，这当然是必需的。但是对一个系统来说，一旦给用户提供了可以输入的地方，也就意味着无法控制用户的行为。也就是说，用户可能会通过这些输入操作而进行随意的输入，甚至对系统进行攻击。所以系统一定要对用户的输入进行判断，只有用户的输入符合要求才交由后台处理。故前端界面需要对其进行判断。

（2）对用户的输入进行判断时，可使用 JavaScript 或 jQuery 代码。如果输入不合法，则不发送请求给服务器端，直接将 JavaScript 代码 return false 即可。

（3）为了方便用户的操作，可以增加回车事件，当用户在文本框中输入完成后直接按回车键进行搜索，而不需要单击搜索按钮。

（4）如果只有前端对用户输入进行校验，后端不进行校验，那么后端也会存在安全隐患。例如，某些用户可以直接绕开前端校验，直接向后端发送请求数据，或者直接输入 URL 进行操作（如直接通过搜索地址“/search/不合法关键字”进行访问）。所以对于用户的输入数据，必须前后端一起校验才行。例如，用户输入“%”，这是 SQL 语句中的模糊查询关键字，如果用户输入这样的符号进行查询，则相当于查询的是整个数据表中的内容，根本达不到搜索的要求。如果只是前端进行了校验，后端没有校验，那么只要绕开前端直接发送请求，后台一样会返回全部数据。

（5）针对用户的输入，应该搜索文章表中的哪些字段呢？是只搜索文章标题还是文章标题和文章内容均包含在搜索范围内呢？通常文章内容的搜索量太大，因此不建议通过数据库的模糊匹配方式进行文章内容的搜索，这会降低数据的查询性能。所以本节以搜索文章标题为主，对于文章内容的搜索，标准的解决方案是使用全文搜索。

（6）对于搜索结果页面如何展示的问题，同样，由于其展示效果与 index.html 和 type.html 的展示效果类似，因此只需要复制一个模板页面，在分页位置进行替换即可。此外，分页方式可参考文章类别分页的方式，让搜索关键字和页码直接以短线隔开。此处需要注意的是，由于每一次访问搜索结果的分页数据，都需要利用搜索关键字去数据库中查询一次结果，因此分页地址必须要带上这个搜索关键字。

5.4.2 后台实现

首先，为 Article 模型类新增一个方法用于对文章标题进行模糊查询，同时获取其数量。

```
// 根据搜索关键字对文章标题进行模糊查询
public function findByHeadline($keyword, $start, $count) {
    $result = $this->alias('a')->join('users u', 'u.userid=a.userid')
        ->where('a.hide', 0)->where('a.drafted', 0)->where('a.checked', 1)
        ->where('a.headline', 'like', "%$keyword%")->field('a.*, u.nickname')
        ->order('a.articleid', 'desc')->limit($start, $count)->select();
    return $result;
}

// 根据搜索关键字获取文章总数
public function getCountByKeyword($keyword) {
    $count = $this->where('hide', 0)->where('drafted', 0)
        ->where('checked', 1)->where('headline', 'like', "%$keyword%")->count();
    return $count;
}
```

其次，在 Index 控制器中定义搜索接口，并实现基础代码，便于前端发送搜索请求到该接口上。

```
// 根据搜索关键字搜索文章标题，路由地址为"/search/:page-:keyword"，请求类型为Get
public function search($page, $keyword) {
    $pagesize = 10;
    $start = ($page - 1) * $pagesize;   // 根据当前页码定义数据的起始位置
    $article = new Article();
    $result = $article->findByHeadline($keyword, $start, $pagesize);
    $total = ceil($article->getCountByKeyword($keyword) / $pagesize);
    return view("search", ['result'=>$result,'total'=>$total,
                        'page'=>$page, 'keyword'=>$keyword]);
}
```

至此，文章标题搜索功能的后台接口/search/<keyword>便完成基本功能实现，但是还需要在前端界面中进行分页填充，填充代码如下。

```
<!-- 搜索结果的分页导航栏 -->
<div class="col-12 paginate">
    <!-- 如果是第1页，则其上一页也是第1页，否则其上一页为当前页减1 -->
    {if $page == 1}
    <a href="/search/1-{$keyword}">上一页</a>  
    {else /}
    <a href="/search/{$page-1}-{$keyword}">上一页</a>  
    {/if}

    <!-- 根据总页数循环填充页码，并为其添加超链接进行导航 -->
    {for start="0" end="$total"}
    <a href="/search/{$i+1}-{$keyword}">{$i + 1}</a>  
    {/for}

    <!-- 如果是最后一页，则其下一页也是最后一页，否则其下一页为当前页加1 -->
    {if $page == $total}
```

```
        <a href="/search/{$page}-{$keyword}">下一页</a>
        {else /}
        <a href="/search/{$page+1}-{$keyword}">下一页</a>
        {/if}
</div>
```

此时，读者可以直接通过地址栏输入网址进行搜索，如 http://127.0.0.1/search/1-Web 表示搜索文章标题中含有“Web”关键字的文章并返回第 1 页数据，搜索的结果如图 5-4 所示。

图 5-4　通过地址栏进行文章搜索的结果

但是这样还不够，因为在后台的代码中并没有对用户的输入进行校验，所以需要继续完善。无论是在前端还是在后台进行校验，首先都需要明确校验规则。例如，用户的搜索关键字需要遵守以下 4 条规则。

（1）关键字不能为空。

（2）关键字不能为%。

（3）关键字不能全是空格。

（4）关键字不能超过 10 个字符。

具体的校验代码如下。

```
// 根据搜索关键字搜索文章标题，路由地址为"/search/:page-:keyword"，请求类型为Get
public function search($page, $keyword) {
    // 对用户的搜索关键字进行校验（10个中文UTF-8编码对应30个字符长度）
    $keyword = trim($keyword);
    if (strlen($keyword) < 1 || strpos($keyword, '%') || strlen($keyword)>30) {
        // 不满足搜索条件时，直接响应404错误页面
        return view('../view/public/error_404.html');
    }

    $pagesize = 10;
    $start = ($page - 1) * $pagesize;   // 根据当前页码定义数据的起始位置
    $article = new Article();
    $result = $article->findByHeadline($keyword, $start, $pagesize);
    $total = ceil($article->getCountByKeyword($keyword) / $pagesize);
    return view("search", ['result'=>$result, 'total'=>$total,
                        'page'=>$page, 'keyword'=>$keyword]);
}
```

5.4.3 前端实现

文章搜索的后台接口已经实现，现在需要在页面中开发 JavaScript 代码实现用户的交互操作。在 side.html 页面中定义<script></script>标记，实现前端处理用户输入和发送搜索请求的代码。

```
<script type="text/javascript">
    function doSearch() {
        // 利用jQuery的ID选择器获取文本框的值，并去除前后空格
        var keyword = $.trim($("#keyword").val());
        // 如果搜索关键字为空，或长度大于10，或包含%，则表示无效，代码结束运行
        if (keyword.length == 0 || keyword.length > 10 || keyword.indexOf("%") >= 0) {
            window.alert('你输入的关键字不合法.');    // 提示用户
            $("#keyword").focus();     // 让文本框获取到焦点，方便用户输入
            return false;
        }
        // 如果搜索关键字满足条件，则直接将页面跳转至/search/1-<keyword>
        location.href = '/search/1-' + keyword;
    }
</script>
```

由于文章搜索栏在 side.html 页面中，因此需要修改该页面，让搜索按钮可以调用到 JavaScript 的 doSearch 函数。

```
<div class="col-4" style="text-align:right;">
    <button type="button" class="btn btn-primary" onclick="doSearch()">搜索</button>
</div>
```

默认的 Web 页面的 alert 提示框比较简单，采用 bootbox 插件可以对提示框进行优化。bootbox 是一个基于 Bootstrap 的插件，基于与 Bootstrap 的模态框相似的风格显示提示框。下载并在 base.html 页面中引入 bootbox.js 库后，其弹出一个提示框的基本用法如下。

```
bootbox.alert('你输入的关键字不合法.');    // 基本的用法
bootbox.alert({title:'错误提示', message:'你输入的关键字不合法.'});  // 设定提示框标题
// 处理确认框
bootbox.confirm("你确定要删除这条数据吗？", function(result){
    if (result == true) {
        // 表示单击的是确认框的“确定”按钮
    }
});
```

为了更加方便用户进行搜索，为文本框绑定回车事件。为文本框添加 onkeyup 事件即可响应键盘，并将 JavaScript 的对象 event 作为参数传递给处理函数，进而判断键盘码是否对应回车键，若是则可实现回车响应。修改后的代码如下。

```
<!--base.html页面中的JavaScript代码，引入公共库
<script type="text/javascript" src="/js/bootbox.min.js"></script>

<!--side.html中的文章搜索栏HTML代码
<div class="col-8">
    <input type="text" class="form-control" id="keyword" placeholder="请输入关键字"
                       onkeyup="doSearch(event)" />
</div>
<div class="col-4" style="text-align:right;">
    <button type="button" class="btn btn-primary" onclick="doSearch(null)">搜索</button>
</div>
<!--side.html中的文章搜索栏JavaScript代码
<script type="text/javascript">
    function doSearch(e) {
        // 如果参数e有值，但是对应的键盘码不是13（13表示回车键），则不进行响应
        if (e != null && e.keyCode != 13) {
            return false;
        }
        // 利用jQuery的ID选择器获取文框的值，并去除前后空格
        var keyword = $.trim($("#keyword").val());
```

```
        // 如果搜索关键字为空，或长度大于10，或包含%，则表示无效，代码结束运行
        if (keyword.length == 0 || keyword.length > 10 || keyword.indexOf("%") >= 0) {
            bootbox.alert({title:'错误提示', message:'你输入的关键字不合法.'});
            $("#keyword").focus();     // 让文本框获取到焦点，方便用户输入
            return false;
        }
        // 如果搜索关键字满足条件，则直接将页面跳转至/search/1-<keyword>
        location.href = '/search/1-' + keyword;
    }
</script>
```

5.5 文章推荐功能

5.5.1 开发思路

为了让用户能够快速找到有价值的文章，蜗牛笔记在很多页面都放置了右侧边栏用于文章推荐。对一个博客系统来说，通常可以从以下 3 个维度来推荐文章。

（1）推荐最新发布的文章。按照文章的发布时间倒序显示前 9 篇文章。之所以推荐 9 篇，是因为数字 1～9 只有 1 位，排版更加工整。但是这不是问题的重点。

（2）推荐阅读次数最多的文章。按照文章的阅读量进行倒序排列，并取前面 9 篇。

（3）特别推荐文章。通常由管理员在后台直接指定一些比较有价值的文章进行推荐。如果有价值的文章多于 9 篇，则可以采取随机方式显示其中的 9 篇，这样每一次刷新都可以看到不完全一样的文章。要实现随机功能，只需要使用 MySQL 的 rand 函数进行随机排序，再使用 limit 限制其数量即可。

由于右侧边栏有 3 个推荐栏位，因此需要完成 3 次不同的 SQL 查询，并传递 3 个不同的模板变量给 side.html 页面。另外，基于读者开发时的需求，也可以推荐评论最多或者收藏最多的文章，其开发思路完全一致，本书不再单独对其进行讲解。

5.5.2 代码实现

首先，在 Article 模型类中完成 3 个推荐栏的数据查询。

```
// 查询最新发布的9篇文章
public function findLast9() {
    $result = $this->where('hide', 0)->where('drafted', 0)->where('checked', 1)
        ->field('articleid, headline')
        ->order('articleid', 'desc')->limit(9)->select();
    return $result;
}

// 查询阅读次数最多的9篇文章
public function findMost9() {
    $result = $this->where('hide', 0)->where('drafted', 0)->where('checked', 1)
        ->field('articleid, headline')
        ->order('readcount', 'desc')->limit(9)->select();
    return $result;
}

// 查询特别推荐的9篇文章，从所有推荐文章中随机挑选9篇
public function findRecommended9() {
    $result = $this->where('hide', 0)->where('drafted', 0)->where('checked', 1)
        ->where('recommended', 1)->field('articleid, headline')
        ->orderRaw('rand()')->limit(9)->select();
    return $result;
}
```

完成了模型类的方法定义后，现在出现了一个新的问题，side.html 页面应该由哪一个控制器来进行

渲染呢？因为 side.html 页面作为一个公共模板页面被引用到了很多页面中，所以在每一个引用它的页面中都需要进行渲染，没有捷径。目前主要包括首页、文章分页、文章分类、文章搜索页面。

其次，重构控制器接口代码，此处以 index 接口举例，其他接口可原样复制代码。

```
public function index() {
        $article = new Article();
        $result = $article->findLimitWithUser(0, 10);
        $total = ceil($article->getTotalCount()/10);

        // 获取文章推荐栏3类数据
        $last = $article->findLast9();
        $most = $article->findMost9();
        $recommended = $article->findRecommended9();

        return view("index", ['result'=>$result, 'total'=>$total, 'page'=>1,
            'last'=>$last, 'most'=>$most, 'recommended'=>$recommended]);
    }
```

最后，在 side.html 页面中进行数据填充，代码如下。

```
<div class="col-12 side">
     <div class="tip">最新文章</div>
     <ul>
          {volist name="last" id="article"}
          <li><a href="/article/{$article.articleid}">
              {$i}. {$article.headline | mb_substr=0,15} ...
          </a></li>
          {/volist}
    </ul>
</div>

<div class="col-12 side">
    <div class="tip">最多阅读</div>
    <ul>
         {volist name="most" id="article"}
         <li><a href="/article/{$article.articleid}">
              {$i}. {$article.headline | mb_substr=0,15} ...
         </a></li>
         {/volist}
    </ul>
</div>

<div class="col-12 side">
    <div class="tip">特别推荐</div>
    <ul>
         {volist name="recommended" id="article"}
         <li><a href="/article/{$article.articleid}">
              {$i}. {$article.headline | mb_substr=0,15} ...
         </a></li>
         {/volist}
    </ul>
</div>
```

5.5.3 前端渲染侧边栏

由于文章推荐功能是一个公共页面的功能，存在于各个功能模块中，因此如果通过后台模板引擎进行渲染，则必须为相关的所有控制器进行渲染，代码改动很大。面对此类问题，有没有更加方便的一次性的解决方案呢？其实可以不通过后台进行渲染，而是直接使用 JavaScript 获取后台数据后让前端进行渲染。这样就可以不用关心后台已经实现的控制器代码，只需要获取其数据即可。前端渲染的前提是需要后台响应给前端可识别的数据而不是 PHP 对象，所以需要在响应时将查询到的数据转换为 JSON 格式。

首先，新增 Article 控制器，并为前端渲染侧边栏添加一个接口，实现 JSON 数据响应。为了减少前端请求次数，直接通过一次请求将 3 个推荐栏的数据整合成 JSON 数据响应给前端。

```
<?php
namespace app\controller;
use app\BaseController;

class Article extends BaseController {
    // 将侧边栏文章推荐数据整合成JSON数据响应给前端
    // 路由地址为"/recommend"，不带参数，请求类型为Get
    public function recommend() {
        $article = new \app\model\Article();
        $last = $article->findLast9();
        $most = $article->findMost9();
        $recommended = $article->findRecommended9();
        $result = array();  // 创建数组并加入3类数据
        $result[] = $last;
        $result[] = $most;
        $result[] = $recommended;
        return json($result);   // 将JSON数据响应给前端
    }
}
```

上述代码完成后，可以直接访问 http://127.0.0.1/recommend 看到响应的 JSON 数据。

其次，利用 jQuery 重写 side.html 代码，定义 3 个推荐栏的 ID 便于 jQuery 操作。

```
<!-- 利用前端JavaScript进行渲染 -->
<div class="col-12 side">
    <div class="tip">最新文章</div>
    <ul id="last"></ul>
</div>

<div class="col-12 side">
    <div class="tip">最多阅读</div>
    <ul id="most"></ul>
</div>

<div class="col-12 side">
    <div class="tip">特别推荐</div>
    <ul id="recommended"></ul>
</div>
```

最后，编写 jQuery 代码进行渲染。jQuery 的代码可以放在 base.html 页面中，也可以放在 side.html 页面中。由于 base.html 页面也用于系统管理，而系统管理不需要侧边栏，因此建议将 jQuery 代码放在 side.html 页面中处理。

```
<script type="text/javascript">
// 由于是前端渲染，因此需要利用JavaScript实现文章标题的长度截取
// 遍历文章标题字符串，将英文字母计算为0.5个长度，中文计算为1个长度
function truncate(headline, length) {
    var count = 0;
    var output = "";
    for (var i in headline) {
        output += headline.charAt(i);
        code = headline.charCodeAt(i);
        if (code <= 128) {
            count += 0.5;
        }
        else {
            count += 1;
        }
        if (count > length) {
            break;
        }
    }
```

```
    return output + "...";
}

// 页面加载完成后即可运行，用于前端动态填充侧边栏数据
$(document).ready(function(){
    $.get('/recommend', function(data){
        // 分别取得JSON数据中的3种类别的数据
        var lastData = data[0];
        var mostData = data[1];
        var recommendedData = data[2];

        for (var i in lastData) {
            var articleid = lastData[i]['articleid'];
            var headline = truncate(lastData[i]['headline'], 14);
            var id = parseInt(i) + 1;
            // 通过元素的append方法为其添加内容，为ID为last的ul元素添加li列表项
            $("#last").append('<li><a href="/article/' + articleid + '">' +
                        id + '.  ' + headline + '</a></li>');
        }

        for (var i in mostData) {
          var articleid = mostData[i]['articleid'];
          var headline = truncate(mostData[i]['headline'], 14);
          var id = parseInt(i) + 1;
          // 通过元素的append方法为其添加内容，为<ul>添加<li>列表项
          $("#most").append('<li><a href="/article/' + articleid + '">' +
                        id + '.  ' + headline + '</a></li>');
        }

        for (var i in recommendedData) {
            var articleid = recommendedData[i]['articleid'];
            var headline = truncate(recommendedData[i]['headline'], 14);
            var id = parseInt(i) + 1;
            // 通过元素的append方法为其添加内容，为<ul>添加<li>列表项
            $("#recommended").append('<li><a href="/article/' + articleid + '">' +
                    id + '.  ' + headline + '</a></li>');
        }
    });
});
</script>
```

上述代码中同样使用 JavaScript 实现了 PHP 中 mb_substr 函数的功能。同时，由于函数 truncate 也可能会用于其他页面，因此可以将其放在 base.html 页面中或者保存于公共的 JavaScript 源代码中，在 base.html 页面中导入。编者建议大家这么做，因为在后续的功能实现中，还有很多公共函数需要开发，最好将这些公共函数放在一个单独的 JavaScript 文件中，而不是内嵌在页面中。所以此处在 public/js 目录下创建名为 woniunote.js 的 JavaScript 文件，并在其中编写一些公共函数供页面调用。

完成了上述代码的开发后，无论哪个页面，只要加载 side.html，JavaScript 都会自动向/recommend 接口发送请求获取推荐文章数据并完成侧边栏填充，后台不需要额外开发其他代码。

5.5.4 使用 Vue 渲染

通过 5.5.3 小节对文章推荐栏进行 JavaScript 代码渲染可以看出，通过 jQuery 进行前端渲染的过程相对是比较烦琐的。相比较而言，反而是通过后台模板引擎进行数据渲染显得代码的可读性和层次感更强一些。事实上，在进行前端渲染时，目前业界比较流行使用模板引擎而不是字符串拼接。其中比较典型的就是 Art-Template 和 Vue。相对于 Vue 来说，Art-Template 是更纯粹的前端模板引擎，而 Vue 的功能更强大一些，目前也是主流的前端框架之一。本小节将通过前端渲染的方式，简单介绍 Vue 的用法。

事实上，无论是前端还是后端的模板引擎，本质上都在解决一个问题，即使动态数据与 HTML 标签

可以共存而不会显得杂乱，避免出现 HTML 标签和代码混合到一起后可读性及维护性变差的问题。

下面先讲解 Vue 的模板引擎的基本用法，此处定义一个 JSON 数据格式（模拟从后端响应 JSON 数据）来动态填充一个表格的内容，可参考本书 4.2.5 小节模板引擎的应用示例。Vue 的基础代码及注释如下。

```
<!DOCTYPE html>
<html lang="en">
<head>
    <meta charset="UTF-8">
    <title>Vue填充图书信息</title>
    <!-- 导入Vue库 -->
    <script src="https://cdn.jsdelivr.net/npm/vue/dist/vue.js"></script>
</head>
<body>
    <table width="500" border="1" align="center" cellpadding="5">
        <tr>
            <td width="20%">编号</td>
            <td width="30%">书名</td>
            <td width="30%">作者</td>
            <td width="20%">价格</td>
        </tr>
        <tbody id="booklist">
            <!-- 使用Vue语法v-for进行循环，book和index对应数据和下标 -->
            <!-- 如果不需要index，则直接使v-for="book in content" -->
            <!-- 也支持更多遍历方式，如v-for="(book, key, index) in content" -->
            <!-- 默认Vue使用{{var}}来引用变量，在实例化Vue时可自定义分隔符 -->
            <tr v-for="(book, index) in content">
                <td>{{book.id}}</td>
                <!-- 由于超链接是动态渲染的，因此必须使用v-bind进行处理 -->
                <!-- 由于超链接是字符串和模板变量拼接的，因此字符串要加引号 -->
                <td><a v-bind:href="'http://127.0.0.1:5000/' + book.id">{{book.title}}
                    </a></td>
                <td>{{book.author}}</td>
                <td>{{book.price}}</td>
            </tr>
        </tbody>
    </table>

    <!--用于渲染模版-->
    <script>
        var books = [
            {'id':1, 'title':'PHP教程', 'author':'张三', 'price': 52},
            {'id':2, 'title':'Python教程', 'author':'李四', 'price': 36},
            {'id':3, 'title':'Java教程', 'author':'王五', 'price': 68}];
        // 实例化Vue，并指定JSON数据给content，同时绑定booklist的表格元素
        var v = new Vue({
            el: '#booklist',     // 指定与哪个HTML元素进行动态绑定
            data: {content: books},     // 指定对应的动态渲染的内容
            // delimiters: ['{<', '>}']  // 也可以自定义分隔符
        });
    </script>
</body>
</html>
```

上述代码就是 Vue 针对 JSON 数据的标准填充方式，相对于使用 jQuery 来说，代码更加简洁、可读性更强。在 Vue 中，只需要在 HTML 标签位置通过类似于指定 HTML 属性的方式添加 Vue 相应标识，对标签和排版等均不会产生太大的影响。

有了上述的 Vue 模板引擎基础后，接下来对文章推荐栏进行前端渲染，重构后的 side.html 页面的代码如下。

```
<!-- 模板页面布局保持不变，与后台模板引擎类似，添加Vue标签 -->
<div class="col-12 side">
```

```
        <div class="tip">最新文章</div>
        <ul id="last">
            <li v-for="(article,index) in content">
                <a v-bind:href="'/article/' + article.articleid">
                {{index}}. {{article.headline.substr(0,15)}}...
            </a></li>
        </ul>
    </div>

    <div class="col-12 side">
        <div class="tip">最多阅读</div>
        <ul id="most">
            <li v-for="(article,index) in content">
                <a v-bind:href="'/article/' + article.articleid">
                {{index}}. {{article.headline.substr(0,15)}}...
            </a></li>
        </ul>
    </div>

    <div class="col-12 side">
        <div class="tip">特别推荐</div>
        <ul id="recommended">
            <li v-for="(article,index) in content">
                <a v-bind:href="'/article/' + article.articleid">
                {{index}}. {{article.headline.substr(0,15)}}...
            </a></li>
        </ul>
    </div>

    <!-- 向接口/recommend发送请求获取JSON数据，并使用Vue绑定到相应HTML元素 -->
    $(document).ready(function(){
        $.get('/recommend', function(data) {
            // 分别取得JSON数据中的3种类别的数据
            var lastData = data[0];
            var mostData = data[1];
            var recommendedData = data[2];
            var v1 = new Vue({
                el: '#last',     // 指定与哪个HTML元素进行动态绑定
                data: {content: lastData}   // 指定对应的动态渲染的内容
            });
            var v2 = new Vue({
                el: '#most',
                data: {content: mostData}
            });
            var v3 = new Vue({
                el: '#recommended',
                data: {content: recommendedData}
            });
        });
    });
```

通过上述演示可以发现，Vue 的使用其实是比较简单的，特别是在对后台模板引擎和前端 JavaScript 比较熟悉后，再学习 Vue 相对是比较容易上手的。Vue 现在能成为较流行的前端框架之一，除了简洁的语法和容易上手外，还有很多方便的功能，可以显著提高前端开发人员的效率。由于本书并非专门讨论 Vue，因此此处编者只想通过这个案例演示使读者了解 Vue 的基本用法，实现入门，同时使读者对前端渲染有更加深刻的认知。

5.5.5 侧边栏始终停靠

有些页面比较长，例如，首页或者文章阅读页面都会比较长，当向下滚动页面时，侧边栏便会消失，此时页面右侧是空的，而左侧显得比较窄，不是太协调，如图 5-5 所示。另外，如果用户向下滚动页面，

则所有右侧的推荐内容便无法显示在页面中。

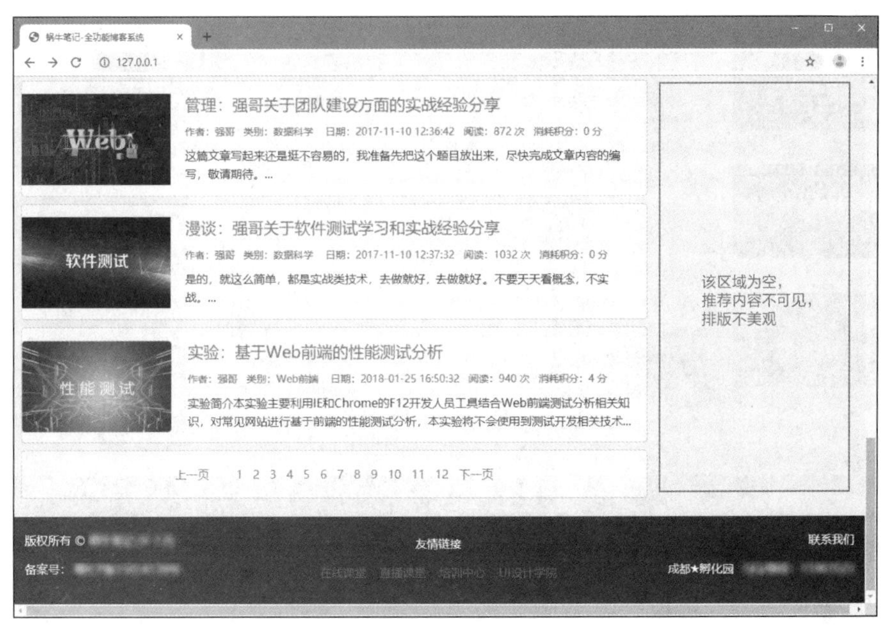

图 5-5　向下滚动页面时侧边栏消失

要优化侧边栏停靠的问题，可以利用 JavaScript 代码触发滚动事件进行响应和判断，以重新设置某个侧边栏的位置，为 side.html 页面添加如下 JavaScript 代码。

```
$(document).ready(function(){
    var fixedDiv = document.getElementById("fixedmenu");
    var H = 0;
    var Y = fixedDiv;
    while (Y) {
        H += Y.offsetTop;
        Y = Y.offsetParent;
    }

    // 当滚动页面时，触发下列代码执行，以判断页面是否到顶
    window.onscroll = function() {
        var s = document.body.scrollTop || document.documentElement.scrollTop;
        if(s>H+500) {
             fixedDiv.style = "position:fixed; top:0; margin-top:0; width: 306px;";
        } else {
             fixedDiv.style = "";
        }
    }
});
```

上述代码中的 fixedmenu 是侧边栏的 3 种类型中任意一种设置的 ID 属性。为哪个侧边栏设置 fixedmenu 的 ID 属性，哪个侧边栏就会一直居于右侧。下列代码为“特别推荐”栏设置始终停靠在右侧。

```
<div class="col-12 side" id="fixedmenu">   <!-- 指定元素ID，便于JavaScript代码生效 -->
   <div class="tip">特别推荐</div>
   <ul id="recommended"></ul>
</div>
```

其运行效果如图 5-6 所示。

但是实现了这一功能后，在 PC 端浏览器中显示正常，回到移动端浏览器中就会导致特别推荐栏直接跳出到页面的最顶层。所以建议通过 JavaScript 判断当前浏览器是属于移动端的还是 PC 端的，进而决定做什么样的反应。对上述的停靠代码进行优化如下。

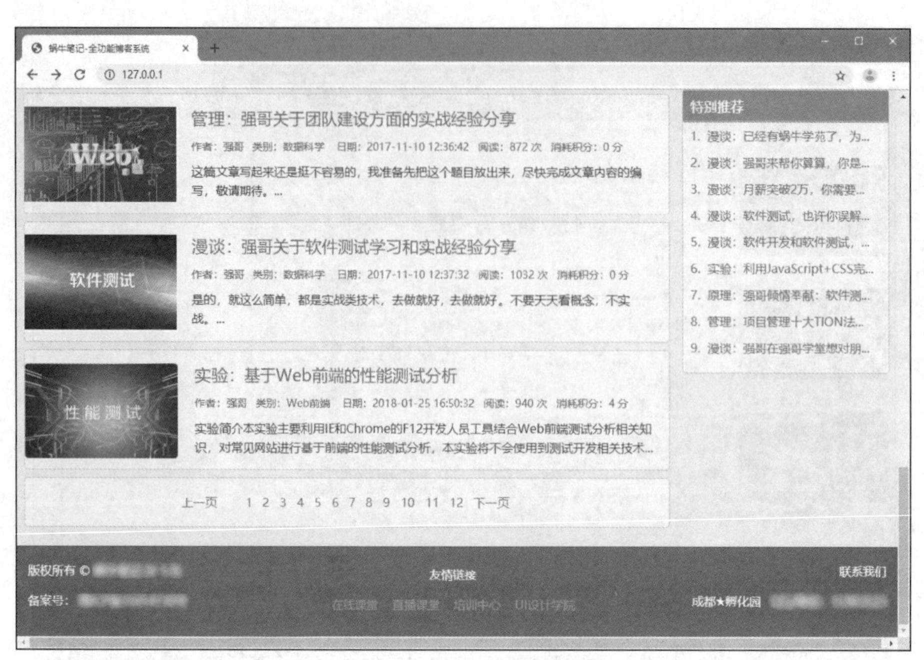

图 5-6 “特别推荐”栏始终停靠在右侧的效果

```
$(document).ready(function(){
    // 利用HTTP的User-Agent字段判断浏览器类型
    var userAgentInfo = navigator.userAgent.toLowerCase();
    var agents = ["android", "iphone", "symbianOS", "windows phone", "ipad", "ipod"];
    var flag = true;    // 表示是PC端
    for (var v = 0; v < agents.length; v++) {
        if (userAgentInfo.indexOf(agents[v]) >= 0) {
            flag = false;   // 表示是移动端
            break;
        }
    }

    // 是PC端时才进行右侧停靠
    if (flag == true) {
        var fixedDiv = document.getElementById("fixedmenu");
        var H = 0;
        var Y = fixedDiv;
        while (Y) {
            H += Y.offsetTop;
            Y = Y.offsetParent;
        }

        window.onscroll = function () {
            var s = document.body.scrollTop || document.documentElement.scrollTop;
            if (s > H + 500) {
                fixedDiv.style = "position:fixed; top:0; margin-top:0; width: 280px;";
            } else {
                fixedDiv.style = "";
            }
        }
    }
});
```

另外，当阅读某一篇比较长的文章时，如果用户又要回到页面顶部进行某些操作，则需要滚动很长时间才能到达顶部，也不是特别方便。所以可以在“特别推荐”栏下方添加一个菜单，实现一键回到顶部的操作。实现回到顶部的 JavaScript 代码如下。

```
function gotoTop() {
      $('html, body').animate({scrollTop: 0}, 800);
      return false;
}

<!-- 同时，修改“特别推荐”栏布局，在其下方添加回到顶部菜单 -->
<div class="col-12 side" id="fixedmenu">
      <div class="tip">特别推荐</div>
      <ul id="recommended"></ul>
      <div class="tip" style="background-color: #3276b1; text-align: center;
            cursor: pointer;" onclick="gotoTop()">回到顶部</div>
</div>
```

5.6 登录和注册功能

5.6.1 图片验证码

验证码是网页中的必备功能，尤其是对登录和注册这一类操作来说。当前的系统通常有 3 种验证码方式：一是图片验证码；二是邮箱验证码；三是短信验证码。由于短信验证码需要涉及短信平台的充值和对接，因此本章暂时不涉及此内容，先关注图片验证码和邮箱验证码。

```
composer require topthink/think-captcha
```

接下来为用户登录和注册功能创建 User 控制器，专门用于处理用户管理类操作，并利用 vcode 接口生成图片验证码。

```
<?php
namespace app\controller;
use app\BaseController;
use think\captcha\facade\Captcha;
class User extends BaseController {
     // 路由地址为/vcode，请求类型为Get
     public function vcode() {
          return Captcha::create();
     }
}
```

通过浏览器直接访问 http://127.0.0.1/vcode，可看到图 5-7 所示的图片验证码效果。

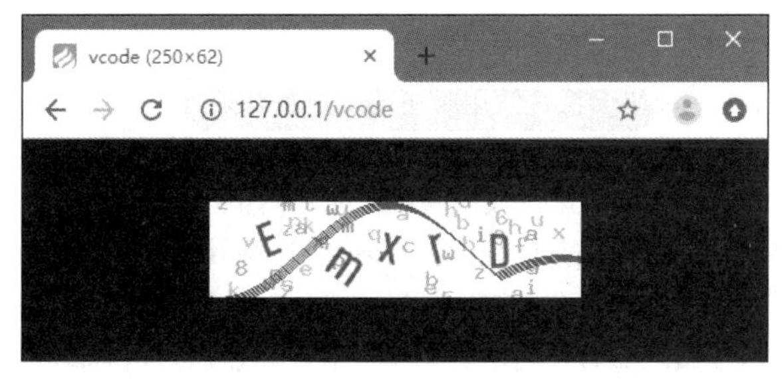

图 5-7　图片验证码效果

图片验证码也可以配置各种参数，修改 config 目录下的 captcha.php 文件，根据自己的需求按照表 5-1 所示的参数进行相应修改。

表 5-1　图片验证码的配置参数

参数	描述	默认值
codeSet	验证码字符集合	略
expire	验证码过期时间（s）	1800

续表

参数	描述	默认值
math	使用算术验证码	FALSE
useZh	使用中文验证码	FALSE
zhSet	中文验证码字符串	略
useImgBg	使用背景图片	FALSE
fontSize	验证码字体大小（px）	25
useCurve	是否画混淆曲线	TRUE
useNoise	是否添加杂点	TRUE
imageH	验证码图片高度，设置为 0 表示自动计算	0
imageW	验证码图片宽度，设置为 0 表示自动计算	0
length	验证码位数	5
fontttf	验证码字体，若不设置则为随机获取	空
bg	背景颜色	[243, 251, 254]
reset	验证成功后是否重置	TRUE

另外，为了更新图片验证码，在前端界面中可以使用 JavaScript 生成一个随机数作为/vcode 接口的查询参数，避免使用缓存，从而实现用户单击图片验证码以及时更新。

```
<img src="/vcode" id="loginvcode" class="col-3" style="cursor:pointer;"
onclick="this.src='/vcode?'+Math.random()"/>
```

事实上，为了简化操作，也不需要使用专门的后台接口，直接在模板页面中引用验证码生成函数也是可以的。例如，下面的代码可直接引用函数，不需要后台接口的支持。

```
<img  src="{:captcha_src()}"  id="loginvcode"  class="col-3"  style="cursor:pointer;"
onclick="this.src='{:captcha_src()}?'+Math.random()"/>
```

如果后台需要校验图片验证码是否正确，则可以直接使用 ThinkPHP 提供的函数。

```
if(!captcha_check($captcha)){
    // 验证失败
};
```

5.6.2 邮箱验证码

蜗牛笔记在进行用户注册时，会强制用户必须使用邮箱地址进行注册。就像平时使用手机号码进行注册需要使用手机接收到的短信验证码一样，使用邮箱地址进行注册时，也需要通过该邮箱获取系统发过来的邮箱验证码，以确定该邮箱地址可用且为该注册用户所有。使用邮箱地址进行注册有以下几个好处。

（1）使用邮箱地址注册可以方便与用户取得联系，或者向用户的邮箱推送一些优质文章。

（2）如果用户忘记密码，则可以很方便地通过邮箱地址找回密码。邮箱地址相当于一个凭据，如果只有单纯的普通账号，那么找回密码将会变得很有风险，很容易出现“作弊”的情况。例如，将别人的账号找回密码，将别人的账号据为己有，而系统无法有效识别，因为没有唯一凭据。当然，最好的凭据是手机号码且通过短信验证码找回。第 8 章将为大家讲解如何使用手机号码和短信验证码进行验证。

（3）邮箱地址不像手机号码那么“敏感”，不至于让用户在注册时担心自己的信息泄漏。

PHP 内置了发送邮件的库，所以可以很方便地将邮箱验证码发送到用户注册时使用的邮箱中，实现验证。邮箱验证码的功能类似于图片验证码的功能，下面先整理发送邮箱验证码的基本步骤。

（1）用户输入注册邮箱地址，在“注册”界面中单击“发送”按钮。

（2）系统生成一个 *N* 位（蜗牛笔记使用 6 位）的随机字符串并发送到相应邮箱中，同时将该随机字符串记录到 Session 变量中。

（3）用户查收邮件，获取到邮箱验证码后将其输入到“注册”界面的文本框中，并提交注册。

（4）后台利用 Session 变量中保存的邮箱验证码与用户提交过来的邮箱验证码进行比较，一致则通过验证，否则验证失败。

首先，利用 PHP 内置的邮件发送库实现邮件发送功能。要利用 PHP 发送邮件，需要先准备好一个可用的邮箱作为发件箱，并确保该邮箱支持简单邮件传送协议（Simple Mail Transfer Protocol，SMTP）发送邮件的功能。考虑到大多数读者使用 QQ，应该有 QQ 邮箱账号，故需要登录自己的 QQ 邮箱，在邮箱的“设置”功能中开启 SMTP 服务，如图 5-8 所示。

图 5-8　开启 SMTP 服务

当按照提示信息发送短信后，系统将会生成一个类似图 5-9 所示的授权码，请记住该授权码，其将用于发送邮件的代码中。

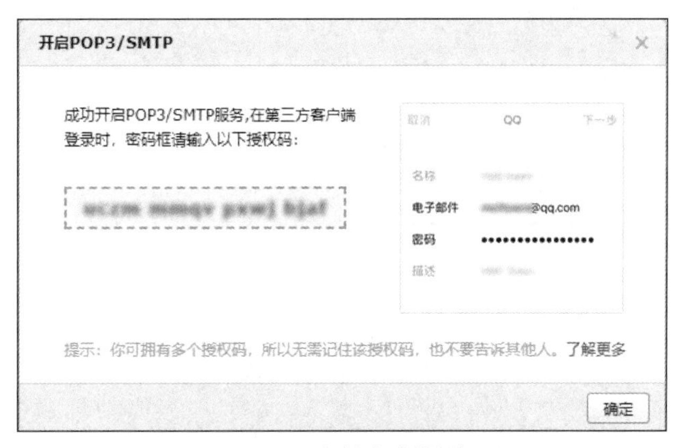

图 5-9　QQ 邮箱生成的授权码

完成 QQ 邮箱的账号设定并获取授权码后，还需要安装 PHPMailer 第三方组件用于邮件发送。打开命令行窗口，切换目录到当前项目 WoniuNote 所在目录，运行“composer require phpmailer/phpmailer”命令即可完成 PHPMailer 的安装。安装完成后，会在项目根目录的 vender 目录下新建 phpmailer 目录，所有 PHPMailer 的代码都在此目录下保存。

其次，在 User 控制器中封装一个发送邮箱验证码的接口，代码如下。

```
<?php
namespace app\controller;
```

```
use app\BaseController;
use think\captcha\facade\Captcha;

// 导入发送邮件需要使用的类
use PHPMailer\PHPMailer\PHPMailer;
use PHPMailer\PHPMailer\SMTP;
use PHPMailer\PHPMailer\Exception;
require '../vendor/autoload.php';

class User extends BaseController {
    // 该方法不需要设定路由地址，由本类中的其他方法调用
    public function sendMail($receiver, $ecode) {
        $mail = new PHPMailer(true);  // true参数表示启用异常处理
        // 启用调试内容输出，正式使用时需要关闭，否则会随响应发送给前端
        $mail->SMTPDebug = SMTP::DEBUG_SERVER;
        $mail->isSMTP();                        // 设定使用SMTP发送邮件
        $mail->CharSet = "UTF-8";               // 指定邮件标题和正文使用UTF-8编码
        $mail->Host = 'smtp.qq.com';            // 指定QQ邮箱服务器地址
        $mail->SMTPAuth = true;                 // 启用SMTP登录认证
        $mail->Username = '12345678@qq.com';          // 指定发件者为自己的QQ邮箱
        $mail->Password = 'uczmmmqvpxwjbjaf';         // 指定发件密码为QQ邮箱授权码
        // 启用SSL发送，这是QQ邮箱的要求
        $mail->SMTPSecure = PHPMailer::ENCRYPTION_STARTTLS;

        $mail->setFrom('12345678@qq.com', '蜗牛笔记');  // 标识发件人信息
        $mail->addAddress($receiver);   // 添加收件人地址，即注册用户的邮箱地址
        // $mail还可以添加抄送、密送、回信地址和附件等信息

        $mail->isHTML(true);                // 指定邮件正文为HTML格式
        $mail->Subject = '蜗牛笔记的注册验证码';     // 指定邮件标题
        $mail->Body = "<br/>欢迎注册蜗牛笔记博客系统账号，您的邮箱验证码为：
                    <span style='color: red; font-size: 20px;'>$ecode</span>,
                    请复制到注册窗口中完成注册，感谢您的支持。<br/>";

        $mail->send();  // 完成邮件发送
    }

    // User控制器中的其他代码略
}
```

再次，为 User 控制器添加发送邮箱验证码的接口，代码如下。

```
// 路由地址为"/ecode"，请求类型为Post，路由接口自带验证器
public function ecode() {
    $email = request()->post("email");
    // 生成一个6位的随机字符串作为邮箱验证码，并同步保存到Session变量中
    $str = "1234567890asdfghjklqwertyuiopzxcvbnmASDFGHJKLZXCVBNMPOIUYTREWQ";
    $ecode = substr(str_shuffle($str),0, 6);
    // 发送邮件，并将邮箱验证码保存到Session变量中，同时响应给前端
    try {
        $this->sendMail($email, $ecode);
        session('ecode', strtolower($ecode));
        return 'send-pass';
    }
    catch (\think\Exception $e) {
        return 'send-fail';
    }
}
```

同时，在路由文件 route/app.php 中为 ecode 接口指定验证规则，代码如下。

```
Route::post('/ecode', 'user/ecode')->validate(['email'=>'require|email']);
```

最后，完成了接口的定义后，就可以使用 Postman 发送 Post 请求来测试其接口地址了。测试成功后，需要开发前端发送邮件的功能并使其被注册窗口中的“发送邮件”按钮调用。同时，注意要在发送邮件

的代码中关闭 PHPMailer 的调试输出功能。否则响应的数据就不单纯是 send-pass，而是会附带很多调试信息，前端无法正确判断邮件是否发送成功。

```
function doSendMail(obj) {
    var email = $.trim($("#regname").val());
    // 使用正则表达式验证邮箱地址格式是否正确
    if (!email.match(/.+@.+\..+/)) {
        bootbox.alert({title:"错误提示", message:"邮箱地址格式不正确."});
        $("#regname").focus();
        return false;
    }
    $(obj).attr('disabled', true);          // "发送邮件"按钮变成不可用
    $.post('/ecode', 'email=' + email, function (data) {
        // 注意，正式使用时，请将PHPMailer的调试输出功能关闭，否则响应内容会很多
        if (data == 'send-pass') {
            bootbox.alert({title:"信息提示", message:"邮箱验证码已成功发送，
                        请查收."});
            $("#regname").attr('disabled', true);   // 邮箱验证码发送后禁止修改注册邮箱
            return false;
        }
        else {
            bootbox.alert({title:"错误提示", message:"邮箱验证码未发送成功."});
            return false;
        }
    });
}

// 调用doSendMail函数的"发送邮件"按钮代码修改如下
<button type="button" class="btn btn-primary col-3" onclick="doSendMail(this)">发送邮件
</button>
```

5.6.3 用户注册

用户注册功能需要完成 5 件事：校验注册邮箱是否已经存在于用户表中；校验密码的长度或复杂度；发送邮箱验证码到注册邮箱中；校验邮箱验证码是否正确；将用户名和密码插入用户表中完成注册。同时，如果用户是第一次注册，则注册成功后直接保持为登录状态而不需要再要求用户登录一次，以提升用户体验。在第 2 章中已经完成了前端界面的设计，现在只需要对接好前后端代码，做好前后端验证。为了不让页面进行跳转，在注册的过程中使用 Ajax 发送请求。

首先，在 Users 模型类中创建新的方法用于插入新数据和修改积分。

```
// 查询用户名，可用于注册时判断用户名是否已被注册，也可用于登录校验
public function findByUsername($username) {
    $result = $this->where('username', $username)->select();
    return $result;
}

// 实现注册，首次注册时，用户只需要输入用户名和密码，所以只需要两个参数
// 注册时，在模型类中为其他字段尽量生成一些可用的值，虽然不全面，但是可用
// 通常在用户注册时不建议填写太多资料，因为会影响用户体验，可待用户后续逐步完善
public function doRegister($username, $password) {
    $now = date('Y-m-d H:i:s');
    // 默认将邮箱账号前缀作为昵称
    $nickname = explode('@', $username)[0];
    // 从15张头像图片中随机选择一张
    $avatar = mt_rand(1, 15) . '.png';
    $this->username = $username;
    $this->password = $password;
    $this->nickname = $nickname;
    $this->avatar = $avatar;
    $this->role = 'user';
    $this->credit = 50;
```

```
        $this->createtime = $now;
        $this->updatetime = $now;
        $this->save();
        return $this->userid;    // 将新注册用户编号返回
}

// 修改用户剩余积分，积分为正数表示增加积分，为负数表示减少积分
public function updateCredit($credit) {
        // 直接根据Session变量中的用户编号来查找用户
        $user = $this->find(session('userid'));
        $user->credit += $credit;
        $user->save();
}
```

由于用户注册时需要赠送 50 积分，因此需要定义 Credit 模型类，并实现积分明细功能。

```
<?php
namespace app\model;
use think\Model;

class Credit extends Model {
    protected $pk = 'creditid';

    // 插入积分明细
    public function insertDetail($category, $target, $credit) {
        $now = date('Y-m-d H:i:s');
        $this->userid = session('userid');
        $this->category = $category;
        $this->target = $target;
        $this->credit = $credit;
        $this->createtime = $now;
        $this->updatetime = $now;
        $this->save();
    }
}
```

其次，在 User 控制器中定义后台注册接口并进行校验。

```
// 定义用户注册接口，路由地址为"/user/reg"，请求类型为Post
// 同样的，本接口在路由文件中添加对用户名和密码进行校验的验证器
public function reg() {
     $username = trim(request()->post('username'));
     $password = trim(request()->post('password'));
     $ecode = trim(request()->post('ecode'));
     if (strtolower($ecode) != session('ecode')) {
          return 'ecode-error';
     }

     $user = new Users();
     // 如果找到相同的用户名，则无法完成注册
     if (count($user->findByUsername($email))>0) {
          return 'user-repeated';
     }

     $password = md5($password); // 使用MD5保存用户密码
     try {
        $userid = $user->doRegister($username, $password);
        session('islogin', 'true');
        session('username', $username);
        session('userid', $userid);
        session('role', 'user');
        session('nickname', explode('@', $username)[0]);
        // 添加积分明细记录
        $credit = new Credit();
        $credit->insertDetail('用户注册', 0, 50);
        return 'reg-pass';
```

```
        }
        catch (\think\Exception $e) {
            return 'reg-fail';
        }
}
```

后台注册接口的代码实现后，接口规范同时定义完成。例如，验证码错误的标识为 ecode-error、用户名已经存在的标识为 user-repeated、注册成功的标识为 reg-pass 等。按照 MVC 分层模式的处理顺序，在完成了模型层和控制器的定义后，接下来需要在公共页面中实现前端注册代码。考虑到后续更多的 JavaScript 代码是公共代码，所以在项目的 public/js 目录下创建 woniunote.js 公共源代码，并在 base.html 页面中进行引用。

```
<script type="text/javascript" src="/js/woniunote.js"></script>
```

最后，可以将 truncate 函数和 doSendMail 函数写入 woniunote.js 公共源代码，同时在该 JavaScript 源代码中实现注册接口的前端处理，代码如下。

```
function doReg(e) {
    if (e != null && e.keyCode != 13) {
        return false;
    }

    var regname = $.trim($("#regname").val());
    var regpass = $.trim($("#regpass").val());
    var regcode = $.trim($("#regcode").val());
    if (!regname.match(/.+@.+\..+/) || regpass.length < 6) {
        bootbox.alert({title:"错误提示", message:"注册邮箱不正确或密码少于5位."});
        return false;
    }
    else {
        // 构建Post请求的正文数据
        var param = "username=" + regname;
        param += "&password=" + regpass;
        param += "&ecode=" + regcode;
        // 利用jQuery框架发送Post请求，并获取到后台注册接口的响应内容
        $.post('/user/reg', param, function (data) {
            if (data == "ecode-error") {
                bootbox.alert({title:"错误提示", message:"验证码无效."});
                $("#regcode").val('');      // 清除验证码文本框中的值
                $("#regcode").focus();      // 使验证码文本框获取到焦点供用户输入
            }
            else if (data == "user-repeated") {
                bootbox.alert({title:"错误提示", message:"该用户名已经被注册."});
                $("#regname").focus();
            }
            else if (data == "reg-pass") {
                bootbox.alert({title:"信息提示", message:"恭喜你，注册成功."});
                // 注册成功后，延迟1s重新刷新当前页面
                setTimeout('location.reload();', 1000);
            }
            else if (data == "reg-fail") {
                bootbox.alert({title:"错误提示", message:"注册失败，请联系管理员."});
            }
            else {
                // 如果是其他信息，则极有可能是验证器响应的内容
                bootbox.alert({title:"错误提示", message: data});
            }
        });
    }
}
```

同时，需要在注册文本框的元素处添加响应事件，并响应验证码文本框的回车事件。

```
<div class="form-group row">
    <label for="regcode" class="col-4">  邮箱验证码：</label>
```

```
    <input type="text" id="regcode" class="form-control col-4"
            placeholder="请输入邮箱验证码" onkeyup="doReg(event)"/>
    <button type="button" class="btn btn-primary col-3"
            onclick="doSendMail(this)">发送邮件</button>
</div>

<button type="button" class="btn btn-primary" onclick="doReg(null)">注册</button>
```

5.6.4 更新菜单

截至目前，代码还没有完全实现首页功能。即使已经完成注册，在文章分类导航栏中仍然显示的是“登录”“注销”两个菜单选项。很明显，这两个菜单选项需要通过模板引擎进行判断显示，如未登录之前显示“登录”“注册”菜单选项，登录成功之后显示“用户昵称”“用户中心”“注销”菜单选项。下面的代码演示了修改文章分类导航栏中的几个与登录和权限相关的菜单选项的动态处理过程。

```
<!-- 修改base.html页面文章分类导航栏处的“登录”“注销”菜单选项 -->
<div class="navbar-nav ml-auto">
    {if ($Request.session.islogin == 'true')}
    <a class="nav-item nav-link" href="/ucenter">欢迎你：
        {$Request.session.nickname}</a>   
    <!--也可以直接在模板页面中调用PHP函数，如使用explode函数直接显示邮箱账号前缀-->
    <!-- {:explode("@", $Request.session.username)[0]} -->
    <a class="nav-item nav-link" href="/ucenter">用户中心</a>   
    <a class="nav-item nav-link" href="/user/logout">注销</a>
    {else /}
    <a class="nav-item nav-link" href="#" onclick="showLogin()">登录</a>
    <a class="nav-item nav-link" href="#" onclick="showReg()">注册</a>
    {/if}
</div>

<!-- 由于登录和注册都是弹出模态框，只是显示不同的选项卡，因此需要单独进行处理 -->
// 显示模态框中的“登录”面板，将代码添加在woniunote.js中
function showLogin() {
    $("#login").addClass("active");
    $("#reg").removeClass("active");
    $("#loginpanel").addClass("active");
    $("#regpanel").removeClass("active");
    $('#mymodal').modal('show');
}

//  显示模态框中的“注册”面板
function showReg() {
    $("#login").removeClass("active");
    $("#reg").addClass("active");
    $("#loginpanel").removeClass("active");
    $("#regpanel").addClass("active");
    $('#mymodal').modal('show');
}
```

5.6.5 登录验证

如果已经清楚注册的整个过程及代码逻辑，再来实现登录功能就是一件容易的事情。首先，为控制器 User 添加处理登录的接口。

```
// 登录验证，路由地址为"/user/login"，请求类型为Post
public function login() {
    $username = trim(request()->post('username'));
    $password = trim(request()->post('password'));
    $vcode = trim(request()->post('vcode'));

    // 直接使用ThinkPHP内置函数校验验证码是否正确
    if (!captcha_check($vcode)) {
```

```
        return 'vcode-error';
    }

    $user = new Users();
    $result = $user->findByUsername($username);
    // 如果$result正好有一条记录，说明找到了唯一用户名，则验证密码
    if (count($result) == 1) {
        if ($result[0]['password'] == md5($password)) {
            session('islogin', 'true');
            session('username', $username);
            session('userid', $result[0]['userid']);
            session('role', $result[0]['role']);
            session('nickname', $result[0]['nickname']);
            // 添加积分明细记录
            $credit = new Credit();
            $credit->insertDetail('用户登录', 0,1);
            return 'login-pass';
        }
        else {
            return 'login-fail';
        }
    }
    else {
        return 'login-fail';
    }
}
```

其次，在 woniunote.js 中完成前端的登录处理。

```
function doLogin(e) {
    if (e != null && e.keyCode != 13) {
        return false;
    }

    var loginname = $.trim($("#loginname").val());
    var loginpass = $.trim($("#loginpass").val());
    var logincode = $.trim($("#logincode").val());
    if (loginname.length < 6 || loginpass.length < 6) {
        bootbox.alert({title:"错误提示", message:"用户名和密码少于6位."});
        return false;
    }
    else {
        // 构建Post请求的正文数据
        var param = "username=" + loginname;
        param += "&password=" + loginpass;
        param += "&vcode=" + logincode;
        // 利用jQuery框架发送Post请求，并获取后台登录接口的响应内容
        $.post('/user/login', param, function (data) {
            if (data == "vcode-error") {
                bootbox.alert({title:"错误提示", message:"验证码无效."});
                $("#logincode").val('');  // 清除验证码文本框中的值
                $("#logincode").focus();   // 让验证码文本框获取到焦点供用户输入
            }
            else if (data == "login-pass") {
                bootbox.alert({title:"信息提示", message:"恭喜你，登录成功."});
                // 登录成功后，延迟1s重新刷新当前页面
                setTimeout('location.reload();', 1000);

            }
            else if (data == "login-fail") {
                bootbox.alert({title:"错误提示",
                        message:" 登录失败，请确认用户名和密码是否正确."});
            }
        });
```

```
    }
}
```

再次，为“登录”按钮和图片验证码添加相应事件以调用 doLogin 函数。

```
<div class="form-group row">
    <label for="logincode" class="col-4">   图片验证码：</label>
    <input type="text" id="logincode" class="form-control col-5"
    placeholder="请输入右侧的验证码" onkeyup="doLogin(event)"/>
    <img src="/vcode" id="loginvcode" class="col-3" style="cursor:pointer;"
    onclick="this.src='/vcode?'+Math.random()"/>
</div>

<div class="modal-footer">
    <button type="button" class="btn btn-dark" data-dismiss="modal">关闭</button>
    <button type="button" class="btn btn-primary" onclick="doLogin(null)">登录</button>
</div>
```

最后，文章分类导航栏便出现了“注销”菜单选项，将其链接到/user/logout，需要在 User 控制器中实现 logout 接口。

```
// 注销，清除Session变量，并跳转到首页
// 路由地址为"/user/logout"，请求类型为Get
public function logout() {
    \think\facade\Session::clear();
    return redirect('/');
}
```

以上讲解了关于登录和注销的两个接口 login 和 logout，它们其实并不满足 RESTful 的接口规范。如果要强制满足 RESTful 的接口规范，那么可以这样来设计接口：接口名称为 session，登录时向该接口发送 Post 请求，注销时向该接口发送 Delete 请求。

5.6.6 自动登录

默认情况下，ThinkPHP 的 Session 变量有效期为浏览器打开期间，即只要用户不关闭浏览器，Session 变量就会一直有效。其实现原理相当于浏览器将 Session ID 保存在内存中，只要浏览器关闭，内存被回收，那么下一次服务器端由于无法获取到浏览器通过 Cookie 机制保存的 Session ID 而视浏览器为一个新的用户在访问，因此会为其生成一个新的 Session ID。

要实现用户自动登录，必须让浏览器关闭后依然能够保存 Cookie，所以服务器端在生成 Cookie 时需要为其设置有效期。用户登录一次成功后，只要在 Cookie 的有效期内再次打开浏览器，就无须再次登录。这也是大家访问网站时的常见场景，可以很好地提升用户体验。

整个自动登录的实现过程可以通过以下 3 步来完成。

（1）用户首次登录或注册成功后，服务器端除了保存 Session 变量外，还需要为浏览器生成两个 Cookie 变量，用于保存正确的用户名和密码，其通过响应中的 Set-Cookie 字段通知浏览器保存这两个 Cookie 变量。

（2）生成两个 Cookie 变量的值，需要为其设置有效期，如 30 天或其他时间，便于浏览器将两个 Cookie 变量的值保存于硬盘中而非内存中。

（3）用户下一次打开首页时，在首页的 index 接口中读取浏览器的 Cookie 变量的值并进行登录验证。对同一个站点来说，只要持久化保存 Cookie 变量的值，那么浏览器发送每一个请求时均会把 Cookie 变量作为请求头发送回服务器，服务器以此获取到保存于浏览器的 Cookie 变量，完成登录验证。此原理同样适用于依靠浏览器保存其他信息。

由于 Cookie 保存在浏览器中，因此存在安全隐患，如果其他人使用某人的计算机获取到了这些 Cookie，且其中保存着此人的用户名和密码，那么其他人就可以使用其账号进行登录了。即使进行了加密，也可以将加密过的字符串发送给服务器，服务器再对其进行解密，其本质是一样的。所以，通常不建议在公共计算机中保存 Cookie。

在具体代码实现方面，需要先在登录的时候向浏览器写入 Cookie 并设定有效期，重构 login 接口的代码如下。

```
// 登录验证，路由地址为"/user/login"，请求类型为Post
public function login() {
     $username = trim(request()->post('username'));
     $password = trim(request()->post('password'));
     $vcode = trim(request()->post('vcode'));

     // 直接使用ThinkPHP内置函数校验验证码是否正确
     if (!captcha_check($vcode)) {
          return 'vcode-error';
     }

     $user = new Users();
     $result = $user->findByUsername($username);
     // 如果$result正好有一条记录，说明找到了唯一用户名，则验证密码
     if (count($result) == 1) {
          if ($result[0]['password'] == md5($password)) {
               session('islogin', 'true');
               session('username', $username);
               session('userid', $result[0]['userid']);
               session('role', $result[0]['role']);
               session('nickname', $result[0]['nickname']);

               // 将登录成功后的用户名和密码写入Cookie，用于下次自动登录
               // 设定Cookie有效期为30天，密码建议保存为MD5格式
               cookie('username', $username, 30*24*3600);
               cookie('password', md5($password), 30*24*3600);

               // 添加积分明细记录
               $credit = new Credit();
               $credit->insertDetail('用户登录', 0,1);
               return 'login-pass';
          }
          else {
               return 'login-fail';
          }
     }
     else {
          return 'login-fail';
     }
}
```

当用户第一次发送登录请求成功后，Cookie 便会通过登录的响应头的 Set-Cookie 字段通知浏览器保存该 Cookie 变量的值，保存时间为 30 天。图 5-10 所示为登录成功后的响应情况。

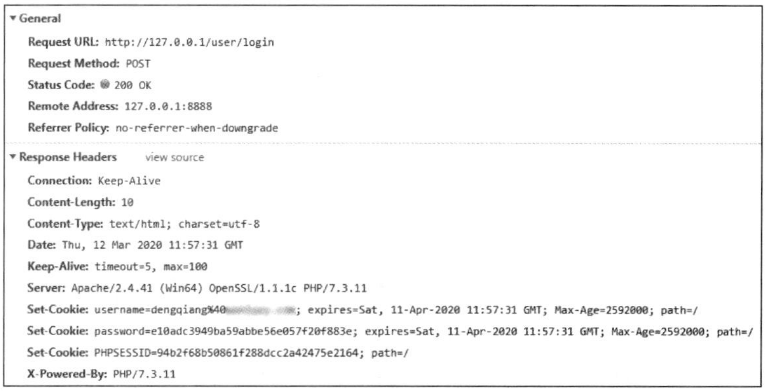

```
▼ General
    Request URL: http://127.0.0.1/user/login
    Request Method: POST
    Status Code: ● 200 OK
    Remote Address: 127.0.0.1:8888
    Referrer Policy: no-referrer-when-downgrade
▼ Response Headers      view source
    Connection: Keep-Alive
    Content-Length: 10
    Content-Type: text/html; charset=utf-8
    Date: Thu, 12 Mar 2020 11:57:31 GMT
    Keep-Alive: timeout=5, max=100
    Server: Apache/2.4.41 (Win64) OpenSSL/1.1.1c PHP/7.3.11
    Set-Cookie: username=dengqiang%40; expires=Sat, 11-Apr-2020 11:57:31 GMT; Max-Age=2592000; path=/
    Set-Cookie: password=e10adc3949ba59abbe56e057f20f883e; expires=Sat, 11-Apr-2020 11:57:31 GMT; Max-Age=2592000; path=/
    Set-Cookie: PHPSESSID=94b2f68b50861f288dcc2a42475e2164; path=/
    X-Powered-By: PHP/7.3.11
```

图 5-10　登录成功后的响应情况

完成 login 接口的代码重构后，接下来重构首页的 index 接口，实现自动登录。

```
public function index() {
    $article = new Article();
    $result = $article->findLimitWithUser(0, 10);
    $total = ceil($article->getTotalCount()/10);

    // 先尝试读取Cookie，如果读取到则说明有保存登录信息，尝试完成自动登录
    $username = cookie('username');
    $password = cookie('password');
    if ($username != null && $password != null) {
        $user = new Users();
        $rows = $user->findByUsername($username);
        if (count($rows) == 1) {
            if ($rows[0]['password'] == $password) {
                session('islogin', 'true');
                session('username', $username);
                session('userid', $rows[0]['userid']);
                session('role', $rows[0]['role']);
                session('nickname', $rows[0]['nickname']);
                // 代码与登录验证代码类似，但是此处不再写入Cookie
            }
        }
    }

    return view("index", ['result'=>$result, 'total'=>$total, 'page'=>1]);
}
```

现在，打开浏览器，手动登录一次。关闭浏览器，再次打开浏览器访问蜗牛笔记，依然是登录状态。但是此时存在一个新的问题，如果用户单击“注销”按钮后，再次打开浏览器依然是登录状态，则注销功能失效，因为注销功能并没有清除已经生成的有效期为 30 天的 Cookie。所以需要修改 logout 接口的代码，手动清除 Cookie。

```
public function logout() {
    \think\facade\Session::clear();
    cookie('username', null);
    cookie('password', null);
    return redirect('/');
}
```

至此，用户的自动登录功能已经基本实现，但是自动登录功能只有在用户打开首页时才能生效。如果用户没有访问首页，而是直接通过 URL 阅读某篇文章或者查看分类，则不会经过首页接口，自动登录也无法实现。所以，要完整实现自动登录功能，应该在全局中间件中进行处理，这样可以明确指定哪些接口可以实现自动登录。为此，在 app 目录的 middleware 目录下创建一个全局中间件类，并将其命名为 AutoLogin，代码如下。

```
<?php
namespace app\middleware;
use app\model\Users;

class AutoLogin {
    public function handle($request, \Closure $next) {
        // 如果用户没有登录，则尝试自动登录，否则会导致频繁登录
        if (session('islogin') != 'true') {
            $url = $request->url();
            // 排除不进行自动登录处理的接口地址，例如，用户相关操作或静态资源
            if (!$this->contains($url, 'user') ||
                !$this->contains($url, '.jpg') ||
                !$this->contains($url, '.png') ||
                !$this->contains($url, '.js') ||
                !$this->contains($url, '.css')) {
                // 排除上述接口地址后，剩余接口均可以实现自动登录
                $username = cookie('username');
                $password = cookie('password');
```

```
                if ($username != null && $password != null) {
                    $user = new Users();
                    $rows = $user->findByUsername($username);
                    if (count($rows) == 1) {
                        if ($rows[0]['password'] == $password) {
                            session('islogin', 'true');
                            session('username', $username);
                            session('userid', $rows[0]['userid']);
                            session('role', $rows[0]['role']);
                            session('nickname', $rows[0]['nickname']);
                            // 代码与登录验证代码类似，但是此处不再写入Cookie
                        }
                    }
                }
            }
        }
        return $next($request);
    }

    // 判断某个字符串是否包含一个子字符串，用于对接口地址的判断
    // 由于在PHP中，false的值也是0，因此不能判断等于0的情况
    // 所以在传递参数时，要确保$sub处于$string的第二个及其以后的位置
    public function contains($string, $sub) {
        if (strpos($string, $sub) > 0) {
            return true;
        }
        return false;
    }
}
```

实现上述全局中间件的代码后，还需要注册该全局中间件，在 app 目录下的 middleware.php 文件中，为数组添加一个元素，内容为\app\middleware\AutoLogin::class，即可完成注册。全局中间件会在发送每一个请求之前执行，所以实现了全站自动登录的功能。此时，可以删除 index 接口中的自动登录代码，其功能完全不受影响。

在一个大型的系统中，需要考虑执行效率的问题。例如，上述代码中除了以/user 开始的接口或静态资源外，其余所有接口都会执行该全局中间件，必然会导致代码执行效率不高。所以，可以选择一些特定的对外接口，如首页、文章分类浏览或文章阅读等特定接口，通过路由中间件而不是全局中间件来实现自动登录。这样就可以有效避免不必要的全局代码执行，提高运行效率。由于目前的接口还未开发完成，因此本书会在第 7 章中对自动登录和权限控制等结合路由中间件进行重构。

5.6.7 找回密码

有了登录和注册的功能实现基础，再结合邮箱验证码，实现用户找回密码的功能便不再是问题。用户的邮箱地址是唯一可以区分用户的元素，即使输入了别人的邮箱地址，也无法收到邮箱验证码。所以当用户忘记密码后，完全可以基于用户的邮箱地址帮助其重设密码。为此，可以在登录和注册的模态框中再添加一个“找回密码”选项卡，并根据用户的邮箱地址和邮箱验证码使用户输入新密码。图 5-11 所示为用户找回密码的设计效果。

图 5-11 用户找回密码的设计效果

找回密码的操作流程与用户注册的操作流程类似，只要验证注册邮箱地址存在且邮箱验证码正确，用户输入的新密码就将直接替换之前的密码，完成密码的重置。前后端代码只需要稍微修改便可以实现，所以本小节不再详细讲解代码的实现过程。

Chapter 06

第6章

文章阅读功能开发

学习目标

（1）深入掌握ThinkPHP框架各个模块的功能。

（2）灵活运用JavaScript及jQuery前端框架。

（3）深入理解Ajax异步请求的发送与处理。

（4）能够正确处理带HTML标签的文章内容。

（5）基于ThinkPHP和前端代码完整实现文章阅读功能。

本章导读

■本章将主要实现蜗牛笔记的文章阅读功能，包括阅读文章、积分阅读、文章收藏、关联推荐、用户评论、回复评论、用户点赞等功能。

6.1 阅读文章功能

6.1.1 开发思路

阅读文章功能就是简单地对文章标题和内容进行展示，当用户单击某一篇文章的超链接后，根据 URL 中的文章编号查询数据库中对应的文章，并通过模板引擎进行渲染。其开发步骤同样满足 MVC 的“三步走”模式：第 1 步，在模型类中通过文章编号查询对应文章；第 2 步，通过控制器将文章渲染给模板页面；第 3 步，在模板页面中填充相应内容。

其实只要把网站的框架构建好，数据库中有完整的数据，前端界面也已经完成静态设计，那么剩下的工作主要就是解决 3 个问题：处理数据库的增、删、改、查；实现控制器接口方法；渲染模板页面内容。所有的网站、框架、编程语言，基本上都在解决这几个核心问题。无非就是基于 MVC 进行更多的扩展，如何更加方便地处理数据库、如何使数据库执行效率更高、如何提升系统的性能、如何使代码重用性更高、使用前端模板引擎还是使用后台模板引擎、是否使用前后端分离开发等。而这些扩展都是建立在 MVC 的核心环节之上的，所以理解了 MVC 的开发模式后，再继续学习更深入的技术将会容易很多。

6.1.2 代码实现

第 1 步：在 Article 的模型类中通过文章编号查询文章。

```
// 根据文章编号查询文章，安全起见，同样过滤非正常文章
public function findByArticleId($articleid) {
    $result = $this->alias('a')->join('users u', 'u.userid=a.userid')
        ->where('a.hide', 0)->where('a.drafted', 0)->where('a.checked', 1)
        ->where('a.articleid', $articleid)->field('a.*, u.nickname')->select();
    return $result;
}

// 每阅读一次文章，阅读次数加1
public function updateReadCount($articleid) {
    $article = $this->find($articleid);
    $article->readcount += 1;
    $article.save();
}
```

第 2 步：在 Article 控制器中创建阅读文章接口并实现如下代码。

```
// 阅读文章接口，路由地址为"/read/:articleid"，请求类型为Get
public function read($articleid) {
    try {
        $article = new \app\model\Article();
        $result = $article->findByArticleId($articleid);
        if (count($result) != 1) {
            return view('../view/public/error_500.html');
        }
        // 更新阅读次数
        $article->updateReadCount($articleid);
        // 在view目录下新建article目录，并创建read.html模板页面
        return view('read', ['article'=>$result[0]]);
    }
    // 可能出现的异常情况就是文章编号不正确，此时会直接响应500错误页面
    catch (Exception $e) {
        return view('../view/public/error_500.html');
    }
}
```

第 3 步：在模板页面 read.html 中填充相应字段的内容（模板页面已经在第 2 章中完成静态页面设计，将相应内容复制过来并利用模板引擎和模板导入完成处理即可）。

```
{extend name="../view/public/base.html" /}
{block name="content"}

<div class="col-sm-9 col-12" style="padding: 0 10px;" id="left">
<div class="col-12 article-detail row">
    <div class="col-9 title">
        {$article.headline}
    </div>
    <div class="col-3 favorite">
        <label>
            <span class="oi oi-heart" aria-hidden="true"></span> 收藏本文
        </label>
    </div>
    <div class="col-lg-12 col-md-12 col-sm-12 col-xs-12 info">
        作者：{$article.nickname}   
        类别：{$Think.config.article_type[$article.category]}   
        日期：{$article.createtime}   
        阅读：{$article.readcount} 次   消耗积分：{$article.credit} 分
    </div>
    <div class="col-12 content" id="content">
        {$article.content | raw}    <!-- 要保持HTML原样输出，不能转义 -->
    </div>

    <div class="col-12 favorite" style="margin: 30px 0px;">
        <label>
            <span class="oi oi-task" aria-hidden="true"></span> 编辑内容
        </label>
           
        <label>
            <span class="oi oi-heart" aria-hidden="true"></span> 收藏本文
        </label>
    </div>
</div>
<!-- 中间的关联文章推荐和用户评论版块的代码省略-->
</div>
</div>

{include file="../view/public/side.html" /}
{/block}
```

6.2 积分阅读功能

6.2.1 开发思路

对于某些文章，作者可能期望用户花费一些积分进行阅读，通常这里有两种设计方案：一是在文章列表中单击时即提示用户是否愿意花费积分；二是需花费积分才能阅读的文章只显示一部分内容，单击“消耗积分”按钮时才能阅读全文。本节使用第二种方案来进行处理，因为这样更加人性化，也可以让用户试读一段文章内容后决定是否消耗积分。

要完成积分阅读的功能，首先需要在发布文章时设置消耗多少积分。目前还没有实现文章发布功能，所以暂时通过修改数据库实现。当用户单击某一篇文章时，可以阅读文章的一部分内容，这里需要对文章进行截取处理。但是这种截取还不能是简单地截取前面多少个字符那么简单。因为文章内容都是 HTML 格式的，如果截取得不对，则文章内容的 HTML 格式将被破坏，从而导致整个页面布局错乱。例如，有如下内容，如果只是简单地截取前面 50 个字符，那么标签<p>是无法完成闭合的。

```
<p style="color: red; font-size: 20px">归根到底就是叫你花足够多的时间去钻研某一领域的知识，这样你就可能成为一个高手</p>
```

所以，需要在截取部分文章内容时进行判断，直到找到一个闭合的标签为止。UEditor 插件在编辑文章内容时均使用<p>标签标识段落，所以可以使用</p>标签来进行查找处理。截取完成后将文章的前面的部分内容显示出来，再显示一个按钮以实现阅读全文功能。单击“阅读全文”按钮时，再加载文章中的剩余内容。此时，需要有一个标识来记录剩余文章从哪里开始，并利用 Ajax 把剩余内容获取到，将其接到现有内容后面。同时，需要在后台记录一笔用户的积分消耗明细，并从用户表中扣除用户的积分。

6.2.2 代码实现

首先，对控制器 Article 中的 read 接口方法进行重构。

```
// 阅读文章接口，路由地址为"/article/:articleid"，请求类型为Get
// 如果阅读文章需要消耗积分，则只预览文章前50%左右的内容，后续通过积分进行阅读
public function read($articleid) {
    try {
         $article = new \app\model\Article();
         $result = $article->findByArticleId($articleid);
         if (count($result) != 1) {
              return view('../view/public/error_500.html');
         }
         // 更新阅读次数
         $article->updateReadCount($articleid);
         // 如果积分大于0，则截取并处理文章内容
         $position = 0;
         if ($result[0]['credit'] > 0) {
              $content = $result[0]['content'];
              $temp = substr($content, 0, ceil(strlen($content)/2));
              $position = strrpos($temp, '</p>') + 4;
              $result[0]['content'] = substr($content, 0, $position);
         }
         // 在view目录下新建article目录，并创建read.html模板页面
         return view('read', ['article'=>$result[0], 'position'=>$position]);
    }
         // 可能出现的异常情况就是文章编号不正确，则直接响应500错误页面
    catch (Exception $e) {
         return view('../view/public/error_500.html');
    }
}
```

其次，为了实现阅读全文的功能，需要在控制器 Article 中添加一个接口方法 readAll，代码如下。

```
// 阅读全文，路由地址为"/article/readall"，请求类型为Post
public function readAll() {
     $position = request()->post('position');
     $articleid = request()->post('articleid');
     $article = new \app\model\Article();
     $result = $article->findByArticleId($articleid);
     // 根据当前登录用户查询对应的积分，确认是否足够支付
     $user = new Users();
     $user_credit = $user->findByUserid(session('userid'))->credit;
     if ($user_credit < $result[0]['credit']) {
          return 'credit_lack';
     }
     // 读取剩余内容
     $content = substr($result[0]['content'], $position);
     // 扣除相应积分
     $credit = new Credit();
     $credit->insertDetail('阅读文章', $articleid, -1*$result['0']['credit']);
     // 同步更新用户表的剩余总积分
     $user->updateCredit(-1*$result['0']['credit']);
     return $content;
}
```

最后，在 read.html 模板页面中增加“阅读全文”按钮和处理阅读全文的 JavaScript 代码。

```
<!-- 只有需要消耗积分的文章才显示“阅读全文”按钮，按钮添加在文章内容下方位置 -->
{if $article.credit > 0}
<div class="col-12 readall">
```

```
    {if $Request.session.islogin == 'true'}
    <button class="col-sm-10 col-12" onclick="readAll()">
        <span class="oi oi-data-transfer-download" aria-hidden="true"></span>
        阅读全文（消耗积分：{$article.credit} 分）
    </button>
    <!-- 如果用户未登录，则提示需要用户先登录 -->
    {else /}
    <button class="col-sm-10 col-12" onclick="showLogin()">
        <span class="oi oi-data-transfer-download" aria-hidden="true"></span>
        你还未登录，在此登录后可阅读全文
    </button>
    {/if}
</div>
{/if}

<!-- 在read.html模板页面下方添加JavaScript处理代码 -->
<script type="text/javascript">
function readAll() {
    var param = 'articleid={$article.articleid}&position={$position}';
    $.post('/article/readall', param , function (data) {
        if (data == 'credit_lack') {
            bootbox.alert({title:"错误提示", message:"你的积分余额不足."});
            return false;
        }
        $("#content").append(data);
        $(".readall").hide();   // 读取完成后隐藏“阅读全文”按钮
    });
}
</script>
```

6.2.3 重复消耗积分

前面的代码虽然已经实现了积分阅读的整体功能，但是存在一个问题，即用户每一次阅读同一篇文章时，都需要消耗一次积分。这当然会给用户带来不好的感受。所以需要在系统中进行限制，确保每个用户访问花费积分阅读的文章时，只会消耗一次积分，再次阅读同一篇文章时将不再消耗积分，也不再显示“阅读全文”按钮。

首先，在 Credit 模型类中添加一个方法，用于判断用户是否已经对某篇文章消耗了积分。

```
// 检查用户是否已经对某篇文章消耗了积分
public function checkPayedArticle($articleid) {
    $result = $this->where('target', $articleid)
                ->where('userid', session('userid'))->select();
    // 如果找到一条积分记录，则说明已经消耗过积分
    if (count($result) > 0) {
        return true;
    }
    return false;
}
```

其次，更新文章的 read 接口，如果用户已经消耗过积分，则不再截取内容。

```
public function read($articleid) {
    try {
        $article = new \app\model\Article();
        $result = $article->findByArticleId($articleid);
        if (count($result) != 1) {
            return view('../view/public/error_500.html');
        }
        // 更新阅读次数
        $article->updateReadCount($articleid);
        // 如果积分大于0，则截取并处理文章内容
        $position = 0;
        $payed = true;  // 设置默认值，便于在渲染时确保$payed有值
```

```
        if ($result[0]['credit'] > 0) {
            // 如果用户没有消耗积分，则需要截取内容
            $credit = new Credit();
            $payed = $credit->checkPayedArticle($articleid);
            if (!$payed) {
                $content = $result[0]['content'];
                $temp = substr($content, 0, ceil(strlen($content) / 2));
                $position = strrpos($temp, '</p>') + 4;
                $result[0]['content'] = substr($content, 0, $position);
            }
        }
        // 在view目录下新建article目录，并创建read.html模板页面
        return view('read', ['article'=>$result[0], 'position'=>$position,
                              'payed'=>$payed]);
    }
        // 可能出现的异常情况就是文章编号不正确，则直接响应500错误页面
    catch (Exception $e) {
        return view('../view/public/error_500.html');
    }
}
```

再次，需要修改 read.html 模板页面，根据模板变量 payed 的值来决定是否显示“阅读全文”按钮。

```
<!-- 只有需要消耗积分的文章且未曾对其支付积分的文章才显示“阅读全文”按钮 -->
{if $article.credit > 0 && $payed == false}
<div class="col-12 readall">
    {if $Request.session.islogin == 'true'}
    <button class="col-sm-10 col-12" onclick="readAll()">
        <span class="oi oi-data-transfer-download" aria-hidden="true"></span>
        阅读全文（消耗积分：{$article.credit} 分）
    </button>
    <!-- 如果用户未登录，则提示需要用户先登录 -->
    {else /}
    <button class="col-sm-10 col-12" onclick="showLogin()">
        <span class="oi oi-data-transfer-download" aria-hidden="true"></span>
        你还未登录，点此登录后可阅读全文
    </button>
    {/if}
</div>
{/if}
```

最后，事实上，当开发一个系统时，漏洞可能会无处不在。例如，这里就存在一个漏洞，即对于是否消耗积分的判断并没有将相应代码更新到 readAll 接口方法中。如果不通过前端界面，而是直接向 readAll 接口发送请求，那么用户的积分仍然会被重复消耗。所以需要同步地在 readAll 接口中对用户是否已经消耗过积分进行判断，如果没有消耗才更新积分。修复漏洞后的代码如下。

```
public function readAll() {
    $position = request()->post('position');
    $articleid = request()->post('articleid');
    $article = new \app\model\Article();
    $result = $article->findByArticleId($articleid);
    // 根据当前登录用户查询对应的积分，确认是否足够支付
    $user = new Users();
    $user_credit = $user->findByUserid(session('userid'))->credit;
    if ($user_credit < $result[0]['credit']) {
        return 'credit_lack';
    }
    // 读取剩余内容
    $content = substr($result[0]['content'], $position);
    // 扣除相应积分
    $credit = new Credit();
    $payed = $credit->checkPayedArticle($articleid);
    if (!$payed) {
        $credit->insertDetail('阅读文章', $articleid, -1 * $result['0']['credit']);
        // 同步更新用户表中的剩余总积分
```

```
        $user->updateCredit(-1 * $result['0']['credit']);
    }
    return $content;
}
```

6.3 文章收藏功能

6.3.1 开发思路

文章收藏就是指登录用户对某篇文章比较感兴趣，想收藏起来以后继续阅读。这里涉及几个基本问题需要处理。

（1）只有登录用户才能收藏文章，所以需要判断用户是否已经登录。

（2）如果文章已经被收藏，则无法再次收藏；如果用户已经取消收藏，则无法再次单击“收藏本文”按钮，需要使用 JavaScript 来解除相应的单击事件。

（3）为了不影响用户阅读文章，文章收藏功能使用 Ajax 提交请求，不在页面上做任何刷新。

6.3.2 代码实现

首先，创建 Favorite 模型类，并添加文章收藏和取消收藏等方法。

```
<?php
namespace app\model;
use think\Model;

class Favorite extends Model{
    protected $pk = 'favoriteid';

    // 插入文章收藏数据
    public function insertFavorite($articleid) {
        // 如果是之前已经收藏后来又取消收藏的文章，则直接修改其状态
        $row = $this->where('userid', session('userid'))
                    ->where('articleid', $articleid)->find();
        if ($row != null) {
             $row->canceled = 0;
             $row->save();
        }
        // 否则，新增一条收藏记录
        else {
            $now = date('Y-m-d H:i:s');
            $this->articleid = $articleid;
            $this->userid = session('userid');
            $this->canceled = 0;
            $this->createtime = $now;
            $this->updatetime = $now;
            $this->save();
        }
    }

    // 取消收藏，将canceled字段设置为1
    public function cancelFavorite($articleid) {
        $row = $this->where('userid', session('userid'))
                    ->where('articleid', $articleid)->find();
        $row->canceled = 1;
        $row->save();
    }

    // 判断文章是否已经被收藏
    public function checkFavorite($articleid) {
        $row = $this->where('userid', session('userid'))
```

```
            ->where('articleid', $articleid)->find();
        // 如果没有找到数据或canceled字段为1，则均可认为文章没有被收藏
        if ($row == null || $row->canceled == 1) {
            return false;
        }
        return true;
    }
}
```

其次，创建 Favorite 控制器，并添加文章收藏和取消收藏两个接口。此处使用 Post 请求处理文章收藏接口，使用 Delete 请求处理取消收藏接口。

```
<?php
namespace app\controller;
use app\BaseController;
use think\Exception;

class Favorite extends BaseController {
    // 文章收藏，路由地址为"/favorite"，请求类型为Post
    public function add() {
        $articleid = request()->post('articleid');
        if (session('islogin') != 'true') {
            return 'not-login';
        }
        else {
            try {
                $favorite = new \app\model\Favorite();
                $favorite->insertFavorite($articleid);
                return 'favorite-pass';
            }
            catch (Exception $e) {
                return 'favorite-fail';
            }
        }
    }

    // 取消收藏，路由地址为"/favorite/:articleid"，请求类型为Delete
    public function cancel($articleid) {
        try {
            $favorite = new \app\model\Favorite();
            $favorite->cancelFavorite($articleid);
            return 'cancel-pass';
        }
        catch (Exception $e) {
            return 'cancel-fail';
        }
    }
}
```

由于在文章阅读页面中进行渲染时要在页面中正确显示收藏功能是“收藏本文”还是“取消收藏”，因此需要重构 Article 控制器的 read 接口，增加是否收藏本文的数据标识。

```
// 获取表示文章是否已经被收藏的标识
$favorite = new \app\model\Favorite();
$favorited = $favorite->checkFavorite($articleid);

// 将表示文章是否已经被收藏的标识写入前端模板页面
return view('read', ['article'=>$result[0], 'position'=>$position,
                    'payed'=>$payed, 'favorited'=>$favorited]);
```

再次，实现前端界面交互。由于需要根据收藏情况重新显示菜单名称，因此需要对文章的收藏菜单选项定义识别属性。由于“收藏本文”菜单选项在标题栏右侧和文章内容下方均有显示，因此为了操作方便，将其识别属性定义为 class 而非 id。

```
<div class="col-12 favorite" style="margin: 30px 0px;">
    <!-- 只有作者可以编辑该文章 -->
```

```
    {if $article.userid == $Request.session.userid}
    <label>
        <span class="oi oi-task" aria-hidden="true"></span> 编辑内容
    </label>
    {/if}
       
    <!-“收藏本文”和“取消收藏”按钮 -->
    {if $favorited == true}
    <label class="favorite-btn" onclick="cancelFavorite('{$article.articleid}')">
        <span class="oi oi-circle-x" aria-hidden="true"></span> 取消收藏
    </label>
    {else /}
    <label class="favorite-btn" onclick="addFavorite('{$article.articleid}')">
        <span class="oi oi-heart" aria-hidden="true"></span> 收藏本文
    </label>
    {/if}
</div>
```

最后，编写 JavaScript 代码实现收藏文章和取消收藏两个功能的请求提交。

```
// 发送收藏文章请求
function addFavorite(articleid) {
    $.post('/favorite', 'articleid=' + articleid, function (data) {
        if (data == 'not-login') {
            bootbox.alert({title:"错误提示", message:"你还没有登录，不能收藏文章."});
        }
        else if (data == 'favorite-pass') {
            bootbox.alert({title:"信息提示", message:"文章收藏成功，
                          可在我的收藏中查看."});
            // 修改当前元素的内容
            $(".favorite-btn").html('<span class="oi oi-heart"
                                  aria-hidden="true"> </span> 感谢收藏');
            // 解除当前元素的单击事件，使其无法进行任何单击操作
            $(".favorite-btn").attr('onclick', '').unbind('click');
        }
        else if (data == 'favorite-fail') {
            bootbox.alert({title:"错误提示", message:"收藏文章出错，请联系管理员."});
        }
    });
}

function cancelFavorite(articleid) {
    $.ajax({
        url: '/favorite/' + articleid,
        type: 'delete',    // 发送Delete请求
        success: function (data) {
            if (data == 'not-login') {
                bootbox.alert({title:"错误提示",message:"你还没有登录，不能收藏文章."});
            }
            else if (data == 'cancel-pass') {
                bootbox.alert({title:"信息提示", message:"取消收藏成功."});
                $(".favorite-btn").html('<span class="oi oi-heart
                                      aria-hidden="true"> </span> 欢迎再来');
                $(".favorite-btn").attr('onclick', '').unbind('click');
            }
            else if (data == 'cancel-fail') {
                bootbox.alert({title:"错误提示", message:"取消收藏出错，
                              请联系管理员."});
            }
        }
    });
}
```

6.4 关联推荐功能

6.4.1 开发思路

关联推荐功能的实现主要是让当前文章的上一篇文章和下一篇文章显示出来，这是比较简单的做法。当然，目前互联网中的很多系统的关联推荐功能比较强大，可以根据当前文章的标题或内容与其他文章的相似度来判断哪些文章是与当前文章强关联的，进而实现关联推荐。其中用到的技术不算太复杂，但是也需要很多自然语言处理的知识，主要包括内容的分词与相似度计算等。由于篇幅所限，本节对此不做详细介绍。

那么如何知道当前文章的上一篇和下一篇呢？较简单的方法当然是根据当前的文章编号进行减加 1，这样就可以得到上一篇和下一篇文章的编号，进而实现访问。但是这种方法存在两个问题，一是如果上一个减 1 的编号对应的文章被删除了，则将访问到 404 错误页面；二是如果上一个编号对应的文章正好被管理员隐藏起来不允许展示，那么也会出现找不到文章内容的情况。所以这种解决方法不可行。

如何知道当前文章的上一篇和下一篇的文章编号呢？只需要从数据库中进行两次查询即可，第一次查询所有小于当前文章的编号中最大的一个，即可以得到上一篇文章的编号；同样的原理，第二次查询所有大于当前文章的编号中最小的一个，即可以得到下一篇文章的编号。

6.4.2 代码实现

首先，在 Article 模型类中定义两个新的方法，用于查询上一篇和下一篇的文章编号和文章标题，并以关联数组的格式返回。

```
// 根据文章编号查询文章标题
public function findHeadlineById($articleid) {
     $row = $this->where('articleid', $articleid)->field('headline')->find();
     return $row->headline;
}

// 查询当前文章的上一篇和下一篇的文章编号和文章标题
public function findPrevNextById($articleid) {
     $prev_next = array();   // 将上、下两篇文章的数据保存到关联数组中
     $prev = $this->where('hide', 0)->where('drafted', 0)->where('checked', 1)
               ->where('articleid', '<', $articleid)->order('articleid', 'desc')->find();
     // 如果没有查询到比当前编号更小的，说明是第一篇，则其上一篇依然是当前文章
     if ($prev != null) {
          $prev_id = $prev->articleid;
     }
     else {
          $prev_id = $articleid;
     }
     $prev_next['prev_id'] = $prev_id;
     $prev_next['prev_headline'] = $this->findHeadlineById($prev_id);

     $next = $this->where('hide', 0)->where('drafted', 0)->where('checked', 1)
               ->where('articleid', '>', $articleid)->order('articleid', 'asc')->find();
     // 如果没有查询到比当前编号更大的，说明是最后一篇，则其下一篇依然是当前文章
     if ($next != null) {
          $next_id = $next->articleid;
     }
     else {
          $next_id = $articleid;
     }
     $prev_next['next_id'] = $next_id;
     $prev_next['next_headline'] = $this->findHeadlineById($next_id);
```

```
    return $prev_next;
}
```

其次，重构 Article 控制器中的 read 接口，添加关联推荐的两个文章编号，并将其渲染到模板页面中。

```
// 获取当前文章的上一篇和下一篇
$prev_next = $article->findPrevNextById($articleid);

# 将上一篇和下一篇文章的关联数组写入模板页面。PHP中也可以使用#进行注释
return view('read', ['article'=>$result[0], 'position'=>$position, 'payed'=>$payed,
                    'favorited'=>$favorited, 'prev_next'=>$prev_next]);
```

最后，在 read.html 的模板页面中，用模板变量替换对应的内容。

```
<div class="col-12 article-nav">
    <div>版权所有，转载本站文章请注明出处：蜗牛笔记，
        http://www.woniunote.com/article/2</div>
    <div>上一篇：
        <a href="/article/{$prev_next['prev_id']}">{$prev_next.prev_headline}</a>
    </div>
    <div>下一篇：
        <a href="/article/{$prev_next['next_id']}">{$prev_next.next_headline}</a>
    </div>
</div>
```

其效果如图 6-1 所示。

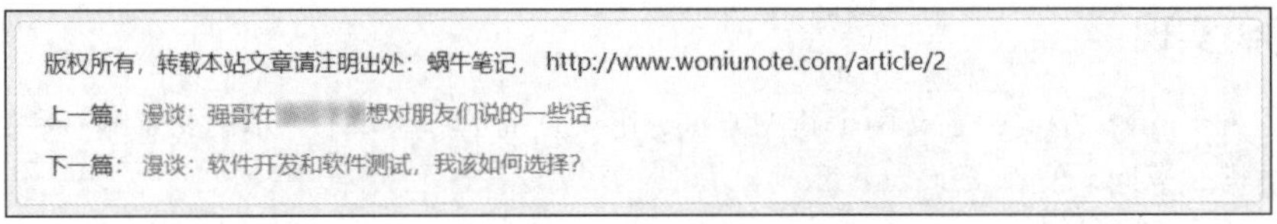

版权所有，转载本站文章请注明出处：蜗牛笔记，http://www.woniunote.com/article/2

上一篇：漫谈：强哥在想对朋友们说的一些话

下一篇：漫谈：软件开发和软件测试，我该如何选择？

图 6-1 当前文章的上一篇和下一篇关联推荐效果

6.5 用户评论功能

6.5.1 开发思路

用户评论的添加本身是比较简单的，发送一个 Post 请求给后台接口，后台接口将评论内容添加到用户评论表中并与 userid 和 articleid 做好关联，同时在积分详情表中为其添加 2 个积分，最后在前端界面中将评论显示出来。整个过程一气呵成，并无复杂的地方。

但是，在研发一个系统时，通常太过简单的处理都可能存在一些潜在风险。用户发表评论即可获取积分，也就是说，用户可以通过发表大量的评论来获取足够的积分，显然这是存在风险的。一方面，花费积分阅读文章将变得“毫无门槛”；另一方面，用户可能会通过这个发表评论的接口频繁地向系统发送请求来操作数据库的新增，可能会导致系统瘫痪。这两个方面的问题需要仔细解决好，这才是实现用户评论功能的关键点所在。

解决以上潜在问题的方案其实不难理解。通过将评论用户编号和日期结合起来进行限制评论行为即可。用户发表的每一条评论，由于都在用户评论表中记录了其 userid 和 createtime，因此可限制同一天内只能发表 5 条评论。

6.5.2 发表评论

首先，定义 Comment 模型类，并添加按文章编号查询评论、添加评论和查询是否超出当天的评论限制 3 个方法。

```
<?php
namespace app\model;
use think\Model;

class Comment extends Model {
    protected $pk = 'commentid';

     // 添加一条评论
     public function insertComment($articleid, $content) {
          $now = date('Y-m-d H:i:s');
          $this->userid = session('userid');
          $this->articleid = $articleid;
          $this->content = $content;
          $this->ipaddr = request()->host();
          $this->createtime = $now;
          $this->updatetime = $now;
          $this->save();
}

     // 根据文章编号查询所有评论
     public function findByArticleId($articleid) {
          $result = $this->where('articleid', $articleid)->where('hide', 0)->select();
          return $result;
     }

     // 根据用户编号和日期查询是否已经超过每天5条评论的限制
     public function checkLimitPerDay() {
          $start = date('Y-m-d 00:00:00');    // 当天的起始时间
          $end = date('Y-m-d 23:59:59');      // 当天的结束时间
          $count = $this->where('userid', session('userid'))
                    ->whereBetweenTime('createtime', $start, $end)->count();
          if ($count >= 5) {
               return true;    // 返回true表示当天已经不能再发表评论
          }
          else {
               return false;
          }
     }
}
```

由于添加评论后需要更新文章的回复数量字段 replycount 的值，因此同步为 Article 模型类添加一个新的方法，用于为 replycount 字段加 1。

```
// 当发表或者回复评论后，为文章表字段replycount加1
     public function updateReplyCount($articleid) {
          $row = $this->find($articleid);
          $row->replycount += 1;
          $row->save();
     }
```

其次，添加控制器 Comment，并实现添加评论的接口方法，代码如下。

```
<?php
namespace app\controller;
use app\BaseController;
use app\model\Credit;
use app\model\Users;
use think\Exception;

class Comment extends BaseController {
    // 添加评论，路由地址为"/comment"，请求类型为Post
    public function add() {
         $articleid = request()->post('articleid');
         $content = trim(request()->post('content'));

         // 如果评论的字数少于5个或多于1000个，则均视为不合法
```

```
        // 此处也可使用路由验证器代替，但是路由验证器出错会返回500错误
        if (strlen($content) < 5 || strlen($content) > 1000) {
            return 'content-invalid';
        }

        $comment = new \app\model\Comment();
        $limited = $comment->checkLimitPerDay();
        if (!$limited) {    // 没有超出限制才能发表评论
            try {
                $comment->insertComment($articleid, $content);
         // 评论成功后，同步更新积分详情表明细、用户表积分和文章表回复数
                $credit = new Credit();
                $credit->insertDetail('添加评价', $articleid, 2);
                $user = new Users();
                $user->updateCredit(2);
                $article = new \app\model\Article();
                $article->updateReplyCount($articleid);
                return 'add-pass';
            }
            catch (Exception $e) {
                $e->getTrace();
                return 'add-fail';
            }
        }
        else {
            return 'add-limit';
        }
    }
}
```

最后，在 read.html 页面中，为用户添加评论增加 JavaScript 函数。

```
function addComment(articleid) {
    var content = $.trim($("#comment").val());
    if (content.length < 5 || content.length > 1000) {
        bootbox.alert({title:"错误提示", message:"评论内容在5-1000字之间."});
        return false;
    }
    var param = 'articleid=' + articleid + '&content=' + content;
    $.post('/comment', param, function (data) {
        if (data == 'content-invalid') {
            bootbox.alert({title:"错误提示", message:"评论内容在5-1000字之间."});
        }
        else if (data == 'add-limit') {
            bootbox.alert({title:"错误提示", message:"当天已用完5条评论的限额."});
        }
        else if (data =='add-pass') {
            location.reload();
        }
        else {
            bootbox.alert({title:"错误提示", message:"发表评论出错，请联系管理员."});
        }
    });
}
```

由于用户需要登录后发表评论才能享受积分，因此在前端界面中需要做适当处理，以便让用户清楚地知道应该做什么，以及能不能发表评论。图 6-2 所示为用户在登录情况下和未登录情况下的发表评论页面。

下列 read.html 中的代码展示了如何根据登录与否显示不同的发表评论页面，其重点在于利用模板引擎的判断语法对 Session 变量进行判断，进而渲染出不同的页面。

```
<div class="col-12 row add-comment ">
    <div class="col-sm-2 col-12">
        <label for="nickname">你的昵称：</label>
```

```
    </div>
    <div class="col-sm-10 col-12" style="padding: 0 0 0 10px;">
        {if $Request.session.islogin == 'true'}
        <input type="text" class="form-control" id="nickname"
            value='{$Request.session.nickname}' readonly/>
        {else /}
        <input type="text" class="form-control" id="nickname"
        value="你还未登录，双击此处可登录." ondblclick="showLogin()" readonly/>
        {/if}
    </div>
</div>
<div class="col-12 row">
    <div class="col-sm-2 col-12">
        <label for="comment">你的评论：</label>
    </div>
    <div class="col-sm-10 col-12" style="padding: 0 0 0 10px;">
        <textarea id="comment" class="form-control" placeholder="请在此留下你的真诚的、
感人的、发自肺腑的赞美之词." style="height: 100px;"></textarea>
    </div>
</div>
<div class="col-12 row" style="margin-bottom: 20px;">
    <div class="col-2"></div>
<div class="col-sm-8 col-12" style="text-align: left; color: #888888;">
提示：登录后添加有效评论可享受积分哦！</div>
    <div class="col-sm-2 col-12" style="text-align: right">
        {if $Request.session.islogin == 'true'}
        <button type="button" class="btn btn-primary"
            onclick="addComment('{$article.articleid}')">提交评论</button>
        {else /}
        <button type="button" class="btn btn-primary" onclick="showLogin()">
            点此登录</button>
        {/if}
    </div>
</div>
```

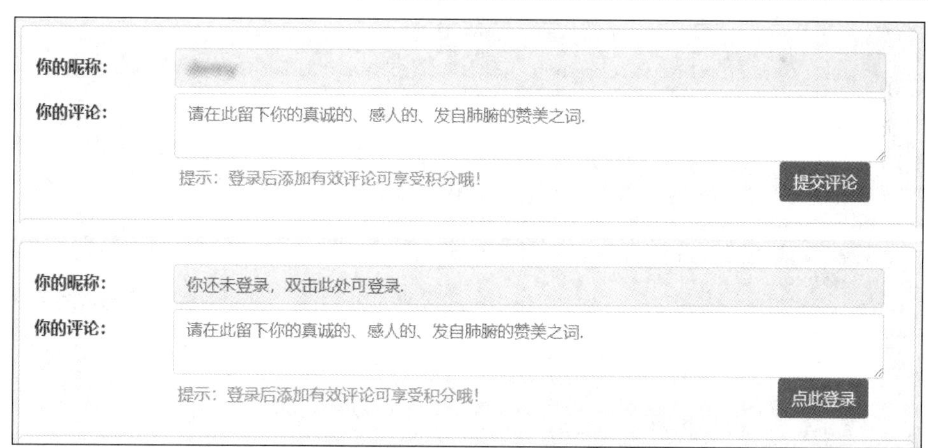

图 6-2　用户在登录情况下和未登录情况下的发表评论页面

6.5.3　显示评论

完成评论的发表后，还需要在页面中将其显示出来。所以需要在查询文章时，连接查询用户表和用户评论表，同时将评论内容、评论者昵称及评论者头像等信息全部显示出来。所以首先需要为 Comment 模型类添加与用户的关联查询功能。由于连接查询时用户表的 createtime 会覆盖用户评论表中相同列名的 createtime，因此仍需指定用户表中只查询需要的列。

```
// 查询评论与用户信息，注意评论也需要分页
public function findLimitWithUser($articleid, $start, $count) {
    $result = $this->alias('c')->join('users u', 'u.userid=c.userid')
                ->where('c.articleid', $articleid)->where('c.hide', 0)
                ->field('c.*, u.username, u.nickname, u.avatar')
                ->order('c.commentid', 'desc')->limit($start, $count)->select();
    return $result;
}
```

同时，重构 Article 控制器中的 read 接口，将评论渲染出来。

```
// 获取当前文章的评论（仅首页）
$comment = new \app\model\Comment();
$comment_list = $comment->findLimitWithUser($articleid, 0, 10);
// 填充模板变量
return view('read', ['article'=>$result[0], 'position'=>$position, 'payed'=>$payed,
'favorited'=>$favorited, 'prev_next'=>$prev_next, 'comment_list'=>$comment_list]);
```

前端正常显示和填充对应位置的内容，注意对用户角色的判断，判断哪些用户可以点赞、哪些用户可以回复、哪些用户可以隐藏评论。

```
<!-- 循环遍历评论 -->
{volist name='comment_list' id='comment'}
<div class="col-12 list row">
<div class="col-2 icon">
    <img src="/avatar/{$comment.avatar}" class="img-fluid" style="width: 70px;"/>
</div>
<div class="col-10 comment">
<div class="col-12 row" style="padding: 0px;">
    <div class="col-7 commenter">
        {$comment.nickname}   {$comment.createtime}</div>
    <div class="col-5 reply">
        <!-- 作者、管理员和评论者只能回复和隐藏评论，不能点赞-->
        {if $article.userid==$Request.session.userid ||
            $Request.session.role == 'admin' ||
            $comment.userid==$Request.session.userid}
        <label onclick="gotoReply('{$comment.commentid}')">
            <span class="oi oi-arrow-circle-right" aria-hidden="true"></span>回复
        </label>   
        <label onclick="hideComment(this, '{$comment.commentid}')">
            <span class="oi oi-delete" aria-hidden="true"></span>隐藏
        </label>
        <!-- 其他用户只能回复和点赞，不能隐藏评论 -->
        {else /}
        <label onclick="gotoReply('{$comment.commentid}')">
            <span class="oi oi-arrow-circle-right" aria-hidden="true"></span>回复
        </label>   
        <label>
            <span class="oi oi-chevron-bottom" aria-hidden="true"></span>
            赞成 (<span>25</span>)
        </label>   
        <label>
            <span class="oi oi-x" aria-hidden="true"></span>
            反对 (<span>13</span>)
        </label>
        {/if}
    </div>
</div>
<div class="col-12 content">
    {$comment.content}
</div>
</div>
</div>
{/volist}
```

完成上述代码的调试后，使用管理员或作者权限登录，其评论区效果如图 6-3 所示。

图 6-3　使用管理员或作者权限登录的评论区效果

6.5.4　回复评论

回复评论是评论区的主要互动形式，回复评论是一个看似简单却比较难处理的功能。一来需要解决用户发表回复的操作方便性问题，二来需要解决回复评论的展示问题。按照 6.5.3 小节的显示评论的处理方式，将无法正确显示回复的评论，所以需要对代码进行重构。

本小节先来看看发表回复的问题，首先必须要设计一个发表回复的文本框让用户能够输入。由于对于发表评论正好已经有一个文本框供用户输入，因此完全可以借助这个现成的文本框进行评论的回复。只需要使用 JavaScript 对发表评论的按钮进行处理即可，例如，在页面中设计两个按钮，即“发表评论”和“回复评论”，由代码基于用户行为来决定隐藏哪一个按钮、显示哪一个按钮。

当用户在某一条原始评论上回复评论时，将隐藏“发表评论”按钮，而显示“回复评论”按钮。这一交互过程可以实现在 gotoReply 函数中，比较简单。回复评论较关键的问题是如何获取到当前正在回复的评论的编号，必须将该编号提交给后台才能正确存储原始评论和回复评论之间的关系。在模板页面中单击评论旁边的“回复”按钮时，是将评论编号作为参数传递给了 gotoReply 函数，但是问题在于 gotoReply 函数并不是直接向后台发起请求，而只是将“回复评论”按钮显示出来，只是一个跳转的功能布局。“回复评论”按钮才会真正实现评论的回复功能。那么回复评论时如何知道 gotoReply 函数中的参数值是什么呢？其实这也是经常在网页交互时遇到的问题，即借助一个临时变量来进行值的中转。通常的解决方案有两种，一是使用 JavaScript 的页面全局变量在不同函数之间进行修改和引用；二是使用一个隐藏的 DIV 元素作为临时中转，将值保存在 DIV 元素中。本小节采用页面全局变量的方案。

首先，在 Comment 模型类中实现回复评论的数据处理过程。

```
// 新增一条回复评论，将原始评论的ID作为新评论的replyid字段进行关联
public function insertReply($articleid, $commentid, $content) {
     $now = date('Y-m-d H:i:s');
     $this->userid = session('userid');
     $this->articleid = $articleid;
     $this->replyid = $commentid;
     $this->content = $content;
     $this->ipaddr = request()->host();
     $this->createtime = $now;
     $this->updatetime = $now;
     $this->save();
}
```

其次，在 Comment 控制器中添加 reply 接口用于接收回复数据。整个代码的处理方式与发表评论的几乎一样，只需额外增加一个针对被回复评论的 commentid 参数即可。

```
// 回复评论，路由地址为"/reply"，请求类型为Post
public function reply() {
    $articleid = request()->post('articleid');
    $commentid = request()->post('commentid');
    $content = trim(request()->post('content'));

    // 如果评论的字数少于5个或多于1000个，则均视为不合法
    // 此处也可使用路由验证器代替，但是路由验证器出错会返回500错误
    if (strlen($content) < 5 || strlen($content) > 1000) {
        return 'content-invalid';
    }

    $comment = new \app\model\Comment();
    $limited = $comment->checkLimitPerDay();
    if (!$limited) {    // 没有超出限制才能发表评论
        try {
            $comment->insertReply($articleid, $commentid, $content);
            // 评论成功后，同步更新积分详情表明细、用户表积分和文章表回复数
            $credit = new Credit();
            $credit->insertDetail('回复评论', $articleid, 2);
            $user = new Users();
            $user->updateCredit(2);
            $article = new \app\model\Article();
            $article->updateReplyCount($articleid);
            return 'reply-pass';
        }
        catch (Exception $e) {
            $e->getTrace();
            return 'reply-fail';
        }
    }
    else {
        return 'reply-limit';
    }
}
```

再次，重新实现前端发表评论的界面，为按钮添加 ID 属性，并增加“回复评论”按钮。

```
<div class="col-sm-2 col-12" style="text-align: right">
    {if $Request.session.islogin == 'true'}
    <button type="button" class="btn btn-primary"
        onclick="addComment('{$article.articleid}')" id="submitBtn">提交评论
    </button>
    <!--将“回复评论”按钮默认设置为隐藏 -->
    <button type="button" class="btn btn-primary"
        onclick="replyComment('{$article.articleid}')" style="display: none;"
        id="replyBtn">回复评论
    </button>
    {else /}
    <button type="button" class="btn btn-primary" onclick="showLogin()">
    点此登录</button>
    {/if}
</div>
```

完成按钮的处理后，接下来实现每一条原始评论中都有的回复评论所触发的函数 gotoReply 的功能。

```
// 定义全局变量，与函数同级，用于中转保存被回复评论的ID
var COMMENTID= 0;

function gotoReply(commentid) {
    $("#submitBtn").hide();      // 隐藏“发表评论”按钮
    $("#replyBtn").show();       // 显示“回复评论”按钮
    $("#nickname").val("请在此回复编号为 " + commentid + " 的评论");
```

```
    $("#comment").focus();      // 让文本框获取焦点
    COMMENTID= commentid;  // 修改全局变量的值为当前被回复评论的ID
}
```

此时，当单击某条评论右侧的“回复”按钮时，将触发运行 gotoReply 函数，并将焦点置于文本框中，同时按钮显示为“回复评论”。回复评论时的效果如图 6-4 所示。

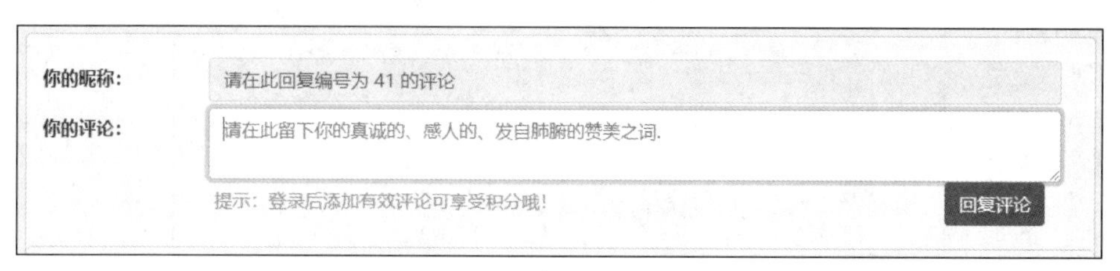

图 6-4　回复评论时的效果

最后，实现函数 replyComment 的功能，实现正式的回复评论功能，代码如下。

```
function replyComment(articleid) {
    var content = $.trim($("#comment").val());
    if (content.length < 5 || content.length > 1000) {
        bootbox.alert({title: "错误提示", message: "评论内容在5-1000字之间."});
        return false;
    }
    var param = 'articleid=' + articleid;
    param += '&content=' + content;
    param += '&commentid=' + COMMENTID;
    $.post('/reply', param, function (data) {
        if (data == 'content-invalid') {
            bootbox.alert({title: "错误提示", message: "评论内容在5-1000字之间."});
        }
        else if (data == 'reply-limit') {
            bootbox.alert({title:"错误提示", message:"当天已用完5条评论的限额."});
        }
        else if (data =='reply-pass') {
            location.reload();
        }
        else if (data == 'reply-fail') {
            bootbox.alert({title:"错误提示", message:"回复评论出错，请联系管理员."});
        }
    });
}
```

6.5.5　显示回复

回复评论功能实现后，需要考虑显示回复的问题。显然，目前实现的显示评论的处理办法无法将对应的每条评论的回复也进行正确显示，所以需要设计新的方案来处理这一问题。当查询到一条评论后，必然需要去用户评论表中查询该条评论是否有回复内容，如果有，则需要将其遍历出来。这个查询过程会比较复杂，首先根据当前文章编号查询到该文章对应的所有原始评论，再根据每一条原始评论来查询其回复的评论。完成这一系列查询过程后，还需要基于模板引擎进行正确的渲染，以确保用户明确知道这是回复的评论而不是原始评论。

由于第 2 章介绍设计界面时并没有考虑到回复评论的显示，因此下面先从界面开始设计，这样便于更好地厘清思路。首先考虑如何在显示的时候区分哪些是原始评论，哪些是回复评论。通常来说可以通过不同的显示风格来直观地确定，例如，回复评论对应的头像更小一些，对回复评论可以加上一些特别的回复标识，或者使用不同的字体等进行区分。图 6-5 所示为评论区带回复的界面设计方案。

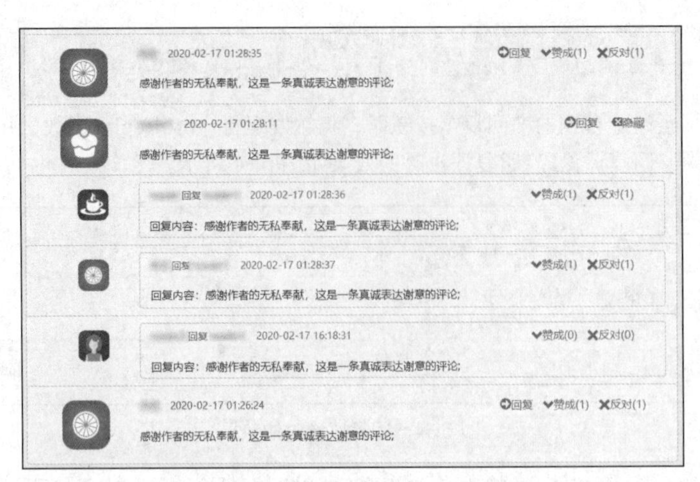

图 6-5　评论区带回复的界面设计方案

在界面设计方案中，只需要在有回复的评论中循环遍历所有回复，再利用与原始评论相似的样式表进行设计，同时对头像、点赞和回复内容进行一些适当的修改即可构成回复评论的界面。在后续的模板页面填充的源代码中可以看到回复评论的样式差异。

完成了评论区的界面设计方案后，接下来便是重要的代码实现了。首先想到的方案是从数据库中查询出所有当前文章的原始评论（查询条件为 replyid=0 并且 hide=0），并循环填充原始评论到评论区中，但是回复评论又该如何填充呢？当然，当需要填充原始评论时，每填充一条，就继续查询一次数据库，找到对应的回复评论（replyid=commentid）。但是如何能够继续查询呢？显然，在模板引擎中无法这样处理。所以，较好的方式就是将原始评论和回复评论一次性查询出来再渲染到模板引擎中，模板引擎根据用户评论表的 replyid 字段的值进行判断和填充，如果是 replyid=0 则填充为原始评论，否则填充到对应的原始评论的下方。这种处理方式的核心就在于，原始评论必须要与其相应的回复评论进行关联。也就是说，回复评论必须成为原始评论的一部分，才能实现在模板页面中进行评论遍历时同步进行判断。所以，在控制器中渲染的每一条原始评论必须要包含该条评论的所有回复评论。

为了更好地理解这种关联关系，必须要重新设计数据结构，例如，前文中单纯只是填充原始评论和用户信息的数据主要通过 Comment 模型类的方法 findLimitWithUser 来进行查询，返回的是一个包含 Comment 和 Users 两个模型对象的数据。上述数据可以直接在模板页面中引用，由于评论已经与用户进行连接查询，因此每一条评论显示出来的用户信息也都是正确的。这是一种标准的一对一关系，一条评论必然只对应一个用户，所以使用上述的数据结构完全可以处理原始评论的显示。但是要实现原始评论与回复评论的关联，这种数据结构就存在问题了。因为一条原始评论显然是可以有多条回复评论的，这种一对多的关系显然无法一次性完成查询处理。在第 3 章中设计表结构的时候，是直接将回复评论也保存在用户评论表中，并通过 replyid 字段进行区分和关联的。即使不这样设计表结构，将回复评论放到另外一张表中，如 reply 表，它们也一样是一对多的关系。假设 1 条原始评论对应 3 条回复评论，1 条原始评论对应 1 个用户，同时 3 条回复评论对应 3 个用户，这种复杂的关系，很难通过简单的关系数据库的处理来解决关联问题。

那么究竟应该使用什么样的关系来描述原始评论与回复评论，同时与对应的评论用户进行一对一关联，并且能够正确反映回复评论与原始评论的一对多的关系呢？由于 PHP 的关联数组是允许多层嵌套的，也就是允许在数组中嵌套数组，数组的值可以继续是一个新的数组，其中还可以再嵌套数组，没有任何层级限制，因此是否可以考虑使用多层数组嵌套的数据结构来描述这种关系呢？例如，针对 1 条原始评论、3 条回复评论，对应 4 个用户数据的场景，可以考虑将其数据结构描述为下面这种形式。

```
Array(
(原始评论和对应用户1,ReplyList(新Key)=>Array((回复评论和对应用户1),(回复评论和对应用户2),(回复
```

```
评论和对应用户3)),
(原始评论和对应用户2,ReplyList(新Key)=>Array((回复评论和对应用户1),(回复评论和对应用户2) ,(回复评论和对应用户3) ,(回复评论和对应用户4)),
(原始评论和对应用户3,ReplyList(新Key)=>null)      //  指该条原始评论无回复
)
```

上述数据结构可以有效地将原始评论的所有回复评论作为一个新的关联数组与当前原始评论进行关联。在遍历每一条原始评论时，如果存在 ReplyList 的 Key，则说明该条原始评论有回复，直接取得的 ReplyList 的值便是对应的回复评论数组。其实这种嵌套与 JSON 数据的层层嵌套本质上是一样的，上述数组结构可以轻易地转换为 JSON 格式，便于在网络中进行数组传输。这类处理手段在系统开发过程中也会经常被使用到。利用这种数据结构在模板页面中进行渲染时，模板页面先遍历最顶层的数组，即可以渲染出所有原始评论。每渲染一条原始评论时，对其 ReplyList 进行判断，如果存在该 Key，则继续遍历 ReplyList 这个 Key 的数组值，将其中的回复评论遍历渲染在当前原始评论的下方。

现在的问题变成了如何针对一篇文章的评论，成功构建出上述数据结构。首先需要查询原始评论（查询条件为 replyid=0 并且 hide=0），为其构建一个标准的关联数组。当完成了原始评论的关联数组的构建后，遍历这个数组，针对其中的每一条原始评论，利用 replyid=commentid 的条件继续查询到所有回复评论。这些回复评论又是一个关联数组，将该数组赋值给原始评论的一个新的 Key 值（ReplyList）。

完成了上述思路的梳理后，在 Comment 模型类中添加两个方法，用于查询原始评论和回复评论。鉴于后续针对评论进行分页的考虑，继续对分页提供支持。

```
// 查询原始评论与对应的用户信息，带分页参数
public function findCommentWithUser($articleid, $start, $count) {
    $result = $this->alias('c')->join('users u', 'c.userid=u.userid')
        ->where('articleid', $articleid)->where('c.hide', 0)
        ->where('c.replyid', 0)->field('c.*, u.username, u.nickname, u.avatar')
        ->order('c.commentid', 'desc')->limit($start, $count)->select();
    return $result;
}

// 查询回复评论，回复评论不需要分页
public function findReplyWithUser($commentid) {
    $result = $this->alias('c')->join('users u', 'c.userid=u.userid')
        ->where('replyid', $commentid)->where('c.hide', 0)
        ->field('c.*, u.username, u.nickname, u.avatar')->select();
    return $result;
}
```

接下来，同样在 Comment 模型类中进行数据处理，生成一个可以用于渲染到模板页面的整合后的多维关联数组。

```
// 根据原始评论和回复评论生成一个新的关联数组
public function getCommentReplyArray($articleid, $start, $count) {
    $commentArray = $this->findCommentWithUser($articleid, $start, $count);
    foreach ($commentArray as $key=>$comment) {
        // 查询原始评论对应的回复评论
        $replyArray = $this->findReplyWithUser($comment['commentid']);
        // 为commentArray数组中的原始评论添加一个新Key，即reply_list
        // 用于存储当前这条原始评论的所有回复评论，如果无回复评论，则数组为空
        $comment ['reply_list'] = $replyArray;
    }
    return $commentArray;
}
```

数据模型类的操作方法实现后，开始对 Article 控制器中的 read 接口方法进行重构，使其能够读取到新的数据并渲染给模板页面。重构后的 read 接口方法的代码如下。

```
// 获取当前文章的评论（仅首页）
$comment = new \app\model\Comment();
$comment_list = $comment->getCommentReplyArray($articleid, 0, 10);

// 将新的comment_list赋值给模板页面
```

```
return view('read', ['article'=>$result[0], 'position'=>$position, 'payed'=>$payed,
'favorited'=>$favorited, 'prev_next'=>$prev_next, 'comment_list'=>$comment_list]);
```

模型层和控制层的代码实现后，接下来完成最后一步操作，在模板页面中进行渲染。由于待渲染数据采用了全新的数据结构，因此模板页面必须完成修改以符合新的数据结构的要求，建议在修改前备份 read.html 页面。修改后的 read.html 页面评论部分的代码如下。

```
<!-- 循环遍历评论，这部分代码保持不变 -->
{volist name='comment_list' id='comment'}
<div class="col-12 list row">
<div class="col-2 icon">
    <img src="/avatar/{$comment.avatar}" class="img-fluid" style="width: 70px;"/>
</div>
<div class="col-10 comment">
<div class="col-12 row" style="padding: 0px;">
    <div class="col-7 commenter">
        {$comment.nickname}   {$comment.createtime}</div>
    <div class="col-5 reply">
        <!-- 作者、管理员和评论者只能回复和隐藏评论，不能点赞-->
        {if $article.userid==$Request.session.userid ||
            $Request.session.role == 'admin' ||
            $comment.userid==$Request.session.userid}
        <label onclick="gotoReply('{$comment.commentid}')">
            <span class="oi oi-arrow-circle-right" aria-hidden="true"></span>回复
        </label>   
        <label onclick="hideComment(this, '{$comment.commentid}')">
            <span class="oi oi-delete" aria-hidden="true"></span>隐藏
        </label>
        <!-- 其他用户只能回复和点赞，不能隐藏评论 -->
        {else /}
        <label onclick="gotoReply('{$comment.commentid}')">
            <span class="oi oi-arrow-circle-right" aria-hidden="true"></span>回复
        </label>   
        <label>
            <span class="oi oi-chevron-bottom" aria-hidden="true"></span>
            赞成 (<span>25</span>)
        </label>   
        <label>
            <span class="oi oi-x" aria-hidden="true"></span>
            反对 (<span>13</span>)
        </label>
        {/if}
    </div>
</div>
<div class="col-12 content">
    {$comment.content}
</div>
</div>
</div>

<!-- 如果当前评论有回复，则在评论下方填充回复内容，使用notempty条件进行判断 -->
{notempty name="comment.reply_list"}
{volist name="comment.reply_list" id='reply'}
<div class="col-12 list row">
    <div class="col-2 icon">
        <!-- 为原始评论设置45px的小头像，并设置移动端自适应 -->
        <img src="/avatar/{$reply.avatar}" class="img-fluid"
            style="width: 45px;"/>
    </div>
    <div class="col-10 comment" style="border: solid 1px #ccc;">
        <div class="col-12 row" style="color: #337AB7;">
            <div class="col-sm-7 col-12 commenter" style="color: #337AB7;">
                {$reply.nickname} 回复 {$comment.nickname}
                   {$reply.createtime}
```

```
                </div>
                <div class="col-sm-5 col-12 reply">
                    <!-- 回复的评论不能继续回复，但是可以隐藏和点赞 -->
                    {if $article.userid == $Request.session.userid ||
                    $Request.session.role == 'admin' ||
                    $comment.userid == $Request.session.userid}
                    <label onclick="hideComment(this, '{$reply.commentid}')">
                        <span class="oi oi-delete" aria-hidden="true"></span>
                        隐藏</label>  
                    {/if}
                    <label onclick="agreeComment(this, '{$reply.commentid}')">
                        <span class="oi oi-chevron-bottom" aria-hidden="true"></span>
                        赞成(<span>{$reply.agreecount}</span>)
                    </label>  
                    <label onclick="opposeComment(this, '{$reply.commentid}')">
                        <span class="oi oi-x" aria-hidden="true"></span>
                        反对(<span>{$reply.opposecount}</span>)
                    </label>
                </div>
            </div>
            <div class="col-12">
                回复内容：{$reply.content}
            </div>
        </div>
</div>
{/volist}
{/notempty}
{/volist}
```

6.5.6 评论分页

分页功能在文章列表和文章分类浏览的功能中已经实现了两次，所以这并不是一种新技术，相信读者已经非常熟悉其实现方式了。但是针对评论区的分页，却又是一个新的问题领域。之前的分页方式是通过模板引擎进行处理的，会导致整个页面重新刷新，用户体验不是太好。此外，如果文章阅读页面的评论区分页按照之前的方式来实现，大致上其 URL 会类似于 http://127.0.0.1/article/7-1，显得不够友好。所以本小节将为大家演示如何利用 Ajax 技术实现分页，这样就可以只刷新评论内容而不需要整体刷新页面。

就像通过 Ajax 技术在前端渲染文章推荐侧边栏一样，要实现 Ajax 技术的无刷新分页，其基本思路就是通过 JavaScript 而不是模板引擎来动态填充评论内容。其本身并没有新的技术，但是需要非常仔细地利用 JavaScript 做好字符串拼接，避免拼接过程中出现错误而导致一些交互功能不能正常使用。

首先，在 Comment 模型类中的方法 getCommentReplyArray 中已经实现了分页处理，所以在前文的代码中显示评论时直接手动限制的是 10 条（Article 控制器中的 read 接口处的代码）。无论是前端分页还是后台分页，都需要计算总页数，所以先为 Comment 模型类添加一个方法用于计算某篇文章的原始评论总数量。

```
// 计算某篇文章的原始评论总数量
public function getCommentCountByArticleId($articleid) {
    $count = $this->where('articleid', $articleid)->where('hide', 0)
                ->where('replyid', 0)->count();
    return $count;
}
```

前文已经实现了文章阅读页面的评论填充，为了避免对前文的代码进行大量的修改，此处仍然将默认的第 1 页评论由模板引擎填充，只需要简单修改 Article 控制器中的 read 接口的代码，使模板引擎在评论区下方生成分页栏即可。这一过程由前端来填充或由后台来填充本质都是一样的，阅读一篇文章时必然会实现页面刷新。但是当浏览评论的第 2 页或其他页时，不建议再次刷新整个页面。read 接口的修改代码如下。

```
// 获取当前文章的评论（仅首页）
$comment = new \app\model\Comment();
```

```
$comment_list = $comment->getCommentReplyArray($articleid, 0, 10);

// 获取当前文章的所有评论的总数量，以便于在前端显示分页栏
$total = ceil($comment->getCommentCountByArticleId($articleid) / 10);

// 在view目录下新建article目录，并创建read.html模板页面
return view('read', ['article'=>$result[0], 'position'=>$position, 'payed'=>$payed,
                     'favorited'=>$favorited, 'prev_next'=>$prev_next,
                     'comment_list'=>$comment_list, 'total'=>$total]);
```

同时，在模板页面中填充分页栏，代码的新增部分如下。

```
<!-- 由于使用Ajax进行分页，因此分页导航时不能再使用超链接 -->
{if $total > 1} <!-- 多于1页才有分页栏 -->
<div class="col-12 paginate">
    <label onclick="gotoPage('{$article.articleid}', 'prev')">上一页</label>  

    {for start="0" end="$total"}
    <label onclick="gotoPage('{$article.articleid}', '{$i+1}')">{$i+1}</label>  
    {/for}

    <label onclick="gotoPage('{$article.articleid}', 'next')">下一页</label>
</div>
{/if}
```

在模板页面的 JavaScript 代码区域中定义一个全局变量 TOTAL，用于接收分页的总页数，由模板引擎进行填充，供 JavaScript 代码使用。

```
var TOTAL = {$total};  // 定义总页数，由模板引擎进行填充
```

为了实现前端分页，还需要单独为 Comment 控制器添加一个分页接口供前端调用。

```
// 为了使用Ajax分页，特创建此接口作为演示
// 由于分页栏已经完成渲染，因此此接口仅根据前端的页码请求后台对应的数据
// 路由地址为"/comment/:articleid-:page"
public function paginate($articeid, $page) {
    $start = (page - 1) * 10;
    $comment = new \app\model\Comment();
    $result = $comment->getCommentReplyArray($articeid, $start, 10);
    return json($result);
}
```

后台分页接口开发完成后，使用 Postman 发送 Get 请求访问 http://127.0.0.1/comment/7-2，其返回结果如图 6-6 所示。

```
{
    "commentid": 4,
    "userid": 3,
    "articleid": 7,
    "content": "感谢作者的无私奉献，这是一条真诚表达谢意的评论；",
    "ipaddr": "127.0.0.1",
    "replyid": 0,
    "agreecount": 0,
    "opposecount": 1,
    "hide": 0,
    "createtime": "2020-02-19 00:21:47",
    "updatetime": "2020-02-19 00:21:47",
    "username": "denny@woniuxy.com",
    "nickname": "丹尼",
    "avatar": "3.png",
    "reply_list": [
        {
            "commentid": 17,
            "userid": 2,
            "articleid": 7,
            "content": "感谢作者的无私奉献，这是一条真诚表达谢意的评论；",
            "ipaddr": "127.0.0.1",
            "replyid": 4,
            "agreecount": 0,
            "opposecount": 1,
            "hide": 0,
            "createtime": "2020-02-19 00:24:16",
            "updatetime": "2020-02-19 00:24:16",
            "username": "qiang@woniuxy.com",
            "nickname": "强哥",
            "avatar": "2.png"
        }
    ]
},
```


图 6-6　评论的后台分页接口的返回结果

从页面的返回结果可以看到，只要前端发送不同的页码到后台，后台就可以正确地响应对应页面的评论。完成后台分页接口的开发后，现在需要进行前端的内容渲染。先在模板页面的评论区的外层定义一个用于动态添加评论列表的 DIV 元素，并设置 ID 属性，用于在前端分页时动态地将评论区的内容通过 JavaScript 进行渲染。

```
<div id="commentDiv">
<!-- 在此动态地添加评论内容，其中的元素为模板页面之前的评论区内容，添加完成后并不影响目前评论区第1页的显示 -->
</div>
```

再为评论栏和分页区添加 JavaScript 动态填充代码，请注意代码中单引号、双引号和“+”连接符的使用，并建议备份 read.html 文件。

```
var PAGE = 1;   // 定义全局变量用于记录当前在哪一页，默认在第1页
var TOTAL = {$total};  // 定义总页数，由模板引擎进行填充

// 添加gotoPage函数对应的代码
function gotoPage(articleid, type) {
     // 如果当前页是第1页，则其上一页还是第1页
     if (type == 'prev') {
           if (PAGE > 1)
                PAGE -= 1;
     }
     // 如果当前页是最后一页，则其下一页还是最后一页
     else if (type == 'next') {
          if (PAGE < TOTAL)
               PAGE += 1;
     }
     else {
          PAGE = parseInt(type);
     }
     fillComment(articleid, PAGE);
}

// 填充分页评论数据，注意其中的DOM元素的拼接操作
function fillComment(articleid, pageid) {
     $("#commentDiv").empty();    // 清空现有评论区内容
     var content = '';            // 用于拼接评论区元素与内容
     $.get('/comment/' + articleid + '-' + pageid, function (data) {
     var comment = data;
     for (var i in comment) {
          content += '<div class="col-12 list row">';
          content += '<div class="col-2 icon">';
          content += '<img src="/avatar/' + comment[i]['avatar'] +
            '" class="img-fluid" style="width: 70px;"/>';
          content += '</div>';
          content += '<div class="col-10 comment">';
          content += '<div class="col-12 row" style="padding: 0px;">';
          content += '<div class="col-sm-6 col-12 commenter">';
          content += comment[i]['nickname'];
          content += '   ' + comment[i]['createtime'];
          content += '</div>';
          content += '<div class="col-sm-6 col-12 reply">';
          <!-- 作者、管理员和评论者只能回复和隐藏评论，不能点赞-->
          <!-- 此处的判断内容由模板引擎进行填充，字符串的比较在外面加 "" -->
          if ("{$article.userid}" == "{$Request.session.userid}" ||
                "{$Request.session.role}" == "admin" ||
                comment[i]['userid']+"" == "{$Request.session.userid}") {
                content += '<label onclick="gotoReply(' + comment[i]['commentid'] + ')">';
                content += '<span class="oi oi-arrow-circle-right"
                      aria-hidden="true"></span>';
                content += '回复</label>   ';
                content += '<label onclick="hideComment(this, ' +
```

```
                    comment[i]['commentid'] + ')">';
            content += '<span class="oi oi-delete" aria-hidden="true"></span>
                    隐藏</label>';
        }
        else {
            <!-- 其他用户只能回复和点赞，不能隐藏评论 -->
            content += '<label onclick="gotoReply(' + comment[i]['commentid'] + ')">';
            content += '<span class="oi oi-arrow-circle-right"
                    aria-hidden="true"></span>回复';
            content += '</label>  ';
            content += '<label onclick="agreeComment(this, ' +
                    comment[i]['commentid'] + ')">';
            content += '<span class="oi oi-chevron-bottom"
                    aria-hidden="true"></span>赞成(<span>' +
                    comment[i]['agreecount'] + '</span>)';
            content += '</label>  ';
            content += '<label onclick="opposeComment(this, ' +
                    comment[i]['commentid'] + ')">';
            content += '<span class="oi oi-x" aria-hidden="true"></span>
                    反对(<span>' + comment[i]['opposecount'] + '</span>)';
            content += '</label>';
        }
        content += '</div>';
        content += '</div>';
        content += '<div class="col-12 content">';
        content += comment[i]['content'];     <!-- 填充原始评论内容 -->
        content += '</div>';
        content += '</div>';
        content += '</div>';

        <!-- 在当前评论下方填充回复评论，当前评论有回复时才进行填充 -->
        if (comment[i]['reply_list'].length > 0) {
        var reply = comment[i]['reply_list'];
        for (var j in reply) {
            content += '<div class="col-12 list row">';
            content += '<div class="col-2 icon">';
            content += '<img src="/avatar/' + reply[j]['avatar'] +
                    '" class="img-fluid" style="width: 45px;"/>';
            content += '</div>';
            content += '<div class="col-10 comment" style="border: solid 1px #ccc;">';
            content += '<div class="col-12 row" style="color: #337AB7;">';
            content += '<div class="col-sm-7 col-12 commenter"
                    style="color: #337AB7;">';
            content += reply[j]['nickname'];
            content += ' 回复 ';
            content += comment[i]['nickname'];
            content += '   ';
            content += reply[j]['createtime'];
            content += '</div>';
            content += '<div class="col-sm-5 col-12 reply">';
            <!-- 回复的评论不能继续回复，但是可以隐藏和点赞 -->
            if ("{$article.userid}" == "{$Request.session.userid}" ||
                "{$Request.session.role}" == "admin" ||
                reply[j]['userid']+"" == "{$Request.session.userid}") {
                content += '<label onclick="hideComment(this, ' +
                        reply[j]['commentid'] + ')">';
                content += '<span class="oi oi-delete" aria-hidden="true"></span>
                        隐藏';
                content += '</label>  ';
            }
            content += '<label onclick="agreeComment(this, ' +
                    reply[j]['commentid'] + ')">';
            content += '<span class="oi oi-chevron-bottom"
                    aria-hidden="true"></span>赞成(<span>' +
```

```
                            reply[j]['agreecount'] + '</span>)';
                    content += '</label>  ';
                    content += '<label onclick="opposeComment(this, ' +
                            reply[j]['commentid'] + ')">';
                    content += '<span class="oi oi-x" aria-hidden="true"></span>
                            反对(<span>' + reply[j]['opposecount'] + '</span>)';
                    content += '</label>';
                    content += '</div>';
                    content += '</div>';
                    content += '<div class="col-12">';
                    content += '回复内容：' + reply[j]['content'];
                    content += '</div>';
                    content += '</div>';
                    content += '</div>';
            }
        }
    }
    $("#commentDiv").html(content);    // 填充到评论区
    });
}
```

简单解释上述代码的逻辑。首先，由于后台使用模板引擎进行填充，因此在 JavaScript 代码中可以直接填充模板变量的值。因为模板引擎在后台进行渲染时，是先于 JavaScript 代码执行的，所以无论是 HTML 页面还是 JavaScript 代码，模板变量的值都会先被替换掉，再响应给前端交给浏览器处理。所以才有在 JavaScript 代码中引用{$article.articleid}这种模板变量或者通过 if ("{$article.userid}" == "{$Request.session.userid}")来判断当前用户是否为作者这样的处理方式。

另外，虽然通过 JavaScript 来动态填充评论区，但其实也就是把模板引擎的判断逻辑转换为 JavaScript 的判断逻辑，同时把模板页面中的元素和布局等内容，通过 JavaScript 拼接成字符串，再一次性将其填充到某个 DIV 元素中而已。读者可以通过在浏览器中查看页面源代码的方式，查看通过模板引擎渲染的页面和通过 JavaScript 渲染的页面的源代码有何不同。简单来说，如果是通过模板引擎渲染的，那么在浏览器中看到的源代码就是网页本身显示的内容。但如果是通过 JavaScript 渲染的，那么在浏览器中看到的源代码将不是渲染完成后的页面内容，而是一堆 JavaScript 代码。这也是 Ajax 请求对搜索引擎不友好的原因。

所以，使用 jQuery 进行动态分页时，其核心就是字符串的拼接一定要正确，特别是字符串中间的单引号、双引号、字符串和变量的混合调用，很容易把顺序搞错，把字符串当作变量名，把变量名当作字符串等。当然，通过这种拼接的方式填充的内容，其代码的可维护性是比较差的。除非必须使用，否则不建议优先使用这一方式。最终的评论分页效果如图 6-7 所示。

图 6-7　最终的评论分页效果

6.5.7 Vue 重构分页

通过 6.5.6 小节对评论进行分页处理的 JavaScript 代码可以看出，通过 jQuery 进行前端渲染的过程相对来说是比较烦琐的。由于评论的动态渲染过程完全是通过拼接字符串的方式进行的，因此代码的可读性较差，也缺乏层次感，维护起来相对比较麻烦。反而是通过 ThinkTemplate 模板引擎进行数据渲染会显得代码的可读性和层次感更强一些。事实上，在前端进行渲染时，目前业界比较流行使用模板引擎而不是字符串拼接。本书 5.5.4 小节已经为大家讲解了 Vue 前端模板引擎的用法，本小节直接使用 Vue 进行评论分页数据填充。根据 Vue 的处理流程，先对 read.html 页面中使用 ThinkTemplate 填充的评论页面进行少量修改，以满足 Vue 的模板风格，代码如下。

```
<div id="commentDiv">
<div v-for="comment in commentList">  <!-- 循环标签不能与绑定元素在同一层 -->
<!-- 使用Vue模板语法循环遍历评论 -->
<div class="col-12 list row">
<div class="col-2 icon">
     <!-- 注意，在标签属性中使用Vue模板变量，必须使用v-bind -->
     <img v-bind:src="'/avatar/'+ comment.avatar" class="img-fluid"
          style="width: 70px;"/>
</div>
<div class="col-10 comment">
<div class="col-12 row" style="padding: 0px;">
     <!-- 默认的Vue分隔符为{{}}，可以通过指定delimiters进行修改 -->
     <div class="col-7 commenter">
          {{comment.nickname}}   {{comment.createtime}}
     </div>
     <!-- 使用Vue的v-if标签进行判断时，注意不同变量类型的取值方式 -->
     <!-- 如果由ThinkTemplate填充，则按照后台模板取值方式取值  -->
     <!-- 否则，按照Vue方式取值 -->
     <!-- 通常情况下，混用的方式不推荐，因为Vue通常用于前后端分离开发，本书不侧重于此 -->
     <div class="col-5 reply" v-if="'{$article.userid}'=='{$Request.session.userid}' ||
          '{$Request.session.role}' == 'admin' ||
          comment.userid=='{$Request.session.userid}'">
          <!-- 作者、管理员和评论者只能回复和隐藏评论，不能点赞-->
          <label v-bind:onclick="'gotoReply(' + comment.commentid + ')'">
               <span class="oi oi-arrow-circle-right" aria-hidden="true"></span>回复
          </label>   
          <!-- v-bind也可以直接简写为: -->
          <label :onclick="'hideComment(this, ' + comment.commentid + ')'">
               <span class="oi oi-delete" aria-hidden="true"></span>隐藏
          </label>
     </div>
     <!-- 其他用户只能回复和点赞，不能隐藏评论 -->
     <div class="col-5 reply" v-else>
          <label :onclick="'gotoReply(' + comment.commentid + ')'">
               <span class="oi oi-arrow-circle-right" aria-hidden="true"></span>回复
          </label>   
          <label>
               <span class="oi oi-chevron-bottom" aria-hidden="true"></span>
               赞成 (<span>25</span>)
          </label>   
          <label>
               <span class="oi oi-x" aria-hidden="true"></span>
               反对 (<span>13</span>)
          </label>
     </div>
</div>
<div class="col-12 content">
     {{comment.content}}
</div>
```

```
</div>
</div>

<!-- 在当前评论下方填充回复评论，当前评论有回复时才进行填充 -->
<!-- 此处使用v-show代替v-if，其作用从本质上来说是一致的 -->
<!-- 对comment.reply_list进行判断，不为空时才进行回复评论的遍历 -->
<div class="col-12 list row" v-show="comment.reply_list" v-for="reply in comment.
reply_list">
    <div class="col-2 icon">
        <!-- 为原始评论设置45px的小头像，并设置移动端自适应 -->
        <img v-bind:src="'/avatar/' + reply.avatar" class="img-fluid"
            style="width: 45px;"/>
    </div>
    <div class="col-10 comment" style="border: solid 1px #ccc;">
        <div class="col-12 row" style="color: #337AB7;">
            <div class="col-sm-7 col-12 commenter" style="color: #337AB7;">
                {{reply.nickname}} 回复 {{comment.nickname}}
                   {{reply.createtime}}
            </div>
            <div class="col-sm-5 col-12 reply"
                v-if="'{$article.userid}'=='{$Request. session.userid}' ||
                    '{$Request.session.role}' == 'admin' ||
                    comment.userid=='{$Request.session.userid}'">
                <!-- 回复的评论不能继续回复，但是可以隐藏和点赞 -->
                <label v-bind:onclick="'hideComment(this, ' + reply.commentid + ')'">
                    <span class="oi oi-delete" aria-hidden="true"></span>
                    隐藏</label>  
                <label onclick="'agreeComment(this, ' + reply.commentid + ')'">
                    <span class="oi oi-chevron-bottom" aria-hidden="true"></span>
                    赞成(<span>{{reply.agreecount}}</span>)
                </label>  
                <label onclick="'opposeComment(this, ' + reply.commentid + ')'">
                    <span class="oi oi-x" aria-hidden="true"></span>
                    反对(<span>{{reply.opposecount}}</span>)
                </label>
            </div>
            <div class="col-sm-5 col-12 reply" v-else>
                <label onclick="'agreeComment(this, ' + reply.commentid + ')'">
                    <span class="oi oi-chevron-bottom" aria-hidden="true"></span>
                    赞成(<span>{{reply.agreecount}}</span>)
                </label>  
                <label onclick="'opposeComment(this, ' + reply.commentid + ')'">
                    <span class="oi oi-x" aria-hidden="true"></span>
                    反对(<span>{{reply.opposecount}}</span>)
                </label>
            </div>
        </div>
        <div class="col-12">
            回复内容：{{reply.content}}
        </div>
    </div>
</div>
</div>
</div>
```

上述 Vue 模板页面只是对原始 read.html 中由 ThinkTemplate 渲染的模板页面进行 Vue 模板语法替换，本质上没有任何代码逻辑的调整。完成上述模板页面的处理后，只需要重构 fillComment 函数，利用 Vue 的语法规则进行数据填充即可。同时，由于使用了 Vue 模板语法替换 ThinkTemplate 模板语法，因此当访问文章时，第 1 页评论并不会默认显示，需要在页面加载时交由 Vue 进行首页评论的填充。

```
<!-- 数据绑定部分 -->
// 定义Vue实例v为全局变量，只实例化一次，分页时重新绑定数据
var v = new Vue({
```

```
    el: '#commentDiv',
    delimiters: ['{{', '}}'],
    data: {commentList: []}
});

// 填充分页评论数据，将JSON数据交给Vue进行渲染
function fillComment(articleid, pageid) {
    $.get('/comment/' + articleid + '-' + pageid, function (comment_list) {
    // 此处重新为v赋值，不能在此处实例化Vue，否则每次都是新实例，无法渲染分页
        v.commentList = comment_list;
    });
}

// 使页面在加载时即填充第1页评论
window.onload = function () {
    fillComment('{$article.articleid}', '1');
};
```

事实上，上述代码中混合使用了 ThinkTemplate 和 Vue，也就是说，页面中既有后台模板引擎的填充，也有前端模板引擎的填充。编者并不推荐这种混合使用的方式，其在某种层面上依然存在代码可维护性较差的问题。Vue 目前通常应用于 SPA 单页应用开发或较纯粹的前后端分离开发。本书的重点在于 ThinkPHP 框架本身的应用而非前端应用，所以 Vue 部分的代码仅供演示。

6.6 其他评论功能

6.6.1 用户点赞

除了回复评论功能外，用户点赞功能也是评论区的重要互动形式。用户点赞主要是针对评论内容和回复内容的一种简单的互动，包括赞成和反对。用户点赞通过 Ajax 向后台接口发起请求完成数据库更新，同时在前端同步展示当前评论的点赞数量。但这只是基本的功能，要完整实现用户点赞功能，还需要考虑对前端用户的限制。例如，一个用户针对一条评论只能点赞一次；另外，如果用户已经赞成该评论，那么则不能再反对该评论；或者如果用户进行了反对，那么赞成数量就要减 1。所以，在数据库中需要专门建一张表用于保存用户点赞的历史记录，以便于进行判断。

下面来建立点赞记录表（opinion 表）的数据字典并在 MySQL 数据库中创建该表，点赞记录表的数据字典如表 6-1 所示。

表 6-1　点赞记录表的数据字典

字段名称	字段类型	字段约束	字段说明
opinionid	int(11)	自增长、主键、不为空	点赞记录表唯一编号
commentid	int(11)	用户评论表外键、不为空	关联用户评论表信息
userid	int(11)	用户表外键、不为空，如果是匿名点赞，则 userid=0（默认值）	关联用户表信息
category	tinyint	0 表示反对，1 表示赞成	评论是被赞成还是反对
ipaddr	varchar(30)	字符串、最多为 30 个字符	记录点赞者的 IP 地址
createtime	datetime	时间日期类型	该条数据的新增时间
updatetime	datetime	时间日期类型	该条数据的修改时间

完成了表的创建后，接下来要创建 Opinion 模型类并根据业务封装相应的操作数据库的方法。例如，在蜗牛笔记中，只允许用户对某条评论发表一次意见，并且只允许在赞成和反对之间二选一，后期不允许再进行修改。由于匿名用户也可以点赞，但是匿名用户并无 userid，因此点赞记录表中可以记录 userid

的值为 0 以区分匿名用户。但是新的问题又产生了，记录可以通过 userid 和 commentid 来限制一个登录用户只能对一条评论点赞一次，如果是匿名用户，则其 userid 都是 0，显然无法进行有效限制。所以，此时，记录匿名用户的 IP 地址便产生了作用，通过 IP 地址和 commentid 可以唯一确定这个匿名用户是否点赞了多次。就像用户评论表中也记录了一个 IP 地址一样，虽然系统中并没有使用这个 IP 地址，但是将其“放”在那里，根据业务逻辑的变化也是可以用得上的。基于以上逻辑，创建 Opinion 模型类并封装如下方法供控制层调用。

```
<?php
namespace app\model;
use think\Model;

class Opinion extends Model {
    protected $pk = 'opinionid';

    // 插入点赞记录
    public function insertOpinion($commentid, $category) {
         $now = date('Y-m-d H:i:s');
         if (session('userid') != null) {
              $userid = session('userid');
         }
         else {
              $userid = 0;
         }
         $this->commentid = $commentid;
         $this->userid = $userid;
         $this->$category = $category;
         $this->ipaddr = request()->host();
         $this->createtime = $now;
         $this->updatetime = $now;
         $this->save();
    }

    // 检查某个用户是否已经对评论进行了点赞（含匿名用户），若已点赞，则返回true
    public function checkOpinion($commentid) {
         if (session('userid') == null) {
              $count = $this->where('ipaddr', request()->host())
                             ->where('commentid', $commentid)->count();
              if ($count > 0) {
                   return true;
              }
         }
         else {
              $userid = session('userid');
              $count = $this->where('userid', $userid)
                             ->where('commentid', $commentid)->count();
              if ($count > 0) {
                   return true;
              }
         }
         return false;
    }
}
```

由于需要同步更新用户评论表中的 agreecount 字段和 opposecount 字段的值，因此需要为 Comment 模型类添加一个新的方法。

```
// 更新用户评论表的点赞数量，包括赞成和反对
public function updateAgreeOpposeCount($commentid, $type) {
     $comment = $this->find($commentid);
     if (type == 1) {
           // 表示赞成
           $comment->agreecount += 1;
     }
```

```
    else {
        $comment->opposecount += 1;
    }
    $comment->save();
}
```

为 Comment 控制器添加一个接口用于接收用户的点赞请求。

```
// 用户点赞，路由地址为"/opinion"，请求类型为Post
public function opinion() {
    $commentid = request()->post('commentid');
    $type = request()->post('type');
    // 判断是否已经点赞
    $opinion = new Opinion();
    $checked = $opinion->checkOpinion($commentid);
    if ($checked) {
        return 'already-opinion';   // 已经点赞，不能再次点赞
    }
    else {
        $opinion->insertOpinion($commentid, $type);
        $comment = new \app\model\Comment();
        $comment->updateAgreeOpposeCount($comment, $type);
        return 'opinion-pass';
    }
}
```

完成了后台接口和数据库的处理后，相当于点赞的业务逻辑已经实现，现在只需要实现前端的代码。前端在最开始填充数据时赞成和反对分别使用了 agreeComment 和 opposeComment 两个方法，而这两个方法其实是向后台请求的同一个接口/opinion，是为了更加方便前端通过 JavaScript 及时填充对应的赞成和反对数量而设计的。前端 read.html 页面中的 JavaScript 代码的具体实现如下。

```
function agreeComment(obj, commentid) {
    param = "type=1&commentid=" + commentid;
    $.post('/opinion', param, function (data) {
        // 赞成成功后，将赞成数量加1并将其填充到页面中
        if (data == 'opinion-pass') {
            // 获取当前元素下的第二个span标签元素
            var element = $(obj).children('span').eq(1);
            // 获取赞成数量，并将其转换为整数
            var count = parseInt(element.text());
            element.text(count+1);
        }
    })
}

function opposeComment(obj, commentid) {
    param = "type=0&commentid=" + commentid;
    $.post('/opinion', param, function (data) {
        // 反对成功后，将反对数量减1并将其填充到页面中
        if (data == 'opinion-pass') {
            // 获取当前元素下的第二个span标签元素
            var element = $(obj).children('span').eq(1);
            // 获取赞成数量，并将其转换为整数
            var count = parseInt(element.text());
            element.text(count+1);
        }
    })
}
```

上述 JavaScript 代码在处理点赞数量时，使用了一种比较简单的方式，即直接让现有的点赞数量加 1 或减 1，这个点赞数量是直接在前端进行运算的。这种处理方式本身是存在问题的，例如，一个用户正在点赞的同时另外一个用户在对同一条评论进行点赞，那么后台数据库就会同时记录 2 个点赞，而当前某个用户只能够看到点赞数量增加了 1。如果要实时显示正确的点赞数量，则数量不应该直接在前端页面

通过加、减 1 进行显示，而应从后台数据库中实时获取数量并响应给前端，前端页面再进行填充。但是这样会增加一次数据库查询，而这种查询本质上意义不大，因为开发者对点赞数量的实时性要求并不需要太高。当用户下一次整体刷新页面时，必然可以看到实时的点赞数量。

6.6.2 隐藏评论

隐藏评论的后台功能实现并不复杂，将原始评论的 hide 字段的值修改为 1 即可。但是需要考虑的是，如果该条评论已经有回复，则其是否接受隐藏。蜗牛笔记按照不接受隐藏的逻辑来实现。另外，关于前端实时隐藏的问题，就像点赞一样，点赞完马上可以看到点赞数量的变化，而事实上这种变化本身并不实时体现数据库的变化。隐藏评论也是一样的，如果实时进行处理，那么当用户隐藏完评论后，应该整体刷新页面以看到实时数据。但是这样又会增加数据库的查询压力。所以遵循用户点赞功能的设计思路，当用户隐藏评论成功后，前端直接将该条评论删除，同时不再请求新的评论数据，也不再刷新页面。

完成后台 Comment 模型类和控制器的代码实现。

```
// 隐藏评论
public function hideComment($commentid) {
     // 如果评论已经有回复，且回复未全部隐藏，则不接受隐藏操作
     // 返回fail表示不满足隐藏条件，隐藏成功时返回done
     $count = $this->where('replyid', $commentid)->where('hide', 0)->count();
     if ($count > 0) {
           return 'fail';
     }
     else {
           $comment = $this->find($commentid);
           $comment->hide = 1;
           $comment->save();
           return 'done';
     }
}

// 为Comment控制器添加隐藏评论的接口，使用Delete请求处理
// 隐藏评论，路由地址为"/comment/:commentid"，请求类型为Delete
public function hide($commentid) {
     $comment = new \app\model\Comment();
     $result = $comment->hideComment($commentid);
     if ($result == 'done') {
           return 'hide-pass';
     }
     else {
           return 'hide-limit';
     }
}
```

前端代码实现如下。

```
function hideComment(obj, commentid) {
    bootbox.confirm("你确定要隐藏这条评论吗？", function(result) {
         if (result) {
              $.ajax({
                   url: '/comment/' + commentid,
                   type: 'delete',     // 发送Delete请求
                   success: function (data) {
                       if (data == 'hide-pass') {
                            // 通过父类选择器找到当前评论的顶层元素，并隐藏该元素
                            $(obj).parent().parent().parent().parent().hide();
                       } else if (data == 'hide-limit') {
                            bootbox.alert({title: "错误提示",
                                          message: "带回复的评论无法隐藏."});
                       }
```

```
                    }
                });
            }
        });
}
```

在后台接口返回隐藏成功的消息后，前端代码直接利用 jQuery 的父类选择器将当前这条评论的信息从页面中全部隐藏起来。这样给用户的直观感受就是这条评论被删除了。在一个 Web 系统中，并不是每做一件事情都需要后台来处理。为了提升用户体验、减少后台服务器的压力，通常会将一些非重要功能尽可能交给前端优先处理。这样可以更好地利用浏览器的运算资源，而不是把所有处理全部交给后台。

Chapter 07

第7章

文章发布功能开发

学习目标

（1）熟练运用UEditor实现文章在线编辑功能。

（2）理解并运用图片上传和图片压缩技术。

（3）对用户权限的基本功能实现有完整理解。

（4）基于ThinkPHP和前端代码完整实现文章发布功能。

本章导读

■文章发布功能是博客系统的核心功能，主要涉及文章的在线编辑以及相应选项的设置，包括图片的上传、压缩以及缩略图的设计等功能。本章主要介绍文章发布的所有核心功能的设计与代码实现。

7.1 权限管理功能

7.1.1 开发思路

一个系统的权限控制可以非常简单，也可以很复杂，主要基于系统的业务流程来决定设计什么样的权限控制。例如，较简单的权限控制只需要根据不同的用户角色进行限制和开放某些功能接口或前端界面，这种情况不需要额外设计专门的权限控制表。但是这种情况下的权限控制是比较“死板”的，很多属于硬编码。

而复杂一些的权限控制需要设计更多的表，用于控制用户、角色和操作 3 个关键要素。这 3 个关键要素通常属于多对多的关系。例如，一个用户可以属于多个角色，一个角色对应多个操作；反过来也是一样的，一个操作可以对应多个角色，一个角色可以对应多个用户。要建立这种权限控制，至少需要 5 张数据库表来存储数据，3 张表用于存储用户、角色和操作的数据，另外 2 张表用于存储用户与角色、角色与操作之间的多对多的关系。

这只是在数据库中的权限体现，在系统的开发过程中，还需要考虑基于这些权限控制来决定用户可以看到哪些界面、能够完成哪些操作、哪些交互功能需要被隐藏起来。这相对来说比较复杂，同时给权限的开发和测试工作带来了一定的困难。一旦接口层的控制没有做好，即使前端界面将无权限的操作隐藏起来，直接向对应接口发送数据也很有可能绕开了权限的控制。例如，蜗牛笔记的隐藏评论的功能实现中，后台接口本身并没有对用户是否登录和是否有权限隐藏评论进行校验。只要用户绕开界面，直接向后台发送 Delete 请求给接口 http://127.0.0.1/comment/19，编号为 19 的评论就会被直接隐藏，这相当危险。这是研发过程中一定要注意的地方。图 7-1 所示为使用 Postman 在没有任何 Cookie 字段的请求中成功地隐藏了编号为 19 的评论。

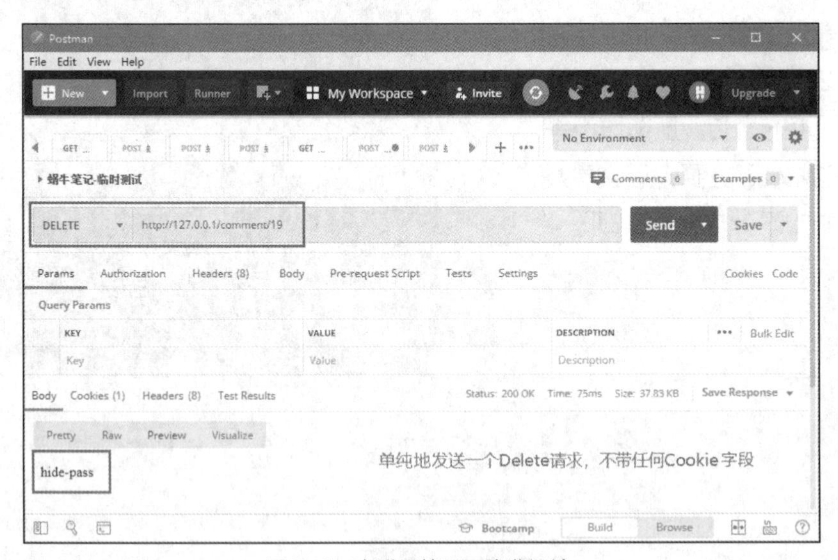

图 7-1 未登录情况下隐藏评论

虽然通过前端界面进行了用户角色和权限的判断，只有管理员、作者和评论者自己可以隐藏评论，但是后台接口没有同步实现相同的判断，所以导致的结果就是虽然前端界面无法显示，但是后台却接收了任意用户隐藏评论的请求。同时，在蜗牛笔记的页面内交互时，使用了大量的 Ajax 处理请求，使得在 JavaScript 代码中暴露了很多接口，这也会导致出现一些系统的安全性问题。此时，如果后台接口没有做好管控，那么系统将很容易被破坏。

另外，权限控制还可以更细致，例如，控制到表中的某一列。举个简单的例子，一个用户有权限查看客户表的数据，但是不能查看客户的电话号码，这种情况就是对某一列的权限进行控制。这时候就需要对权限控制进行更加详细的设计。

蜗牛笔记作为一个博客系统，主要由 3 种角色构成：管理员、作者、普通用户。博客系统的功能模块相对不多，表结构也相对简单，目前还没有出现 3 张表关联的情况。所以，对蜗牛笔记来说，在设计用户表时也考虑到了权限控制的问题，为用户表设计了专门的一列用于区分不同用户的权限。这属于简单的权限控制，即一个用户对应一种角色，一种角色拥有不同的操作。例如，在蜗牛笔记中，只有作者有发布文章的权限，普通用户有投稿的权限，管理员有审核的权限，所有角色均有发表评论的权限。这一系列的设计必须在开发之前明确清楚，以便在开发过程中不会出现混乱，也便于通过前端界面和后台接口进行测试时有详细的设计规格供参考。

很多时候，开发者为了控制好权限，会在每一个接口处都做权限处理，显然这是一件极其麻烦的事情，也会降低开发效率。基于蜗牛笔记简单的权限控制特点和 ThinkPHP 框架本身所提供的中间件技术，可以通过以下两种方法实现蜗牛笔记的权限管理功能。

（1）将蜗牛笔记的所有后台接口列出来，并利用 ThinkPHP 框架的中间件进行权限控制，这样就只需要在中间件中对有权限要求的接口进行判断。如果权限不正确，则可以专门为此设计一个权限不足的页面或返回一条错误消息明确告知用户这是非法操作。

（2）通过中间件进行权限控制后，在一些关键的接口层进行二次判断，以确保权限控制不会出错。这就不需要全部接口都实现一遍了，因为中间件已经做过拦截处理，出错的概率不大。只需要针对特定的接口处理特定的权限。

当然，考虑到不同的接口可能对权限的要求是不一样的，所以并不是一定要使用全局中间件进行控制，也可以综合使用路由中间件或者控制器中间件，甚至可以将针对特定接口的权限验证代码直接固定写在接口方法中，这些都是可行的。

7.1.2 代码实现

下面来看看如何在一个接口中对权限进行控制。例如，对于文章发布功能，必然会新增一个 Post 请求的接口，接口路由地址为/article，那么在 Article 控制器中，可以通过对当前用户的角色进行判断来确定是否可以发布文章。

```
// 发布文章，路由地址为"/article"，请求类型为Post
public function add() {
     $headline = request()->post('headline');
     $content = request()->post('content');
     // 如果用户未登录，则不能发布文章
     if (session('islogin') != 'true') {
          return 'perm-denied';
     }
     else {
          // 如果用户已经登录，但是角色不对，则不能发布文章
          $user = new Users();
          $row = $user->find(session('userid'));
          if ($row->role != 'editor') {
               return 'perm-denied';
          }
     }
     return 'post-pass';
}
```

这是在接口内部进行权限的判断，由于一个系统的接口很多，甚至有成百上千个，因此对每一个接口都进行这样的判断是不太合理的。此时，直接在路由中间件中进行不同接口的统一判断就很方便，且代码的可维护性会大大提高。下面的代码实现了为文章发布接口开发一个路由中间件，在定义文章发布

接口的路由地址时直接调用。该中间件仍然定义在 app\middleware 目录下，并被命名为 PostCheck.php，代码如下。

```
<?php
namespace app\middleware;
use app\model\Users;

class PostCheck {
    public function handle($request, \Closure $next) {
        // 如果用户未登录，则不能发布文章
        if (session('islogin') != 'true') {
            // 路由中间件必须返回一个Response类型的对象
            return response('perm-denied');
        }
        else {
            // 如果用户已经登录，但是角色不对，则不能发布文章
            $user = new Users();
            $row = $user->find(session('userid'));
            if ($row->role != 'editor') {
                return response('perm-denied');
            }
        }
        return $next($request);
    }
}
```

完成路由中间件的定义后，直接在 route 目录下的 app.php 路由文件中定义文章发布接口的代码处调用该中间件。

```
Route::post('/article', 'article/add')->middleware(app\middleware\PostCheck::class);
```

完成了上述路由中间件和路由地址的定义后，现在可以将 Article 控制器的 add 接口方法中的权限验证代码删除，修改为如下简单的代码。

```
// 发布文章，路由地址为"/article"，请求类型为Post
public function add() {
    $headline = request()->post('headline');
    $content = request()->post('content');
    return 'post-pass';
}
```

接下来使用 Postman 直接构建一个 Post 请求发送给 http://127.0.0.1/article 接口，由于没有登录，因此中间件将直接拦截该接口请求，并返回 perm-denied 错误消息，如图 7-2 所示。

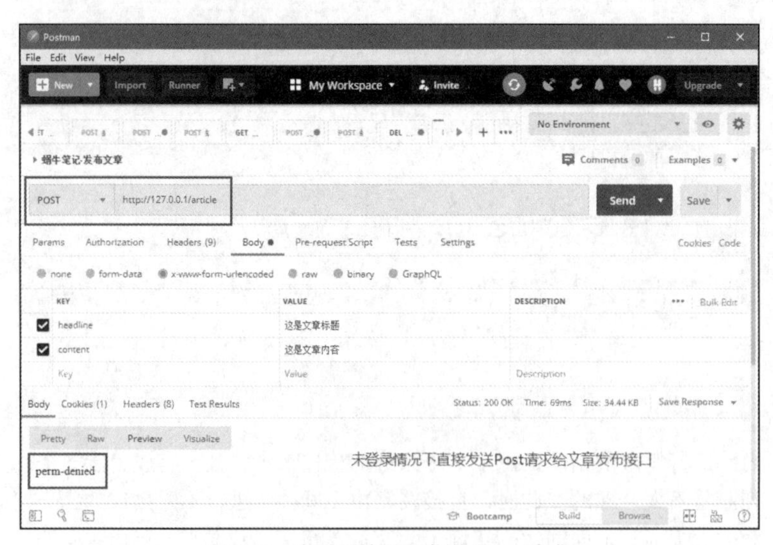

图 7-2　未登录情况下发送 Post 请求

如果需要模拟在 Postman 中进行登录，则需要修改登录接口代码，为其设置一个万能验证码，如 0000，否则将无法完成登录的模拟。重构/user/login 接口代码，添加一个万能验证码用于调试。

```
// 如果验证码为0000，则可以通过验证
if (!captcha_check($vcode) && $vcode != '0000') {
      return 'vcode-error';
}
```

此时，在 Postman 中先完成登录操作，再发送请求给文章发布接口便可以完成接口及权限的全部测试。事实上，在开发系统后台接口的过程中，使用接口测试工具是比较方便的，尤其是在前端界面还没有构建完成的时候。即使构建完成了，通过接口测试工具来进行接口请求模拟的效率和重用性也更高。

完成了对于发帖的请求模拟后，接下来使用类似的操作为所有和评论相关的操作进行权限控制。创建一个中间件，将其命名为 CommentCheck.php，代码如下。

```
<?php
namespace app\middleware;

class CommentCheck {
    public function handle($request, \Closure $next) {
         // 如果用户未登录，则不能发表、回复和隐藏评论
         if (session('islogin') != 'true') {
              // 中间件必须返回一个Response类型的对象
              return response('perm-denied');
         }
         return $next($request);
    }
}
```

接下来重构路由文件中关于评论的操作接口，为其绑定中间件，代码如下。

```
// 为评论定义路由地址
Route::post('/comment', 'comment/add')
   ->middleware(app\middleware\CommentCheck::class);
Route::post('/reply', 'comment/reply')
   ->middleware(app\middleware\CommentCheck::class);
Route::get('/comment/:articleid-:page', 'comment/paginate');
Route::post('/opinion', 'comment/opinion');
Route::delete('/comment/:commentid', 'comment/hide')
   ->middleware(app\middleware\CommentCheck::class);
```

基于上述代码,现在再使用接口测试工具向 http://127.0.0.1/comment/19 发起无 Cookie 的请求时，将无法实现评论隐藏。但是上述中间件只进行了一些比较通用的简单判断，并没有细化进行更小层面的业务逻辑判断。例如，对于隐藏评论，只要是登录用户便可以进行隐藏，显然这也是不对的。只有管理员、评论者或作者才有权限隐藏评论，所以需要继续优化上述中间件，对隐藏评论的权限进行更加细致的判断。

```
<?php
namespace app\middleware;

class CommentCheck {
    public function handle($request, \Closure $next) {
         // 如果用户未登录，则不能发表、回复和隐藏评论
         if (session('islogin') != 'true') {
              // 中间件必须返回一个Response类型的对象
              return response('perm-denied');
         }
         else {
              // 如果已经登录，则有权限发表和回复评论，但还需进一步验证隐藏权限
              $url = request()->url();
              $method = request()->method();
              // 根据正则表达式判断当前请求的地址是否匹配 /comment/19 格式
              // 如果匹配成功且请求类型为Delete，则说明是隐藏评论的请求
              if (preg_match('/^\/comment\/\d+$/', $url) &&
                   strtolower($method) == 'delete') {
```

```
                    $commentid = request()->param('commentid');
                    $article = new \app\model\Article();
                    $comment = new \app\model\Comment();
                    // 根据评论关联的articleid和userid找到对应的作者和评论者
                    $row = $comment->find($commentid);
                    $articleid = $row->articleid;
                    $commenterid = $row->userid;
                    $editorid = $article->find($articleid)->userid;
                    $userid = session('userid');
                    // 如果不是管理员、不是作者也不是评论者，则无法隐藏评论
                    if (session('role') != 'admin' && $editorid != $userid
                        && $commenterid != $userid) {
                        return response('perm-denied');
                        // 当然，也可以直接渲染一个无权限的提示页面，如
                        // return view('../view/public/no_perm.html');
                    }
                }
            }
        return $next($request);
    }
}
```

由于这是针对特定接口的权限验证，业务逻辑相对复杂，同时不具备可重用性，因此将其放在中间件中或者直接放在接口方法中的效果是一样的。下列代码直接将权限验证放到了 hide 接口方法中。

```
// 隐藏评论，路由地址为"/comment/:commentid"，请求类型为Delete
public function hide($commentid) {
    $article = new \app\model\Article();
    $comment = new \app\model\Comment();

    // 根据评论关联的articleid和userid找到对应的作者和评论者
    $row = $comment->find($commentid);
    $articleid = $row->articleid;
    $commenterid = $row->userid;
    $editorid = $article->find($articleid)->userid;

    $userid = session('userid');
    // 如果当前登录用户不是管理员、不是作者也不是评论者，则无法隐藏评论
    if (session('role') != 'admin' && $editorid != $userid && $commenterid != $userid) {
        return 'perm-denied';
    }
    $result = $comment->hideComment($commentid);
    if ($result == 'done') {
        return 'hide-pass';
    }
    else {
        return 'hide-limit';
    }
}
```

综上所述，无论使用哪一种方法，在进行接口代码开发时一定要注意权限的控制。如果仅通过前端界面来进行控制，则从本质上来说就是没有控制，因为所有的请求都可以绕开前端 JavaScript 的验证直接发送给后台接口。所以针对一些特殊的接口，请务必做好后台的验证，确保不会出现越权的情况。至于是使用全局中间件、路由中间件、控制器中间件还是直接在特定的接口方法中进行处理，可根据具体的业务需求而定。

7.1.3　重构自动登录

在 5.6.6 小节中，利用了全局中间件 AutoLogin 进行用户自动登录的处理，以便于用户在访问任意页面时均可以完成自动登录的操作。但是使用全局中间件的处理方式会导致所有的接口都执行中间件代码，必然会降低性能。在蜗牛笔记页面中，并不是每一个接口都需要完成自动登录功能，只需要针对一些对

外访问的接口实现自动登录的处理即可，如首页、文章分类页面、文章阅读页面这 3 个接口。所以建议将 AutoLogin 从全局中间件调整为路由中间件，调整方式为在 app 目录下的 middleware.php 文件中直接将全局注册的声明代码注释掉。同时，在路由文件中，针对这 3 个接口添加路由中间件的定义，具体代码如下。

```
Route::get('/', 'index/index')->middleware(app\middleware\AutoLogin::class);
Route::get('/page/:page', 'index/page')->middleware(app\middleware\AutoLogin::class);
Route::get('/type/:type-:page', 'index/type')
    ->middleware(app\middleware\AutoLogin::class);

Route::get('/article/:articleid', 'article/read')
    ->middleware(app\middleware\AutoLogin::class);
```

无论是权限控制还是其他操作，编者建议尽量慎用全局中间件，多使用路由中间件。什么时候使用全局中间件比较合适呢？例如，针对系统的管理后台，必须要登录后才能操作，此时就可以使用全局中间件来判断用户是否已经登录，如果没有登录或角色不对，则无法使用管理后台的任意一个功能接口。对于这类权限控制覆盖面比较广的情况，使用全局中间件可以满足要求。但是像蜗牛笔记这类面向普通用户的系统，不用登录也可以访问阅读文章、点赞或搜索等，可以完成很多事情，此时就不太适合全局中间件的应用，反而是路由中间件或者控制器中间件更加适合一些。

7.2 文章编辑功能

7.2.1 UEditor 插件

UEditor 是由百度 FEX 前端研发团队开发的所见即所得的富文本 Web 在线编辑器，具有轻量、可定制和注重用户体验等特点，并且基于 MIT 协议开源，允许自由使用和修改代码。UEditor 主要使用 JavaScript 进行开发，所以其既可以作为一个独立的前端插件来使用，进行文本编辑；也可以通过 Ajax 请求与后台接口进行对接，进行图片或文件上传，实现获取图片列表等功能。

2.4.2 小节中已经简单地演示了 UEditor 的用法，绘制了一个简单的文章发布页面，如图 7-3 所示。

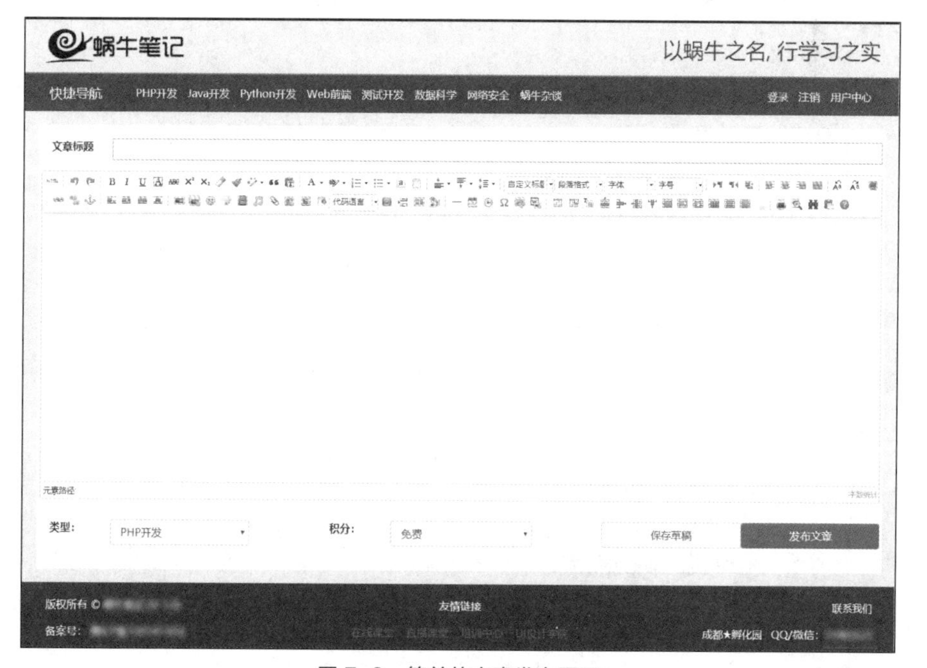

图 7-3　简单的文章发布页面

通过图 7-3 所示的页面可以看到 UEditor 的功能是非常强大的，尤其是在文章排版方面。本小节主要介绍 UEditor 其他方面的功能和设置。

首先，对于 UEditor 的工具栏，是可以定制顺序和按钮数量的。例如，目前实现的发表评论的文本框没有任何多余功能，仅能输入纯文本。如果要使用 UEditor 来进行回复，则其在评论区就会显得特别“臃肿”。所以可以通过 UEditor 的定制按钮功能，将几个常用的文本格式化功能应用于评论区，图 7-4 所示为发表评论的 UEditor 运行效果。

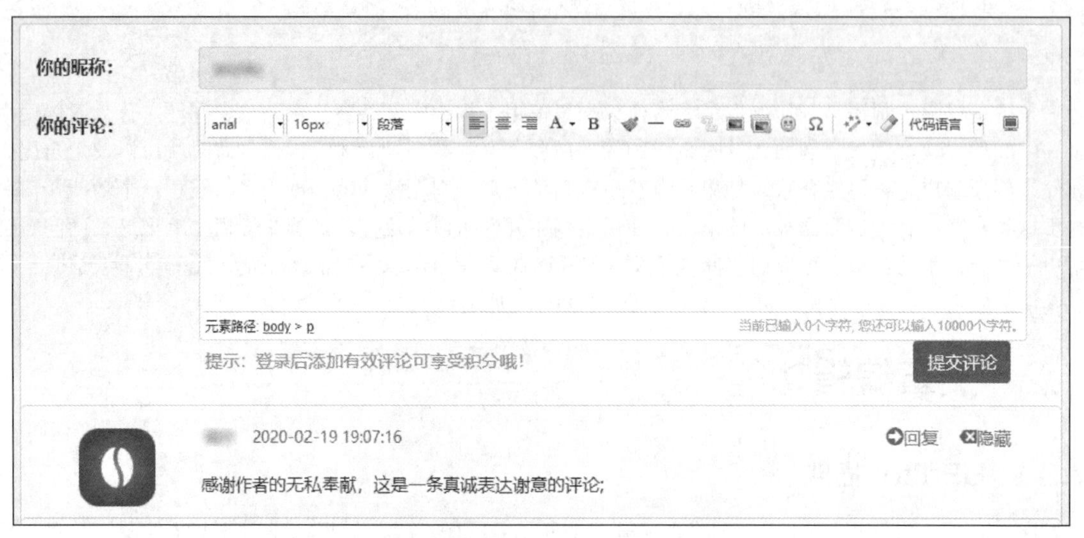

图 7-4　发表评论的 UEditor 运行效果

图 7-4 所示的便是对 UEditor 进行了定制按钮的效果。要定制 UEditor 的按钮，只需要在初始化 UEditor 时将需要的按钮列举出来即可。具体的实现代码如下。

```
<script type="text/javascript" src="/ue/ueditor.config.js"></script>
<script type="text/javascript" src="/ue/ueditor.all.min.js"> </script>
<script type="text/javascript" src="/ue/lang/zh-cn/zh-cn.js"></script>
<script type="text/javascript">
    var ue = UE.getEditor('comment', {
        initialFrameHeight: 150,     // 编辑器初始高度
        autoHeightEnabled: true,     // 根据内容自动调整高度
        toolbars: [ [                // 指定工具栏图标
                'fontfamily',        // 字体
                'fontsize',          // 字号
                'paragraph',         // 段落格式
                '|',                 // 可利用竖线作为工具栏分隔符
                'justifyleft',       // 居左对齐
                'justifycenter',     // 居中对齐
                'justifyright',      // 居右对齐
                'forecolor',         // 字体颜色
                'bold',              // 加粗
                '|',
                'formatmatch',       // 格式刷
                'horizontal',        // 分隔线
                'link',              // 超链接
                'unlink',            // 取消超链接
                'simpleupload',      // 单图上传
                'insertimage',       // 多图上传
                'emotion',           // 表情
                'spechars',          // 特殊字符
                '|',
```

```
                'fullscreen',     // 全屏
                'autotypeset',    // 自动排版
                'removeformat',   // 清除格式
                'insertcode',     // 代码语言
            ] ]
    });
</script>
```

需要注意的是，UEditor 虽然是一个第三方插件，但是由于其内容被渲染在了页面中，因此页面中的 CSS 同样会被 UEditor 及其按钮继承。如果 UEditor 的样式不对，则可以考虑是否为继承了当前页面的样式而导致的。

另外，对于 UEditor 中的取值和赋值，不再适用于 JavaScript 的常规方法，而必须使用其自带接口。例如，取值时使用 UE.getEditor("content").getContent()，而向编辑区赋值时调用其 setContent('内容') 方法才能正确处理。例如，在修改一篇文章的内容时，必须先将文章内容载入 UEditor，此时就需要对其进行赋值。

最后简单列举一些 UEditor 的内置实用功能。例如，可以查看编辑器的 HTML 源代码，可以预览当前内容的效果，也可以最大化编辑器以获得类似 Word 的编辑体验。最为重要的是，成功对接后台接口后，UEditor 还可以上传图片，以及直接将操作系统中的图片粘贴到编辑器中，这对排版布局来说是极其方便的。

7.2.2 后台接口对接

在发布博客文章时，通常会涉及图片的处理。在一篇 HTML 文章中，图片的来源通常有两种：直接复制在线图片的 URL 或者由本地直接上传图片。对上传图片来说，没有服务器端的支持，是不可能上传成功的。所以需要配置好服务器端，才能接收前端编辑器中上传的图片。

首先将 UEditor 目录下的 config.json 文件复制到 WoniuNote 项目的模板目录 view\public 下，确保可以通过正常的地址访问到该文件。因为如果 UEditor 要与后台接口对接，而不是作为一个纯前端插件，那么在上传图片或文件时首先会通过指定的接口地址来确定是否可以正常访问 config.json 文件，如果可以正常访问，才会正常加载上传组件。相当于通过这个接口来进行连通性测试，当然也是为了读取其中的配置信息。为此，在后台创建一个新控制器并将其命名为 UEditor，用于处理前端编辑器的访问请求，代码如下。

```
<?php
namespace app\controller;
use app\BaseController;

class UEditor extends BaseController {
    # 根据UEditor的接口定义规则，如果前端参数为action=config，
    # 则表示试图请求后台的config.json文件，请求成功则说明后台接口能正常工作
    # 路由地址为"/uedit"，请求类型为任意类型
    public function index() {
        $param = request()->param('action');
        $method = request()->method();
        if ($method == 'GET' && $param == 'config') {
            $config = file_get_contents('../view/public/config.json');
            $config = preg_replace("/\/\*[\s\S]+?\*\//", "", $config, true);
            $config = json_decode($config);     // 生成PHP关联数组
            return json($config);   # 以JSON格式返回
        }
    }
}
```

接下来在浏览器中直接输入 http://127.0.0.1/uedit?action=config 进行访问，如果能够正常显示 config.json 文件的内容，则说明前后端对接接口可以正常工作。根据 UEditor 的官方文档，其 Get 请求使用了传统的地址参数进行发送，所以要使用 request()->param('action')来获取参数值。实现了后台的

初始化接口后，还需要在前端将该接口地址放到初始化代码中。

```
<script type="text/javascript">
    var ue = UE.getEditor('comment', {
        initialFrameHeight: 150,      // 编辑器初始高度
        autoHeightEnabled: true,      // 根据内容自动调整高度
        serverUrl: '/uedit',          // 指定后台接口地址
        toolbars: [ [ ………… ] ]      // 指定工具栏图标
}
</script>
```

上述准备工作完成后，还无法实现图片上传，只是图片上传按钮可用而已。要完整实现图片的上传功能，还需要继续对接图片上传的接口。为了简化前后端操作，UEditor 前端只需要指定一个接口地址即可，那么如何在一个接口中实现各种后端的功能呢？UEditor 的接口规则通过指定 action 地址参数来区分当前所做的操作，例如，action=' uploadimage'且请求类型是 POST 时表示是上传图片，或者 action=' listimage'且请求类型是 Get 时表示是获取服务器端的图片列表。图 7-5 所示为 UEditor 官方文档中的请求和响应规则，在对接后台接口时按照该规则进行数据构建。

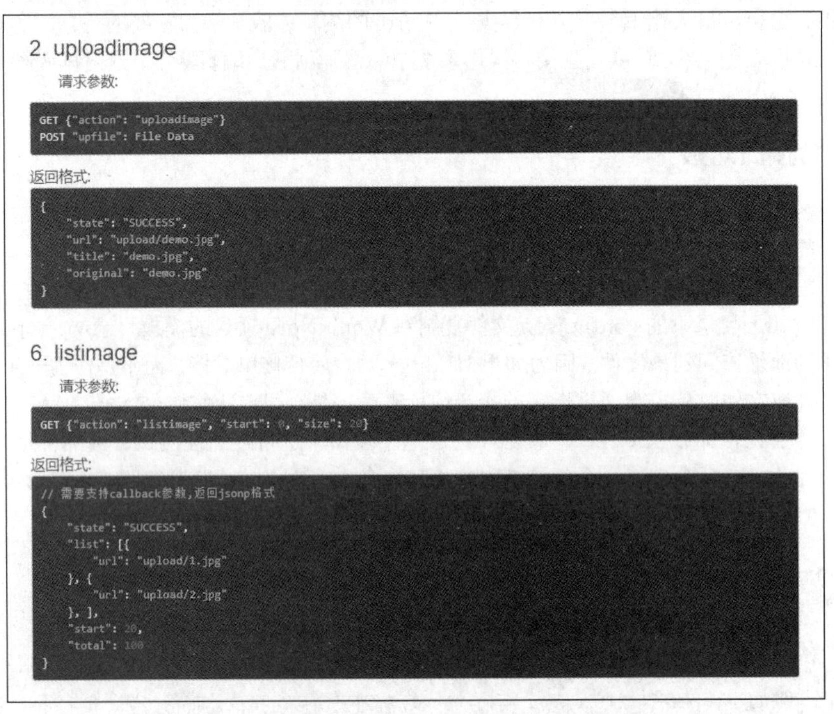

图 7-5 UEditor 官方文档中的请求和响应规则

清楚了接口规则后，先来实现图片上传的功能。由于上传图片后还需要将图片地址返回给编辑器，以便编辑器正常显示该图片，因此接口实现过程中一定要按照 UEditor 的响应格式正确编码。根据图 7-5 中的规则可以知道，上传图片的代码中需要获取到上传后图片的 URL 及图片的对应原始文件名。为了正常处理这些信息，首先需要在 ThinkPHP 中对文件上传操作进行配置。修改 WoniuNote 项目中 config 目录下的 filesystem.php 配置文件，代码如下。

```
<?php

return [
    // 默认磁盘，原始为local，这里将其修改为public
    'default' => env('filesystem.driver', 'public'),
    // 磁盘列表
    'disks'   => [
```

```
        'local'  => [
            'type' => 'local',
            'root' => app()->getRuntimePath() . 'storage',
        ],
        // 使用public磁盘类型，而非local磁盘类型，便于在网站上正常访问该图片
        'public' => [
            // 磁盘类型
            'type'       => 'local',
            // 磁盘路径
            'root'       => app()->getRootPath() . 'public/upload',
            // 磁盘路径对应的外部URL
            'url'        => '/upload',
            // 可见性
            'visibility' => 'public',
        ],
        // 更多的磁盘配置信息
    ],
];
```

上述配置文件将图片的上传目录保存于 public/upload 目录下，完成上述配置后，实现图片上传的具体代码如下。

```
<?php
namespace app\controller;
use app\BaseController;

class UEditor extends BaseController {
    # 根据UEditor的接口定义规则，如果前端参数为action=config,
    # 则表示试图请求后台的config.json文件，请求成功则说明后台接口能正常工作
    # 路由地址为"/uedit"，请求类型为任意类型
    public function index() {
        $param = request()->param('action');
        $method = request()->method();
        if ($method == 'GET' && $param == 'config') {
            $config = file_get_contents('../view/public/config.json');
            $config = preg_replace("/\/\*[\s\S]+?\*\//", "", $config, true);
            $config = json_decode($config);     // 生成PHP关联数组
            return json($config);   # 以JSON格式返回
        }
        else if ($method == 'POST' && $param = 'uploadimage') {
            // 上传图片，获取表单上传文件名upfile（UEditor预定义好的名称）
            $file = request()->file('upfile');
            $filename = $file->getOriginalName();
            // 上传到本地服务器，保存在public/upload目录下
            // 默认保存在当前日期目录下的MD5文件名中
            // 也可以通过闭包函数自定义文件名，例如，此处定义文件名为日期时间格式
            $savename = \think\facade\Filesystem::putFile( '/', $file, function (){
                return date('Ymd_His');    // 定义文件名格式
            });
            // 构建满足UEditor响应格式的JSON数据
            $result = array();
            $result['state'] = 'SUCCESS';
            $result['url'] = '/upload/' . $savename;
            $result['title'] = $filename;
            $result['original'] = $filename;
            return json($result);
        }
    }
}
```

前端编辑器中还提供了多图上传功能，在多图上传的界面中可以直接浏览服务器端的图片库。建议这一功能不要在回复评论时开启，仅开放给作者编辑文章使用。因为在线浏览服务器图片会将所有服务器端的图片下载到编辑器中，这会给服务器端的带宽和硬盘读写造成压力。如果要使用在线浏览图片功

能，则需要对接 listimage 接口规则。后台代码如下。

```
// 列出upload目录下的图片，便于在线选择已经上传过的图片
else if ($method == 'GET' && $param == 'listimage') {
    $list = array();
    // 使用glob函数遍历upload目录下的所有文件
    // 获取到的文件路径类似于：../public/upload/20200220_023754.jpg
    $filelist = glob('../public/upload/*');
    foreach ($filelist as $path) {
        // 获取文件列表中的文件名（去掉路径前缀）
        // 使用 / 来分隔文件路径以构建一个数组
        $split = explode('/', $path);
        // 从数组中获取最后一个值，即文件名
        $filename = $split[count($split)-1];
        // 拼接上URL前缀即可构建一个完整的图片URL
        $url = '/upload/' . $filename;
        $list[] = ['url'=>$url];
    }
    $result = array();
    $result['state'] = 'SUCCESS';
    $result['list'] = $list;
    $result['start'] = 0;
    $result['total'] = 50;
    return json($result);
}
```

完成接口的开发后，在编辑器中单击“多图上传”按钮，选择“在线管理”选项卡，即可在线浏览服务器端 upload 目录下的所有图片，如图 7-6 所示。

图 7-6　在线浏览服务器端的图片

7.3　文章发布功能

7.3.1　开发思路

文章编辑完成后当然就得发布文章，从某种意义上来说就是发送一个 Post 请求而已。但是要优化好整个文章发布功能，要考虑的问题其实是很多的。

首先要解决的是图片压缩的问题，作者发布文章时，并不会关注图片有多大，只是简单地上传并确

保前端能正常显示即可。但是服务器端必须要处理这个问题，否则将会大量消耗服务器端的带宽和硬盘存储空间。同时，若图片过大，当用户阅读文章时，文章的加载时间也会变长，影响用户体验。所以，在接口 /uedit 中进行图片上传时，还需要对其进行压缩处理。

接下来是文章列表中的缩略图的处理，常规处理方式是作者主动上传一张文章封面图。但是这样处理会增加作者写文章的负担，因为其需要专门为文章找一张封面图。所以蜗牛笔记采用的方式是直接从文章内容中查找图片，获取到图片地址后将该图片作为文章封面图。如果图片是作者自己上传的（图片地址中的域名是以蜗牛笔记开始的，即本地上传的图片），则直接对该图片进行压缩处理，将其保存到对应的缩略图目录下，并同步将文件名保存到文章表的 thumbnail 字段中。如果文章中的图片是引用的其他网站的图片，则直接将该图片下载到服务器中进行处理。如果作者的文章中不存在任何一张图片，则直接为其指定一张图片。例如，事先为每一个文章类别准备一张备用缩略图，根据作者选择的文章类别来确认使用哪一张缩略图。

如何知道文章中是否存在图片呢？UEditor 上传图片后在编辑器中生成的 URL 格式为<img src="/upload/image.png" title="image.png" alt="image.png"/>，而如果是引用外部图片，则通常在编辑器中的地址格式为<img src="http://www.woniuxy.com/page/img/banner/newBank.jpg"/>。无论图片来源是什么，均以字符串<img src="开头，并以 " 结尾。那么在 PHP 中就可以通过正则表达式来提取被左右字符串标识的中间的内容，提取出来的内容就是图片的地址。获取到了图片地址后，下载图片或者处理图片将会非常容易。

7.3.2 图片压缩

要在 ThinkPHP 中实现图片压缩或生成缩略图，可以使用 Composer 安装 ThinkImage 库来实现。所以，首先要在 WoniuNote 项目中安装 ThinkImage 库。

```
composer require topthink/think-image
```

安装完成后，使用如下代码对图片的压缩功能进行测试。

```
// 路由地址为"/uedit/test"，请求类型为Get
public function test() {
    $image = Image::open('D:/source.png');
    // 返回图片的宽度
    $width = $image->width();
    // 返回图片的高度
    $height = $image->height();
    // 返回图片的类型
    $type = $image->type();
    // 返回图片的尺寸数组，第1条数据是图片的宽度，第2条数据是图片的高度
    $size = $image->size();

    // 使用thumb方法对图片进行缩放，此处表示宽或高保持1500px并且进行等比例缩放
    if ($width > 1500) {
        $image->thumb(1500, 1500)->save('D:/small.' . $type);
    }
    // 如果图片小于1500px，则直接通过保存压缩图片质量（save方法默认将其压缩为原图质量的80%）
    else {
        $image->save('D:/small2.' . $type);
    }
    return 'done';
}
```

理解了图片压缩的原理后，接下来在 app 目录下的 common.php 函数文件中新增一个压缩图片的函数。

```
function compress_image($source, $dest, $size) {
    $image = Image::open($source);
    $width = $image->width();
```

```
    // 如果图片的宽度大于指定大小$size，则缩小并保存图片
    if ($width > $size) {
        $image->thumb($size, $size)->save($dest);
    }
    // 如果图片的宽度小于指定大小$size，则直接通过保存压缩图片质量
    else {
        $image->save($dest);
    }
}
```

7.3.3 缩略图处理

基于文章缩略图的实现原理，需要通过正则表达式先提取文章内容中的图片地址，再对其进行处理。现假设用户上传了一篇文章，其中包含 3 张图片，内容如下。

```
$content = '<p style="text-align:left;text-indent:28px">
<span style="font-size:14px;font-family:宋体">文章编辑完成后当然就得发布文章，某种意义上来说就是发送一个Post请求而已。但是要优化好整个文章发布功能，要考虑的问题其实是很多的。</span></p>
<p><img src="/upload/image.png" title="image.png" alt="image.png"/></p>
<p><span style="font-size:14px;font-family:宋体">首先要解决的是图片压缩的问题，作者发布文章时，并不会去关注图片有多大，只是简单地上传并确保前端能正常显示即可。</span></p>
<p><img src="http://www.woniuxy.com/page/img/banner/newBank.jpg"/></p>
<p><span style="font-size:14px;font-family:宋体">图片压缩分两种压缩方式，一种是压缩图片的尺寸，另外一种是压缩图片的大小。</span><img src="http://ww1.sinaimg.cn/large/68b02e3bgy1g2rzifbr5fj215n0kg1c3.jpg"/>
</p>';
```

下面通过正则表达式提取文章内容中的图片地址，代码如下。

```
// 使用preg_match_all函数将正则表达式匹配结果保存到$match多维数组中
// 其中$match[0]表示显示完整匹配结果，而$match[1]表示显示(.+?)分组结果
preg_match_all('/<img src="(.+?)"/', $content, $match);
$urls = array();
foreach ($match[1] as $item) {
    $urls[] = $item;
}
print_r($urls);
```

上述代码的输出结果如下。

```
Array
(
    [0] => /upload/image.png
    [1] => http://www.woniuxy.com/page/img/banner/newBank.jpg
    [2] => http://ww1.sinaimg.cn/large/68b02e3bgy1g2rzifbr5fj215n0kg1c3.jpg
)
```

当从文章内容中提取出 3 张图片的地址后，接下来就是对这几张图片进行处理。如果是上传到服务器的图片，则直接到 upload 目录下找到图片的文件名进行图片压缩处理并复制到对应的缩略图目录 thumb 下。如果是外部图片，则利用 PHP 先将其下载到本地临时目录下，对其进行压缩处理并同样保存到 thumb 目录下。下列代码实现了解析图片地址、压缩图片的全过程并将图片保存在 common.php 文件中，文件的源代码如下。

```
<?php
// 应用公共文件
use think\Image;

function compress_image($source, $dest, $size) {
    $image = Image::open($source);
    $width = $image->width();

    // 如果图片的宽度大于指定大小$size，则缩小并保存图片
    if ($width > $size) {
        $image->thumb($size, $size)->save($dest);
    }
```

```
        // 如果图片的宽度小于指定大小$size，则直接通过保存压缩图片质量
        else {
            $image->save($dest);
        }
}

// 解析文章内容中的图片地址
function parse_image_url($content) {
        preg_match_all('/<img src="(.+?)"/', $content, $match);
        $urls = array();
        foreach ($match[1] as $item) {
            $urls[] = $item;
        }
        return $urls;
}

// 远程下载指定URL的图片，并将其保存到临时目录下
function download_image($url, $path) {
        $image = file_get_contents($url);
        file_put_contents($path, $image);
}

// 解析列表中的图片URL并生成缩略图，返回缩略图名称
function generate_thumb($urls) {
        # 根据URL解析出其文件名
        # 通常建议使用文章内容中的第一张图片来生成缩略图
        # 先遍历整个urls数组，查找其中是否存在本地图片，找到即处理，代码结束
        foreach ($urls as $url) {
            if (preg_match('/^\/upload/', $url)) {
                // 获取本地图片文件名
                $split = explode('/', $url);
                $filename = $split[count($split) - 1];
                compress_image('../public' . $url, '../public/thumb/' . $filename, 400);
                return $filename;
            }
        }

        # 如果在文章内容中没有找到本地图片，则需要先将网络图片下载到本地再对其进行处理
        # 直接将第一张图片作为缩略图，并生成基于时间戳的标准文件名
        $url = $urls[0];
        // 获取URL中的图片文件名
        $split = explode('/', $url);
        $filename = $split[count($split) - 1];
        // 根据图片文件名获取扩展名
        $split = explode('.', $filename);
        $suffix = $split[count($split) - 1];
        $thumbname = date('Ymd_His.') . $suffix;
        download_image($url, '../public/download/' . $thumbname);
        compress_image('../public/download/' . $thumbname,
                    '../public/thumb/' . $thumbname, 400);
        return $thumbname;
}
```

由于 ThinkImage 库必须在 ThinkPHP 环境下使用，因此为了对上述代码进行测试，可以在 UEditor 控制器中添加一个测试接口，代码如下。

```
// 路由地址为"/uedit/test"，请求类型为Get
public function test() {
        // 测试上述函数
        $content = '文章内容参考本节内容，可修改内容中的不同图片地址来模拟测试';

        $urls= parse_image_url($content);
        if (count($urls) == 0) {
            return "文章没有图片，根据类别指定缩略图.";
```

```
    }
    else {
        $thumbname = generate_thumb($urls);
        return $thumbname;
    }
}
```

7.3.4 代码实现

完成了上述的基础技术和代码封装后，接下来完整实现文章发布的功能。首先，在 Article 控制器中创建一个 prepost 接口，以便进入文章发布页面，后续在作者权限下的用户中心也可以直接链接到该页面进行文章发布。

```
// 进入文章发布页面，路由地址为"/prepost"，请求类型为Get
public function prepost() {
    // 如果用户没有登录，则无法进入该页面
    if (session('islogin') != true)
        return view('../view/public/no_perm.html');
    return view('post');
}

<!--需要在页面中引入UEditor库，并初始化编辑器高度 -->
<script type="text/javascript" src="/ue/ueditor.config.js"></script>
<script type="text/javascript" src="/ue/ueditor.all.min.js"> </script>
<script type="text/javascript" src="/ue/lang/zh-cn/zh-cn.js"></script>
<script type="text/javascript">
    // 初始化UEditor插件，将其与ID为content的元素进行绑定
    var ue = UE.getEditor('content', {
        initialFrameHeight: 400,     // 设置初始高度为400px
        autoHeightEnabled: true,     // 设置可以根据内容自动调整高度
        serverUrl: '/uedit'
    });
</script>
```

其次，为文章发布功能实现 Article 模型类方法，同时为用户投稿和保存草稿功能提供参数。

```
// 插入一篇新的文章，通过参数区分草稿或投稿文章
// 为drafted和checked设置默认值，如果使用默认值，则无须传递参数
public function insertArticle($category, $headline, $content, $thumbnail, $credit,
$drafted=0, $checked=1) {
    $now = date('Y-m-d H:i:s');
    $this->userid = session('userid');
    $this->category = $category;
    $this->headline = $headline;
    $this->content = $content;
    $this->thumbnail = $thumbnail;
    $this->credit = $credit;
    $this->drafted = $drafted;
    $this->checked = $checked;
    $this->createtime = $now;
    $this->updatetime = $now;
    $this->save();
    return $this->articleid;  // 将新的文章编号返回，便于前端界面进行跳转
}
```

再次，实现 Article 控制器中的新增文章接口，代码如下。

```
// 发布文章，路由地址为"/article"，请求类型为Post
public function add() {
    $headline = request()->post('headline');
    $content = request()->post('content');
    // 使用 /d 将参数强制转换为整数
    $category = request()->post('type/d');
    $credit = request()->post('credit/d');
    $drafted = request()->post('drafted/');
    $checked = request()->post('checked/');
```

```
    // 若用户未登录或角色不是作者，则无法发布文章
    if (session('islogin') != 'true' || session('role') != 'editor') {
        return 'perm-denied';
    }
    else {
        // 为文章生成缩略图，优先从文章内容中查找，找不到则根据文章类别指定一张图片作为缩略图
        $urls = parse_image_url($content);
        if (count($urls) > 0) {
            $thumbname = generate_thumb($urls);
        }
        else {
            // 如果文章内容中没有图片，则根据文章类别指定缩略图
            $thumbname = $category . '.jpg';
        }
        try {
            $article = new \app\model\Article();
            $articleid = $article->insertArticle($category, $headline, $content,
                                  $credit, $thumbname, $drafted, $checked);
            return $articleid;
        }
        catch (Exception $e) {
            return 'post-fail';
        }
    }
}
```

最后，对文章发布页面的前端提交代码进行实现，即可正常发布文章。

```
function doPost() {
    var headline = $.trim($("#headline").val());
    var contentPlain = UE.getEditor("content").getContentTxt();

    if (headline.length < 5) {
        bootbox.alert({title:"错误提示", message:"标题不能少于5个字"});
        return false;
    }
    else if (contentPlain.length < 100) {
        bootbox.alert({title:"错误提示", message:"内容不能少于100个字"});
        return false;
    }

    var param = "headline=" + headline;
        param += "&content=" + encodeURIComponent(UE.getEditor("content").getContent());
        param += "&type=" + $("#type").val();
        param += "&credit=" + $("#credit").val();
        param += "&drafted=0&checked=1";
    $.post('/article', param, function (data) {
        if (data == 'perm-denied') {
            bootbox.alert({title:"错误提示", message:"权限不足，无法发布文章."});
        }
        else if (data == 'post-fail') {
            bootbox.alert({title:"错误提示", message:"文章发布失败，请联系管理员."});
        }
        else if (data.match(/^\d+$/)) {
            bootbox.alert({title:"信息提示", message:"恭喜你，文章发布成功."});
            setTimeout(function () {
                location.href = '/article/' + data;
            }, 1000);
        }
        else {
            bootbox.alert({title:"错误提示", message:"文章发布失败，可能没有权限."});
        }
    });
}
```

由于在编辑器中上传图片时，会直接将图片提交到 uedit 接口中，因此还需要为该接口重构代码，确保上传的图片是经过压缩的。重构后的 uedit 接口的代码如下。

```
# 构造上传图片的接口，并对图片进行压缩处理
# 上传图片，UEditor已经完成了对图片扩展名合法性的判断，不需要再进行判断
else if ($method == 'POST' && $param = 'uploadimage') {
     // 上传图片，获取表单上传文件名upfile（UEditor预定义好的名称）
     $file = request()->file('upfile');
     $filename = $file->getOriginalName();
     // 获取文件扩展名，并转换为小写字符
     $split = explode('.', $filename);
     $suffix = strtolower($split[count($split)-1]);
     // 上传到本地服务器，保存在public/upload目录下
     // 对图片进行压缩，直接将$file作为图片数据进行处理
     $newname = date('Ymd_His.') . $suffix;
     $dest = '../public/upload/' . $newname;
     compress_image($file, $dest, 1200);

     // 之前的直接上传并保存的代码可以注释掉，因为compress_image函数会进行保存
     /**
     $savename = \think\facade\Filesystem::putFile( '/', $file, function (){
        return date('Ymd_His');    // 定义文件名格式
     }); */

     // 构建满足UEditor响应格式的JSON数据
     $result = array();
     $result['state'] = 'SUCCESS';
     $result['url'] = '/upload/' . $newname;
     $result['title'] = $filename;
     $result['original'] = $filename;
     return json($result);
}
```

上述代码完成后，直接以作者权限的用户登录蜗牛笔记并访问 http://127.0.0.1/prepost 即可发布文章。读者也可以进行测试，对文章发布、图片压缩、缩略图生成、积分消耗等功能进行整合测试。某些文章中可能会使用一些 GIF 类型的图像表情，而在生成缩略图时可能会以该表情作为缩略图，这样将其显示在文章列表中时将会显得不专业。如果出现此类情况，则建议读者在生成缩略图时进行过滤，只需要重构 parse_image_url 函数即可，直接跳过对 GIF 类型的图片的处理。

```
function parse_image_url($content) {
     preg_match_all('/<img src="(.+?)"/', $content, $match);
     $urls = array();
     foreach ($match[1] as $item) {
          // 如果图片类型为GIF，则直接跳过，不对其进行任何处理
          if (strpos(strtolower($item), '.gif') > 0)
                 continue;
          $urls[] = $item;
     }
     return $urls;
}
```

7.4 其他发布功能

7.4.1 草稿箱

草稿箱是提供给作者的一个临时保存文章的渠道，由于是非正式发布的文章，因此用户将无法浏览到该文章。在文章发布页面中专门提供了一个草稿箱的功能，用于保存文章草稿。草稿本身其实也是一篇文章，只是不正式发布而已，在前文设计表结构时已经考虑到了这一问题，直接通过一个字段 drafted 来标识其是否为草稿。同时，在所有针对文章的查询过程中，也都添加了条件来过滤草稿。所以作者在编辑文

章时，如果要保存草稿，那么其本质是向文章表插入一篇文章，只是将该篇文章标识为草稿而已。

但是这样保存草稿的方式存在严重的问题，因为每保存一次草稿，就向文章表中插入了一条新的记录，同时发布文章时还会插入一条新的记录。这就导致文章表中存在多条无效记录。此外，还存在一个问题，即如果作者保存了草稿后没有正式发布，回到了其他界面，则作者将没有入口再回到编辑页面编辑自己的草稿。所以一旦作者保存了第一篇草稿，后续的所有保存、发布都应该是基于这篇草稿的修改，而不是新插入一条记录。同时，需要为作者提供一个入口实现继续编辑草稿操作。

那么如何确保一篇草稿从反复保存到最后正式发布均操作的是同一条记录呢？这也是草稿箱功能的核心。如何确保后台在处理文章时知道这是一篇新的草稿还是已经保存过的草稿？同时，在正式发布时也能知道这是一篇草稿，已经在数据库中保存了内容，只需要修改 drafted 标识呢？

当作者第一次保存草稿时，将会插入一条新的记录，并同时生成一个新的 articleid。如果将该 articleid 返回给前端，在后续提交请求时，再将该 articleid 带上，则后台即可根据该 articleid 来判断其是新的文章还是已经存在的文章。所以首先应重构后台方法，为 Article 模型类添加修改文章的方法。

```
// 根据articleid更新文章的内容，可用于文章编辑或草稿修改，以及基于草稿的发布
public function updateArticle($articleid, $category, $headline, $content, $thumbnail,
$credit, $drafted=0, $checked=1) {
    $now = date('Y-m-d H:i:s');
    $artilce = $this->find($articleid);
    $artilce->category = $category;
    $artilce->headline = $headline;
    $artilce->content = $content;
    $artilce->thumbnail = $thumbnail;
    $artilce->credit = $credit;
    $artilce->drafted = $drafted;
    $artilce->checked = $checked;
    $artilce->updatetime = $now;
    $artilce->save();
}
```

同时，重构文章发布接口 add 方法的代码，对前端传来的参数进行判断，如果参数中不带 articleid，则表明这是一篇新文章，和之前的处理方式一致。如果参数中带有 articleid，则进行文章的内容更新而不是新增记录。

```
// 发布文章或处理草稿，路由地址为"/article"，请求类型为Post
public function add() {
     $headline = request()->post('headline');
     $content = request()->post('content');
     // 使用 /d 将参数强制转换为整数
     $category = request()->post('type/d');
     $credit = request()->post('credit/d');
     $drafted = request()->post('drafted/d');
     $checked = request()->post('checked/d');
     $articleid = request()->post('articleid/d');

     // 若用户未登录或角色不是作者，则无法发布文章
     if (session('islogin') != true || session('role') != 'editor') {
          return 'perm-denied';
     }
     else {
          // 为文章生成缩略图，优先从文章内容中查找，找不到则随机生成一张
          $urls = parse_image_url($content);
          if (count($urls) > 0) {
               $thumbname = generate_thumb($urls);
          }
          else {
               // 如果文章内容中没有图片，则根据文章类别指定缩略图
               $thumbname = $category . '.jpg';
          }
          $article = new \app\model\Article();
```

```
        // 如果前端参数articleid为0，则表示是新增一篇文章
        if ($articleid == 0) {
            try {
                $id = $article->insertArticle($category, $headline, $content,
                                $thumbname, $credit, $drafted, $checked);
                return $id;
            } catch (Exception $e) {
                return 'post-fail';
            }
        }
        // 如果articleid不为0，则表示是修改文章
        else {
            try {
                $article->updateArticle($articleid, $category, $headline, $content,
                            $thumbname, $credit, $drafted, $checked);
                return $articleid;
            }
            catch (Exception $e) {
                return 'post-fail';
            }
        }
    }
}
```

在处理前端操作时，需要额外定义一个 JavaScript 全局变量，用于临时保存服务器端返回的 articleid，并将其随同下一次请求发送给后台接口。同时，需要重构前端的 doPost 函数，并为保存草稿增加一个新的函数。具体代码如下。

```
var ARTICLEID = 0;  // 定义全局变量以临时保存articleid

// 正式发布
function doPost() {
    var headline = $.trim($("#headline").val());
    var contentPlain = UE.getEditor("content").getContentTxt();

    if (headline.length < 5) {
        bootbox.alert({title:"错误提示", message:"标题不能少于5个字"});
        return false;
    }
    else if (contentPlain.length < 100) {
        bootbox.alert({title:"错误提示", message:"内容不能少于100个字"});
        return false;
    }

    // 发送请求时，带上articleid
    var param = "headline=" + headline;
        param += "&content=" + encodeURIComponent(UE.getEditor("content").getContent());
        param += "&type=" + $("#type").val();
        param += "&credit=" + $("#credit").val();
        param += "&drafted=0&checked=1&articleid=" + ARTICLEID;
    $.post('/article', param, function (data) {
        if (data == 'perm-denied') {
            bootbox.alert({title:"错误提示", message:"权限不足，无法发布文章."});
        }
        else if (data == 'post-fail') {
            bootbox.alert({title:"错误提示", message:"文章发布失败，请联系管理员."});
        }
        else if (data.match(/^\d+$/)) {
            bootbox.alert({title:"信息提示", message:"恭喜你，文章发布成功."});
            setTimeout(function () {
                location.href = '/article/' + data;
            }, 1000);
        }
        else {
```

```
                bootbox.alert({title:"错误提示", message:"文章发布失败，可能没有权限."});
            }
        });
}

// 保存草稿
function doDraft() {
    var headline = $.trim($("#headline").val());
    var contentPlain = UE.getEditor("content").getContentTxt();

    if (headline.length < 5) {
        bootbox.alert({title:"错误提示", message:"草稿标题不能少于5个字"});
        return false;
    }
    else if (contentPlain.length < 10) {
        bootbox.alert({title:"错误提示", message:"草稿内容不能少于10个字"});
        return false;
    }

    var param = "headline=" + headline;
        param += "&content=" + encodeURIComponent(UE.getEditor("content").getContent());
        param += "&type=" + $("#type").val();
        param += "&credit=" + $("#credit").val();
        param += "&drafted=1&checked=1&articleid=" + ARTICLEID;
    $.post('/article', param, function (data) {
        if (data == 'perm-denied') {
            bootbox.alert({title:"错误提示", message:"权限不足，无法保存草稿."});
        }
        else if (data == 'post-fail') {
            bootbox.alert({title:"错误提示", message:"保存草稿失败，请联系管理员."});
        }
        else if (data.match(/^\d+$/)) {
            bootbox.alert({title:"信息提示", message:"恭喜你，草稿保存成功."});
            // 保存草稿后，不跳转页面，重新为全局变量赋值
            ARTICLEID = parseInt(data);
        }
        else {
            bootbox.alert({title:"错误提示", message:"保存草稿失败，可能没有权限."});
        }
    });
}

<!-- 为“保存草稿”和“发布文章”两个按钮绑定单击事件 -->
<label class="col-1"></label>
<button class="form-control btn-default col-2" onclick="doDraft()">保存草稿</button>
<button class="form-control btn-primary col-2" onclick="doPost()">发布文章</button>
</select>
```

最后，对于草稿箱的入口页面，通过模板引擎对全局变量 ARTICLEID 进行赋值，并将文章内容和选项渲染到前端界面即可完成文章的编辑和加载。同时，不需要对后台接口做任何修改，在第 8 章中将详细介绍文章编辑功能，此处不再赘述。

7.4.2 文件上传

文件上传并非蜗牛笔记的功能，而是作为本书的附加内容进行讲解。在很多系统中，不排除有文件上传的功能需求。虽然在蜗牛笔记中不存在这样的功能需求，但是假设用户在发布文章时需要上传独立的缩略图，那么应该如何处理？虽然 UEditor 中配置了图片上传的功能，但是其前端实现并没有专门讲解，所以本小节就文件上传的内容专门举例说明。

要实现文件上传，通常有两种方式：一种是直接将文件上传按钮放到一个 form 表单中，并在提交表单的时候直接同步提交文件：另一种方式是通过 Ajax 来提交上传请求，这也是目前使用比较多的方式。

先来看看通过传统的表单提交的前端代码。

```
<!-- 必须要设置表单的enctype属性为multipart/form-data，表示文件上传，
     同时表单元素必须指定name属性，以供后台接口获取其数据 -->
<form action="/doupload" method="post" enctype="multipart/form-data">
    <input type="text" name="headline"/>
    <textarea name="content"></textarea>
    <input type="file" name="upfile" />    <!-- 文件上传控件 -->
    <!-- 按钮类型必须为submit才能提交表单 -->
    <input type="submit" value="开始上传" />
</form>
```

基于上述前端代码实现后台接口的代码如下。

```
// 文件上传测试，路由地址为"/doupload"，请求类型为Post
public function doUpload() {
     $headline = request()->post('headline');
     $content = request()->post('content');
     $file = request()->file('upfile');

     // 取得文件的扩展名以判断其是否合法
     $list = array('jpg', 'jpeg', 'png', 'rar', 'zip', 'doc', 'docx');
     if (in_array(strtolower($file->getOriginalExtension()), $list)) {
           $savename = \think\facade\Filesystem::putFile('/', $file, function () {
               return date('Ymd_His');    // 定义文件名格式
           });
           return 'Done';
     }
     else {
           return 'Invalid';
     }
}
```

上述实现文件上传的方式比较传统，其核心是借助于表单对象的文件上传功能。但是这种上传方式会进行页面跳转，不太适合现在的 Web 系统的要求。下面的代码用于构建利用 Ajax 的方式进行重构后的文件上传前端界面。

```
function doUpload() {
     var data = new FormData();    // 带附件上传
     data.append("headline",$.trim($("#headline").val()));
     data.append("content",$.trim($("#content").val()));
     <!-- 此为JavaScript添加文件的方式 -->
     data.append("upfile",$("#upfile").prop("files")[0]);

     $.ajax({
          url: '/doupload',
          type: 'POST',
          data: data,      // 指定上传数据
          cache: false,
          processData: false,
          contentType: false,
          success : function(result) {
               if(result == "Done"){
                    window.alert('恭喜你,上传成功.');
               }else if (result == 'Invalid') {
                    window.alert('文件类型不匹配.');
               }
          },
          error : function(responseStr) {
               window.alert('上传失败');
          }
     });
}
```

上述代码便可以实现 Ajax 的无刷新文件上传，且后台的代码不需要做任何修改。

Chapter 08

第8章

后台系统开发

本章导读

■后台管理功能模块主要包括具有管理员权限的用户针对整个系统的管理控制，以及用户和作者权限的用户中心。事实上，前文已经对蜗牛笔记的各项功能和实现方式进行了比较全面的讲解，而后台管理的实现也是这样的过程，并没有什么特别的技术要求。所以本章主要挑选几个后台管理中的典型功能进行讲解。

学习目标

（1）理解后台管理的作用及常用处理手段。

（2）完成有关管理员和用户的部分后台管理功能的开发。

（3）利用短信平台完成短信验证码的处理。

8.1 系统管理

8.1.1 后台系统概述

所谓后台系统，是相对于系统的前端使用定义的，并不是每个用户都可以看得到的系统都可以统称为后台系统。虽然这些后台系统不是对所有人可见的，但是它们在系统的运行过程中起到了重要的作用。对大多数系统来说，后台系统都是必要的，尤其是它们能对系统的各项数据进行管理、为运营提供支撑等。例如，对一个电子商务网站来说，商品上架下架、促销推广、进销存管理等一系列配套系统均可以称为后台系统。又如，对一个游戏软件来说，后台系统可以及时地提供游戏运营情况管理，包括玩家管理、装备管理、费用管理等。

对蜗牛笔记来说，后台系统主要包括系统管理和用户中心。系统管理主要用于管理蜗牛笔记的各项操作，如推荐文章、隐藏文章、管理用户、管理评论、管理收藏、管理积分等。而用户中心是指非管理员用户管理自己的操作，如个人资料完善、文章收藏、用户评论、消耗积分等。

事实上，后台管理的核心仍然是数据的增、删、改、查，只不过提供了一些界面供用户进行更加方便的操作。从某个极端场景来说，不需要后台系统也是没有问题的，直接修改数据库就可以了。但是，并不是所有的后台用户都有权限访问数据库。另外，也不是所有管理类用户都知道如何操作数据库。之所以需要设计后台系统，一方面是为了使各类用户可以通过界面进行操作，使之更加容易理解自己在干什么；另一方面是出于业务逻辑和数据安全的需要。数据一直是一个系统中极为重要的内容，所以不能直接将数据库暴露出来，可通过系统来限制用户行为、限制业务流程。

后台系统通常是一个授权访问的系统，也就是说，并不是每个人都能够进入后台系统，所以需要进行权限控制。通常进行权限控制时必须要控制两个层面，一是前端界面不能让无权限的用户看到，二是后台系统的接口不能让无权限的用户使用。所以需要定义路由中间件或控制器中间件来处理后台系统权限的问题。

8.1.2 前端入口

蜗牛笔记将后台系统分为面向用户的用户中心和面向管理员的系统管理两个子系统。目前除了登录成功后在分类导航栏中显示了用户中心的入口之外，还没有实现系统管理的入口。按照 2.4.3 小节中的设计模板为用户中心和系统管理添加两个模板页面，分别将其命名为 ucenter\index.html 和 system\index.html，同时添加对应的控制器对两个模板页面进行渲染。另外，在登录成功后，基于当前登录用户的角色来渲染不同的菜单选项，具体实现代码如下。

```
# 添加控制器UCenter并实现入口
class UCenter extends BaseController {
    // 用户中心入口，路由地址为"/ucenter"，请求类型为Get
    public function index() {
        return view('index');
    }
}
# 添加控制器System并实现入口
class System extends BaseController {
    // 系统管理入口，路由地址为"/system"，请求类型为Get
    public function index() {
        return view('index');
    }
}

# 在前端的base.html页面中进行角色判断以渲染不同的入口
{if $Request.session.role == 'admin'}
```

```
    <a class="nav-item nav-link" href="/system">系统管理</a>   
{else /}
    <a class="nav-item nav-link" href="/ucenter">用户中心</a>   
{/if}
```

8.1.3 首页查询

后台文章管理功能主要由文章管理、评论管理、用户管理、积分管理等几个功能构成。除了编辑文章需要打开一个新的编辑页面外，其他均可以通过 Ajax 完成处理。接下来讲解基于 2.4.3 小节介绍的系统管理页面设计思路来实现后台首页文章查询和内容填充的基本功能。

由于系统管理的核心是文章管理，因此将系统管理的首页定义为文章管理模块，并为 Article 模型类添加必要的操作方法，代码如下。

```
// 查询文章表中除草稿外的所有文章并返回结果集
public function findAllExceptDraft($start, $count) {
    $result = $this->where('drafted', 0)->order('articleid', 'desc')->limit($start,
$count)->select();
    return $result;
}

// 查询除草稿外的所有文章的总数量
public function getCountExceptDraft() {
    $count = $this->where('drafted', 0)->count();
    return $count;
}
```

实现 System 控制器中的默认首页接口和文章分页，代码如下。

```
<?php
namespace app\controller;
use app\BaseController;

class System extends BaseController {
    // 系统管理入口，路由地址为"/system"，请求类型为Get
    // 为系统管理首页填充文章列表，并绘制分页栏
    public function index() {
        $article = new \app\model\Article();
        $result = $article->findAllExceptDraft(0, 50);
        $total = ceil($article->getCountExceptDraft() / 50);
        return view('index', ['result'=>$result, 'page'=>1, 'total'=>$total]);
    }

    // 对系统管理首页的文章列表进行分页查询
    // 路由地址为"/system/article/:page"，请求类型为Get
    public function paginate($page) {
        $start = ($page - 1) * 50;
        $article = new \app\model\Article();
        $result = $article->findAllExceptDraft($start, 50);
        $total = ceil($article->getCountExceptDraft() / 50);
        return view('index', ['result'=>$result, 'page'=>1, 'total'=>$total]);
    }
}
```

下面来完成前端界面的界面重构，为左侧菜单选项添加超链接，同时在右侧上方实现分类搜索和标题搜索功能。

```
<!-- 为左侧菜单选项添加正确的超链接 -->
<div class="col-12 admin-side" style="height: 320px">
    <ul>
    <li><a href="/system"><span class="oi oi-image"
        aria-hidden="true"></span>   文章管理</a>
    </li>
    <li><a href="/system/comment"><span class="oi oi-task"
        aria-hidden="true"></span>   评论管理</a>
```

```
    </li>
    <li><a href="/system/user"><span class="oi oi-person"
        aria-hidden="true"></span>   用户管理</a>
    </li>
    <li><a href="/system/credit"><span class="oi oi-yen"
        aria-hidden="true"></span>   积分管理</a>
    </li>
    <li><a href="/system/favorite"><span class="oi oi-heart"
        aria-hidden="true"></span>   收藏管理</a>
    </li>
    <li><a href="/system/recommend"><span class="oi oi-account-login"
        aria-hidden= "true"></span>  推荐管理</a>
    </li>
    <li><a href="/system/hide"><span class="oi oi-zoom-in"
        aria-hidden="true"></span>   隐藏管理</a>
    </li>
    <li><a href="/system/check"><span class="oi oi-zoom-in"
        aria-hidden="true"></span>   投稿审核</a>
    </li>
    </ul>
</div>

<!-- 在右侧上方添加快捷搜索栏 -->
<div class="col-12 row"
     style="padding: 10px;margin: 0px 10px;">
    <div class="col-3">
        <!-- 根据article_type配置文件填充分类下拉列表 -->
        <select id="type" class="form-control">
            <option value="0">所有分类</option>
            {foreach $Think.config.article_type as $key=>$value}
            <option value="{$key}">{$value}</option>
            {/foreach}
        </select>
    </div>
    <div class="col-2">
        <input type="button" class="btn btn-primary" value="分类搜索"
        onclick= "doSearchByType()"/>
    </div>
    <div class="col-2">

    </div>
    <div class="col-3">
        <input type="text" class="form-control" id="keyword"/>
    </div>
    <div class="col-2">
        <input type="button" class="btn btn-primary" value="标题搜索"
        onclick= "doSearchByHeadline()"/>
    </div>
</div>
```

接下来填充右侧下方文章列表和相应操作按钮，与博客首页的操作方法一致，循环遍历 result 结果集的内容，并完成分页栏的绘制。

```
<table class="table col-12">
    <thead style="font-weight: bold">
    <tr>
        <td width="10%" align="center">编号</td>
        <td width="50%">标题</td>
        <td width="8%" align="center">浏览</td>
        <td width="8%" align="center">评论</td>
        <td width="24%">操作</td>
    </tr>
    </thead>
    <tbody>
```

```
    {volist name="result" id="article"}
    <tr>
         <td align="center">{$article.articleid}</td>
         <td><a href="/article/{$article.articleid}"
             target="_blank">{$article.headline} </a></td>
         <td align="center">{$article.readcount}</td>
         <td align="center">{$article.replycount}</td>
         <td>
              <a href="/article/edit/{$article.articleid}" target="_blank">编辑
              </a>    
              <!-- 根据文章的隐藏、推荐和审核3个字段实时显示其状态 -->
              <a href="#" onclick="switchRecommend(this, '{$article.articleid}')">
                  {if $article.recommended == 0 }推荐
                  {else /}<font color="red">已推</font>{/if}
              </a>   
              <a href="#" onclick="switchHide(this, '{$article.articleid}')">
                  {if $article.hide == 0 }隐藏
                  {else /}<font color="red">已隐</font>{/if}
              </a>   
              <a href="#" onclick="switchCheck(this, '{$article.articleid}')">
                  {if $article.checked == 1}已审
                  {else /}<font color="red">待审</font>{/if}
              </a>
         </td>
    </tr>
    {/volist}
    </tbody>
</table>

<!-- 填充下方的分页栏 -->
<table class="table col-12">
    <tr>
        <td valign="middle" align="center">
            {if $page == 1}
            <a href="/system/article/1">上一页</a>  
            {else /}
            <a href="/system/article/{$page - 1}">上一页</a>  
            {/if}

            {for start="0" end="$total"}
            <a href="/system/article/{$i + 1}">{$i + 1}</a>  
            {/for}

            {if $page == $total}
            <a href="/system/article/{$page}">下一页</a>
            {else /}
            <a href="/system/article/{$page + 1}">下一页</a>
            {/if}
        </td>
    </tr>
</table>
```

由于系统管理首页地址为/system，而文章管理的分页地址为/system/article/2，在 ThinkPHP 的路由规则中，只要找到一个匹配的地址即可开始执行，因此，在路由文件中，需要将分页地址定义在系统管理首页的前面，以防止路由地址解析错误。

```
// 由于地址前缀均为/system且请求类型均为Get，因此需要注意定义顺序
Route::get('/system/article/:page', 'system/paginate');
Route::get('/system', 'system/index');
```

当然，在第 4 章路由规则的讲解中也提到了使用正则表达式进行严格匹配，此时可以不用考虑路由顺序的问题。

```
// 也可以为路由地址添加$，表示严格匹配，此时无须考虑路由顺序
```

```
Route::get('/system$', 'system/index');
Route::get('/system/article/:page', 'system/paginate');
```

实现了首页和分页功能后，接下来实现文章的分类搜索和标题搜索功能在 Article 模型类中的方法。

```
// 按照文章分类进行查询（不含草稿）
public function findByCategoryExceptDarft($category, $start, $count) {
    $result = $this->where('drafted', 0)->where('category', $category)->order('articleid',
'desc')->limit($start, $count)->select();
    return $result;
}

// 按照文章分类查询文章总数量，用于构建分页
public function getCountByCategoryExceptDraft($category) {
    $count = $this->where('drafted', 0)->where('category', $category)->count();
    return $count;
}

// 按照标题模糊查询（不含草稿，不分页）
public function findByHeadlineExceptDraft($keyword) {
    $result = $this->where('drafted', 0)
        ->where('headline', 'like', "%$keyword%")
        ->order('articleid', 'desc')->select();
    return $result;
}
```

为了响应“分类搜索”和“标题搜索”两个按钮，还需要为这两个按钮开发后台接口，代码如下。

```
// 在后台进行文章类别搜索，路由地址为"/system/type/:type-:page"
public function type($type, $page) {
    $start = ($page - 1) * 50;
    $article = new \app\model\Article();
    if ($type == '0') {
        // 表示查找所有文章，与首页显示所有文章的数据一致
        $result = $article->findAllExceptDraft(0, 50);
        $total = ceil($article->getCountExceptDraft() / 50);
    }
    else {
        $result = $article->findByCategoryExceptDarft($type, $start, 50);
        $total = ceil($article->getCountByCategoryExceptDraft() / 50);
    }
    // 直接使用index模板页面进行渲染
    return view('index', ['result'=>$result, 'page'=>$page, 'total'=>$total]);
}

// 按照标题模糊搜索，路由地址为"/system/search/:keyword"
public function search($keyword) {
    $article = new \app\model\Article();
    $result = $article->findByHeadlineExceptDraft($keyword);
    // 直接使用index模板页面，指定page=1、total=1，表示不分页
    return view('index', ['result'=>$result] , 'page'=>1, 'total'=>1);
}
```

接下来编写前端 JavaScript 调用代码，用于实现后台首页的搜索功能。

```
<script type="text/javascript">
    // 为了直接展示搜索结果，不需要使用Ajax，而是直接跳转页面
    function doSearchByType() {
        var type = $("#type").val();
        location.href = '/admin/type/' + type + '-1';
    }

    function doSearchByHeadline() {
        var keyword = $("#keyword").val();
        location.href = '/admin/search/' + keyword;
    }
</script>
```

上述代码成功执行后，系统管理首页（文章管理页面）的效果如图 8-1 所示。

图 8-1 系统管理首页（文章管理页面）的效果

8.1.4 文章处理

文章处理主要包括编辑文章、隐藏文章、推荐文章和审核文章等。由于编辑文章并不是管理员的主要职责，而是作者的主要职责，因此编辑文章功能将放在用户中心的开发中讲解，只需要为其添加正确的链接地址即可。本小节主要介绍文章的隐藏、推荐和审核。

按照 MVC 的开发顺序，同样先开发 Article 模型类相应的方法，用于处理数据库。在文章表中有 3 个字段 hide、recommended 和 checked，对于文章处理的 3 种方式其实就是简单地修改这 3 个字段的值而已。由于这 3 个字段均只有 0 和 1 两个取值，类似于一个状态开关，因此实现模型类的方法时采用切换的方式而不是赋值的方式。也就是说，只要调用一次该方法，其值就会被切换一次。具体模型类的实现代码如下。

```
// 切换文章的隐藏状态：1表示已隐，0表示隐藏
public function switchHidden($articleid) {
    $article = $this->find($articleid);
    if ($article->hide == 1) {
        $article->hide = 0;
    }
    else {
        $article->hide = 1;
    }
$article->save();
return $article->hide;  // 将当前最新状态返回给控制层
}

// 切换文章的推荐状态：1表示已推，0表示推荐
public function switchRecommended($articleid) {
    $article = $this->find($articleid);
    if ($article->recommended == 1) {
        $article->recommended = 0;
    }
    else {
      $article->recommended = 1;
    }
    $article->save();
```

```
    return $article->recommended;
}

// 切换文章的审核状态：1表示已审，0表示待审
public function switchChecked($articleid) {
    $article = $this->find($articleid);
    if ($article->checked == 1) {
        $article->checked = 0;
    }
    else {
        $article->checked = 1;
    }
    $article->save();
    return $article->checked;
}
```

完成接口部分的开发，实现与前端请求的对接。

```
// 文章隐藏状态切换，路由地址为"/system/article/hide/:articleid"，请求类型为Get
public function hide($articleid) {
    $article = new \app\model\Article();
    $last = $article->switchHidden($articleid);
    return $last;
}

// 文章推荐状态切换，路由地址为"/system/article/recommend/:articleid"，请求类型为Get
public function recommend($articleid) {
    $article = new \app\model\Article();
    $last = $article->switchRecommended($articleid);
    return $last;
}

// 文章审核状态切换，路由地址为"/system/article/check/:articleid"，请求类型为Get
public function check($articleid) {
    $article = new \app\model\Article();
    $last = $article->switchChecked($articleid);
    return $last;
}
```

实现前端按钮调用的功能，并同步修改按钮的值以便及时获取其状态。

```
function switchHide(obj, articleid) {
    $.get('/system/article/hide/' + articleid, function (data) {
        if (data == '1') {
            $(obj).html('<font color="red">已隐</font>');
        }
        else {
            $(obj).text('隐藏');
        }
    });
}

function switchRecommend(obj, articleid) {
    $.get('/system/article/recommend/' + articleid, function (data) {
        if (data == '1') {
            $(obj).html('<font color="red">已推</font>');
        }
        else {
            $(obj).text('推荐');
        }
    });
}

function switchCheck(obj, articleid) {
    $.get('/system/article/check/' + articleid, function (data) {
        if (data == '0') {
            $(obj).html('<font color="red">待审</font>');
```

```
        }
        else {
            $(obj).text('已审');
        }
    });
}
```

8.1.5 接口权限

系统管理还有很多其他功能，但是其实现方式均大同小异，没有什么本质区别，本书由于篇幅所限，因此将不再演示其代码和实现过程，读者完全可以自行实现。本小节需要额外补充的一点是后台接口目前是没有对权限进行任何控制的。也就是说，一个普通用户只要了解了接口规则，完全可以不用管理员权限进行接口调用。例如，在浏览器中访问 http://127.0.0.1/system/article/hide/10，就可以直接将编号为 10 的文章隐藏。所以需要在中间件中对系统管理的各个接口进行权限拦截，有权限的用户方可完成调用。目前，已经实现的系统管理接口的路由地址如下。

```
// 也可以为路由地址添加$，表示严格匹配，此时无须考虑路由顺序
Route::get('/system$', 'system/index');
Route::get('/system/article/:page$', 'system/paginate');
Route::get('/system/type/:type-:page', 'system/type');
Route::get('/system/search/:keyword', 'system/search');
Route::get('/system/article/hide/:articleid', 'system/hide');
Route::get('/system/article/recommend/:articleid', 'system/recommend');
Route::get('/system/article/check/:articleid', 'system/check');
```

以上所有的路由地址均以/system 开头。当然，使用全局中间件或路由中间件均可以很好地对以上路由地址对应的接口进行拦截过滤。但是由于所有的接口均在 System 控制器中，且只有管理员权限的用户可以访问这些接口，因此可直接定义控制器中间件。首先，在 app\middleware 目录下定义一个控制器中间件，将其命名为 SystemCheck.php，代码如下。

```
<?php
namespace app\middleware;

class SystemCheck{
    public function handle($request, \Closure $next) {
        if ($request->session('islogin') != 'true' ||
              $request->session('role') != 'admin') {
              return response('perm-denied');
        }
        return $next($request);
    }
}
```

其次，在 System 控制器中注册该控制器中间件。

```
class System extends BaseController {
    // 注册控制器中间件，以确保只有管理员可以操作系统管理接口
    protected $middleware = [\app\middleware\SystemCheck::class];
    // 其他代码略
}
```

此时，在浏览器中访问时将返回 perm-denied，表示权限拦截成功。后续针对用户中心的接口进行权限控制时，也使用类似的方式，本书不再赘述。

8.2 用户中心

8.2.1 我的收藏

我的收藏作为用户中心首页，可以完整展现用户收藏的文章，用户可以取消收藏，也可以浏览收藏的文章。其页面风格和功能与系统管理中的文章管理页面的非常类似。本小节通过实现用户中心首页我

的收藏的功能，为用户中心的设计和实现定义基调，后续的其他模块的功能实现将变得更加高效。

要实现我的收藏页面的浏览和取消收藏的功能，首先，需要定义 Favorite 模型类的查询和切换两个方法，代码如下。

```
// 为用户中心查询我的收藏添加数据操作方法
public function findMyFavorite() {
     // 与文章表进行连接查询以显示文章标题
     $result =$this->alias('f')->join('article  a',  'a.articleid=f.articleid')->where
('f.userid', session('userid'))->select();
     return $result;
}

// 切换收藏和取消收藏的状态
public function switchFavorite($favoriteid) {
     $favorite = $this->find($favoriteid);
     if ($favorite->canceled == 1) {
           $favorite->canceled = 0;
     }
     else {
           $favorite->canceled = 1;
     }
     $favorite->save();
     return $favorite->canceled;
}
```

其次，在 UCenter 控制器中实现对应的切换收藏状态和浏览的接口。

```
<?php
namespace app\controller;
use app\BaseController;

class UCenter extends BaseController {
    // 用户中心入口，路由地址为"/ucenter"，请求类型为Get
    public function index() {
         $favorite = new \app\model\Favorite();
         $result = $favorite->findMyFavorite();
         return view('index', ['result'=>$result]);
    }

    // 切换收藏状态，路由地址为"/ucenter/favorite/:favoriteid"
    public function favorite($favoriteid) {
         $favorite = new \app\model\Favorite();
         $last = $favorite->switchFavorite($favoriteid);
         return $last;
    }
}
```

再次，填充用户中心首页内容和实现前端切换收藏状态的 JavaScript 代码。

```
{extend name="../view/public/base.html" /}

{block name="content"}
<!-- 中部区域布局 -->
<div class="container" style="margin-top: 10px;">
<div class="row">
<div class="col-sm-2 col-12" style="padding: 0px 10px; ">
     <div class="col-12 admin-side" style="height: 320px">
          <!-- 绘制左侧菜单栏并添加正确的超链接 -->
          <ul>
               <li><a href="/ucenter"><span class="oi oi-heart"
                   aria-hidden="true"></span>  我的收藏</a></li>
               {if $Request.session.role == 'user'}
               <li><a href="/ucenter/post"><span class="oi oi-zoom-in"
                   aria-hidden="true"></span>  我要投稿</a></li>
               <!-- 普通用户投稿，编辑角色直接发布文章 -->
               {elseif $Request.session.role == 'editor' /}
```

```
                <li><a href="/prepost"><span class="oi oi-zoom-in"
                    aria-hidden="true"></span>  发布文章</a></li>
                <li><a href="/ucenter/draft"><span class="oi oi-book"
                    aria-hidden="true"></span>  我的草稿</a></li>
                {/if}
                <li><a href="/ucenter/article"><span class="oi oi-shield"
                    aria-hidden="true"></span>  我的文章</a></li>
                <li><a href="/ucenter/comment"><span class="oi oi-task"
                    aria-hidden="true"></span>  我的评论</a></li>
                <li><a href="/ucenter/info"><span class="oi oi-person"
                    aria-hidden="true"></span>  个人资料</a></li>
                <li><a href="/ucenter/credit"><span class="oi oi-account-login"
                    aria-hidden="true"></span>  我的积分</a></li>
            </ul>
        </div>
</div>
<div class="col-sm-10 col-12" style="padding: 0px 10px">
     <div class="col-12 admin-main">
     <div class="col-12" style="padding: 10px;">
     <table class="table col-12">
          <thead style="font-weight: bold">
          <tr>
              <td width="10%" align="center">编号</td>
              <td width="60%">标题</td>
              <td width="8%" align="center">浏览</td>
              <td width="8%" align="center">评论</td>
              <td width="14%" align="center">操作</td>
          </tr>
          </thead>
          <tbody>
          {volist name='result' id='article'}
          <tr>
              <td align="center">{$article.articleid}</td>
              <td><a href="/article/{$article.articleid}"
                  target="_blank">{$article.headline}</a></td>
              <td align="center">{$article.readcount}</td>
              <td align="center">{$article.replycount}</td>
              <td align="center">
                  <a href="#" onclick="switchFavorite(this, '{$article.favoriteid}')">
                  {if $article.canceled == 0} 取消收藏
                  {else /}<font color="red">继续收藏</font>{/if}
              </a>
              </td>
          </tr>
          {/volist}
          </tbody>
     </table>
     </div>
     </div>
</div>
</div>
</div>

<!-- 对应的switchFavorite函数的代码 -->
<script type="text/javascript">
     function switchFavorite(obj, favoriteid) {
          $.get('/ucenter/favorite/' + favoriteid, function (data) {
              if (data == '1') {
                   $(obj).html('<font color="red">继续收藏</font>');
              }
              else {
                   $(obj).text('取消收藏');
              }
```

```
        });
    }
</script>
{/block}
```

最后，基于上述代码实现的用户中心首页如图 8-2 所示。

图 8-2　用户中心首页

用户中心首页中的我的文章、我的积分、我的评论、个人资料等模块的功能与上述功能类似，本书不再赘述。

8.2.2　发布文章

如果登录用户的角色是作者，那么在用户中心的左侧菜单栏中会显示其发布文章，进而实现了文章发布的入口，即/prepost。在第 7 章中已经实现了文章发布的功能，所以可在用户中心中按照角色正确绘制好入口菜单，不需要额外的处理。

8.2.3　用户投稿

为了让所有用户都可以在博客上投稿，必须要为用户设计一个投稿的入口。用户投稿与发布文章在核心操作上是基本一致的，但是也必然要体现出差距来。一来用户投稿需要奖励用户积分；二来用户投稿的内容必须要经过审核，所以文章表的 checked 字段必须设置为 0；三来对于普通用户投稿，建议不提供保存草稿功能。

所以在实现用户投稿的前端界面时，不需要提供保存草稿的功能，而在提交请求时，可直接将 checked 字段设置为 0。基于 article\post.html 模板页面进行修改，生成一个用户投稿的新页面，将其命名为 ucenter\post.html，提交请求的代码修改如下。

```
// 用户投稿
function doUserPost() {
    var headline = $.trim($("#headline").val());
    var contentPlain = UE.getEditor("content").getContentTxt();

    if (headline.length < 5) {
        bootbox.alert({title:"错误提示", message:"标题不能少于5个字"});
        return false;
    }
    else if (contentPlain.length < 100) {
        bootbox.alert({title:"错误提示", message:"内容不能少于100个字"});
        return false;
    }
```

```
    // 发送请求时，带上articleid
    var param = "headline=" + headline;
    param += "&content=" + encodeURIComponent(UE.getEditor("content").getContent());
    param += "&type=" + $("#type").val();
    param += "&credit=" + $("#credit").val();
    param += "&drafted=0&checked=0&articleid=0";
    $.post('/article', param, function (data) {
        if (data == 'perm-denied') {
            bootbox.alert({title:"错误提示", message:"权限不足，无法投稿."});
        }
        else if (data == 'post-fail') {
            bootbox.alert({title:"错误提示", message:"投稿失败，请联系管理员."});
        }
        else if (data.match(/^\d+$/)) {
            bootbox.alert({title:"信息提示", message:"投稿成功，审核后即可发布."});
            setTimeout(function () {
                // 跳转到我的文章页面
                location.href = '/ucenter/article/' + data;
            }, 1000);
        }
        else {
            bootbox.alert({title:"错误提示", message:"投稿失败，可能没有权限."});
        }
    });
}
```

同时，重构 Article 控制器的新增文章接口，添加针对用户投稿的处理代码。

```
// 发布文章或处理草稿，路由地址为"/article"，请求类型为Post
public function add() {
    $headline = request()->post('headline');
    $content = request()->post('content');
    // 使用 /d 将参数强制转换为整数
    $category = request()->post('type/d');
    $credit = request()->post('credit/d');
    $drafted = request()->post('drafted/d');
    $checked = request()->post('checked/d');
    $articleid = request()->post('articleid/d');

    $article = new \app\model\Article();    // 实例化Article模型类

    // 为文章生成缩略图，优先从文章内容中查找，找不到则根据文章类别指定一张
    $urls = parse_image_url($content);
    if (count($urls) > 0) {
        $thumbname = generate_thumb($urls);
    }
    else {
        // 如果文章内容中没有图片，则根据文章类别指定缩略图
        $thumbname = $category . '.png';
    }

    // 如果用户未登录，则无法发布文章
    if (session('islogin') != 'true') {
        return 'perm-denied';
    }
    // 如果用户已经登录且角色是作者，则既可以将文章保存为草稿，也可以直接发布文章
    else if (session('role') == 'editor'){
        // 如果前端参数articleid为0，则表示是新增一篇文章
        if ($articleid == 0) {
            try {
                $id = $article->insertArticle($category, $headline, $content,
                        $thumbname, $credit, $drafted, $checked);
                return $id;
            } catch (Exception $e) {
```

```
                return 'post-fail';
            }
        }
        // 如果articleid不为0，则表示是修改文章
        else {
            try {
                $article->updateArticle($articleid, $category, $headline, $content,
                        $thumbname, $credit, $drafted, $checked);
                return $articleid;
            }
            catch (Exception $e) {
                return 'post-fail';
            }
        }
    }
    // 如果用户已经登录且角色是普通用户，则只能投稿
    // 注意，为了防止用户直接绕开前端向本接口发送数据，需要确保checked=0才允许投稿
    else if (session('role') == 'user' && $checked == 0) {
        try {
            $id = $article->insertArticle($category, $headline, $content,
                        $thumbname, $credit, $drafted, $checked);
            return $id;
        } catch (Exception $e) {
            return 'post-fail';
        }
    }
    else {
        return 'perm-denied';
    }
}
```

由于在 7.1.2 小节中对发布文章注册了 PostCheck 中间件，非作者权限的用户将无权发布文章，而普通用户可以直接调用 Article 控制器的 add 接口，因此需要重构 PostCheck 中间件，取消对用户角色的判断，修改后的代码如下。

```
<?php
namespace app\middleware;
use app\model\Users;

class PostCheck {
    public function handle($request, \Closure $next) {
        // 如果用户未登录，则不能发布文章
        if (session('islogin') != 'true') {
            // 中间件必须返回一个Response类型的对象
            return response('perm-denied');
        }
        return $next($request);
    }
}
```

用户完成投稿后，可以通过我的文章页面查看文章的审核状态，也可以继续编辑文章。同时，后台在对文章进行审核时，如果审核通过，则需要为用户增加 200 积分。这类操作均为已经详细演示过的内容，此处不再赘述。

8.2.4 编辑文章

在文章阅读页面以及后台系统中均可以随时编辑文章，目前的权限是管理员可以编辑任意文章，作者可以编辑自己的文章。所以无论哪个角色，其编辑界面均可以跳转到同一个，只需要做好权限判定即可。

针对编辑文章的操作，一来需要获取文章的原始内容并将其填充到相应表单元素中，包括文章的类别和积分消耗情况；二来需要将文章编号填充到模板页面中，并将其随编辑请求一起发送到后台接口中进行处理。

在实现草稿箱功能时，已经为 Article 模型类实现了方法 updateArticle，其完全可以用于文章的编辑处理。所以只需要为 Article 控制器添加两个接口用于编辑页面的渲染和处理文章编辑请求即可，代码如下。

```
// 编辑文章页面，路由地址为"/article/edit/:articleid"，请求类型为Get
public function preEdit($articleid) {
    $article = new \app\model\Article();
    $result = $article->find($articleid);
    return view('edit', ['article'=>$result]);
}

// 编辑文章，路由地址为"/article/edit"，请求类型为Post
public function edit() {
    $articleid = request()->post('articleid/d');
    $headline = request()->post('headline');
    $content = request()->post('content');
    $category = request()->post('type/d');
    $credit = request()->post('credit/d');

    $article = new \app\model\Article();
    try {
        $id = $article->updateArticle($articleid, $category, $headline, $content, null,
                      $credit);
        return $id;
    }
    catch (Exception $e) {
        return 'edit-fail';
    }
}

// 同步修改updateArticle方法，对缩略图进行判断，不为空时才进行更新
if ($thumbnail != null)
    $artilce->thumbnail = $thumbnail;
```

由于 Article 控制器下面的很多路由地址均以/article 开头，因此按照 ThinkPHP 的路由规则，仍然可能出现解析错误的情况。现将路由文件中 Article 控制器的定义规则展示如下，便于读者核对和确认。

```
Route::get('/recommend', 'article/recommend');
Route::get('/article/:articleid$', 'article/read')
        ->middleware(app\middleware\AutoLogin::class);
Route::post('/article/readall', 'article/readAll');
Route::get('/prepost', 'article/prepost');
Route::get('/article/edit/:articleid', 'article/preEdit');
Route::post('/article/edit$', 'article/edit');
Route::post('/article$', 'article/add')
        ->middleware(app\middleware\PostCheck::class);
```

同时，新建前端界面 edit.html（可直接复制 post.html 并对其进行修改），用于加载文章内容和提交编辑请求。

```
{extend name="../view/public/base.html" /}
{block name="content"}

<!-- 中部区域布局 -->
<!--需要在页面中引入UEditor库，并初始化编辑器高度 -->
<script type="text/javascript" src="/ue/ueditor.config.js"></script>
<script type="text/javascript" src="/ue/ueditor.all.min.js"> </script>
<script type="text/javascript" src="/ue/lang/zh-cn/zh-cn.js"></script>
<script type="text/javascript">
    // 初始化UEditor插件，将其与ID为content的元素进行绑定
    var ue = UE.getEditor('content', {
        initialFrameHeight: 400,     // 设置初始高度为400px
        autoHeightEnabled: true,     // 设置可以根据内容自动调整高度
        serverUrl: '/uedit'
    });
```

```
    // 编辑文章的前端处理函数
    function doEdit() {
        var headline = $.trim($("#headline").val());
        var contentPlain = UE.getEditor("content").getContentTxt();

        if (headline.length < 5) {
            bootbox.alert({title:"错误提示", message:"标题不能少于5个字"});
            return false;
        }
        else if (contentPlain.length < 100) {
            bootbox.alert({title:"错误提示", message:"内容不能少于100个字"});
            return false;
        }

        // 发送请求时，带上articleid
        var param = "headline=" + headline;
        param += "&content=" +
                encodeURIComponent(UE.getEditor("content").getContent());
        param += "&type=" + $("#type").val();
        param += "&credit=" + $("#credit").val();
        param += "&articleid={$article.articleid}";
        $.post('/article/edit', param, function (data) {
            if (data == 'perm-denied') {
                bootbox.alert({title:"错误提示", message:"权限不足，无法修改."});
            }
            else if (data == 'post-fail') {
                bootbox.alert({title:"错误提示", message:"修改失败，请联系管理员."});
            }
            else if (data.match(/^\d+$/)) {
                bootbox.alert({title:"信息提示", message:"恭喜你，修改文章成功."});
                setTimeout(function () {
              location.href = '/article/' + data;  // 跳转到我的文章页面
                }, 1000);
            }
            else {
                bootbox.alert({title:"错误提示", message:"修改失败，可能没有权限."});
            }
        });
    }
</script>
<script type="text/javascript">

</script>
<div class="container" style="margin-top: 20px; background-color: white; padding: 20px;">
    <div class="row form-group">
        <label for="headline" class="col-1">文章标题</label>
        <input type="text" class="col-11" id="headline" value="{$article.headline}"/>
    </div>
    <div class="row">
        <script id="content" name="content" type="text/plain">
            {$article.content | raw}
        </script>
    </div>
    <div class="row form-group" style="margin-top: 20px; padding-top: 10px;">
        <label for="type" class="col-1">类型：</label>
        <select class="form-control col-2" id="type">
            {foreach $Think.config.article_type as $key=>$value}
            <!-- 注意，此处需要根据分类值决定显示哪一类文章 -->
            <option value="{$key}" {if $article.category == $key}
                selected {/if}>{$value}</option>
            {/foreach}
        </select>
        <label class="col-1"></label>
```

```
            <label for="credit" class="col-1">积分：</label>
            <!--“积分”下拉列表中同样需要根据积分来决定显示哪一项 -->
            <select class="form-control col-2" id="credit">
                <option value="0" {if $article.credit == 0} selected {/if}>免费</option>
                <option value="1" {if $article.credit == 1} selected {/if}>1分</option>
                <option value="2" {if $article.credit == 2} selected {/if}>2分</option>
                <option value="5" {if $article.credit == 5} selected {/if}>5分</option>
                <option value="10" {if $article.credit == 10} selected {/if}>10分</option>
                <option value="20" {if $article.credit == 20} selected {/if}>20分</option>
                <option value="50" {if $article.credit == 50} selected {/if}>50分</option>
            </select>
            <label class="col-1"></label>
            <button class="form-control btn-primary col-2" onclick="doEdit()">
                保存修改</button>
            </select>
        </div>
</div>

{/block}
```

用户中心还有其他功能模块没有实现，但是其功能和原理均无更多需要演示和讲解的内容，只需要按照 MVC 的标准操作步骤完成即可，本书由于篇幅所限对此不再赘述。

8.3 短信校验

8.3.1 阿里云账号注册

目前，互联网中运行的系统基本上都不再是一个孤立的系统，专业化分工越来越精细。所以很多第三方接口和服务应运而生，可以使开发人员只专注于系统核心业务而无须操心一些配套服务。例如，目前市面上比较流行的第三方接口通常会发布基于不同编程语言的 SDK，开发人员只需要简单掌握 SDK 的调用规则便可以将第三方接口集成进来。例如，短信服务、支付服务、第三方登录、消息推送、实时聊天、语音图像识别等。

本节主要通过阿里云提供的短信服务来为读者演示第三方接口的用法，进而达到举一反三的目的。无论是支付还是消息推送等第三方接口的使用，无一不遵循类似的操作。

要使用阿里云的短信服务，首先需要注册一个阿里云的账号并进行实名认证，再向账号充值，充值多少可由用户自行决定。完成后需要创建一个 AccessKey 用于调用阿里云的各类服务。进入账号控制台，使鼠标指针在右上角的用户头像图标处悬停，在 AccessKey 管理页面中新建 AccessKey，如图 8-3 所示。

图 8-3　新建 AccessKey

在“云通信”的产品类别下找到“短信服务”的入口，并进入“国内消息”，完成签名和短信模板的添加。图 8-4 所示为蜗牛笔记为用户注册和找回密码添加的阿里云短信模板。

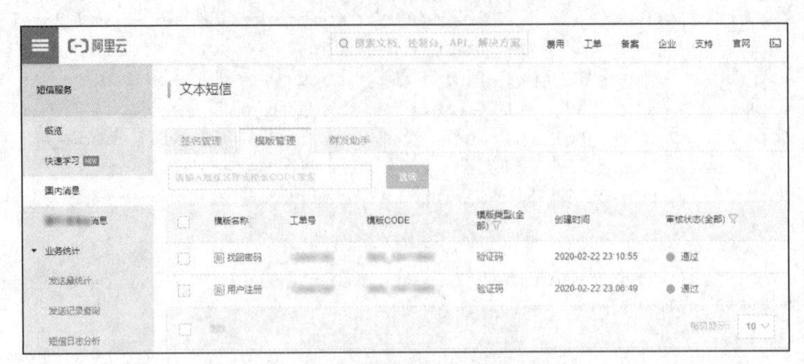

图 8-4　阿里云短信模板

添加完签名和短信模板后，待阿里云完成审核便可以使用了。通常，短信模板需要内置一些自定义变量，以类似${code}的风格进行引用。code 是一个变量，可以自定义任意变量名，用于在代码中对其值进行替换。编者使用的用户注册的阿里云短信模板详情如图 8-5 所示。

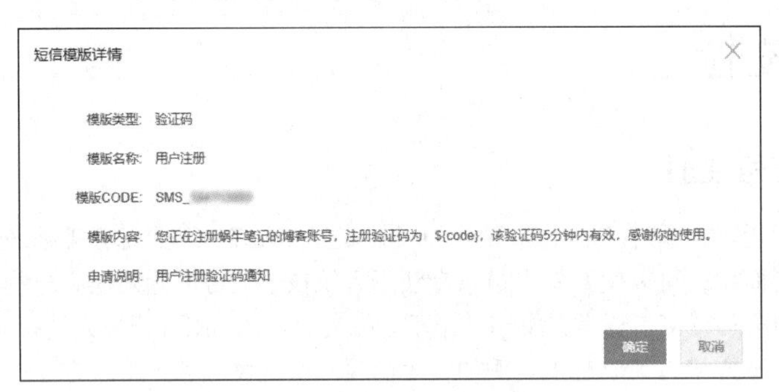

图 8-5　阿里云短信模板详情

完成上述操作以后，接下来找到左侧菜单选项中的“帮助文档”，进入短信发送的帮助中心，找到对应的与 PHP 语言相关的帮助内容，按照步骤先使用 Composer 安装阿里云短信对应的 PHP 版本的 SDK——composer require alibabacloud/client，如图 8-6 所示，据 SDK 的接口规范即可完成短信验证码的发送。

```
e:\Workspace\phpworkspace\WoniuNote>composer require alibabacloud/client
Using version ^1.5 for alibabacloud/client
./composer.json has been updated
Loading composer repositories with package information
Updating dependencies (including require-dev)
Package operations: 10 installs, 0 updates, 0 removals
  - Installing clagiordano/weblibs-configmanager (v1.0.7): Downloading (100%)
  - Installing adbario/php-dot-notation (2.2.0): Downloading (100%)
  - Installing mtdowling/jmespath.php (2.5.0): Downloading (100%)
  - Installing danielstjules/stringy (3.1.0): Downloading (100%)
  - Installing ralouphie/getallheaders (3.0.3): Downloading (100%)
  - Installing psr/http-message (1.0.1): Downloading (100%)
  - Installing guzzlehttp/psr7 (1.6.1): Downloading (100%)
  - Installing guzzlehttp/promises (v1.3.1): Downloading (100%)
  - Installing guzzlehttp/guzzle (6.5.2): Downloading (100%)
  - Installing alibabacloud/client (1.5.21): Downloading (100%)
guzzlehttp/psr7 suggests installing zendframework/zend-httphandlerrunner (Emit PSR-7 responses)
guzzlehttp/guzzle suggests installing ext-intl (Required for Internationalized Domain Name (IDN) support)
alibabacloud/client suggests installing ext-sockets (To use client-side monitoring)
Writing lock file
Generating autoload files
> @php think service:discover
Succeed!
> @php think vendor:publish
File E:\Workspace\phpworkspace\WoniuNote\config\annotation.php exist!
File E:\Workspace\phpworkspace\WoniuNote\config\captcha.php exist!
File E:\Workspace\phpworkspace\WoniuNote\config\trace.php exist!
Succeed!
```

图 8-6　安装阿里云短信对应的 PHP 版本的 SDK

8.3.2 测试短信接口

完成短信账号申请和短信模板的审核，并成功安装了 PHP 版本的 SDK 后，接下来便可以根据 SDK 的接口规范来发送短信了。在阿里云中可以直接通过 OpenAPI Explorer 程序生成发送短信验证码的代码，包括很多阿里云的服务及不同的编程语言类型，均可以自动生成对应的代码，如图 8-7 所示。

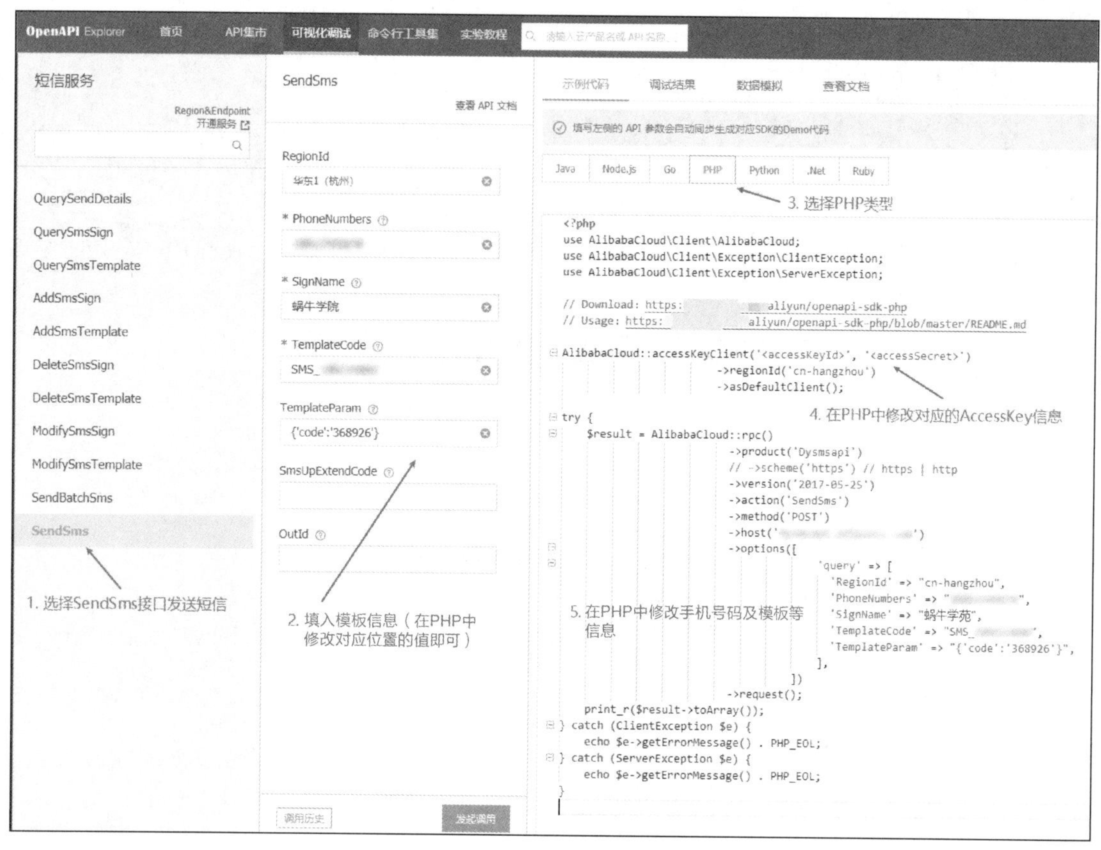

图 8-7　成功接收阿里云短信验证码

将上述发送短信验证码的代码复制并保存到 common.php 文件中，并传递短信验证码和手机号码两个参数。由于用户注册和找回密码对应的模板代码不一样，因此可以再增加一个参数进行传递，即短信验证码类型，根据不同的类型参数决定采用不同的模板编号。封装后的 send_sms 函数的代码如下。

```
use AlibabaCloud\Client\AlibabaCloud;
use AlibabaCloud\Client\Exception\ClientException;
use AlibabaCloud\Client\Exception\ServerException;
function send_sms($phone, $code, $type)
{
    // 请根据生成的AccessKey和AccessSecret字符串正确填写
    AlibabaCloud::accessKeyClient('<accessKeyId>', '<accessSecret>')
        ->regionId('cn-hangzhou')->asDefaultClient();
    try {
        $result = AlibabaCloud::rpc()
            ->product('Dysmsapi')
            ->scheme('https')  // https | http
            ->version('2017-05-25')
            ->action('SendSms')
            ->method('POST')
            ->host('dysmsapi.aliyuncs.com')
```

```
                ->options([
                    'query' => [
                        'RegionId' => "cn-hangzhou",
                        'PhoneNumbers' => $phone,
                        'SignName' => "蜗牛学苑",
                        'TemplateCode' => "SMS_184115860",
                        'TemplateParam' => "{'code':$code}",
                    ],
                ])
                ->request();
            print_r($result->toArray());
        } catch (ClientException $e) {
            echo $e->getErrorMessage() . PHP_EOL;
        } catch (ServerException $e) {
            echo $e->getErrorMessage() . PHP_EOL;
        }
}
```

在上述代码中填入正确的信息并通过控制器接口调用后，编者的手机成功接收到了相应的包含验证码的短信，如图 8-8 所示。

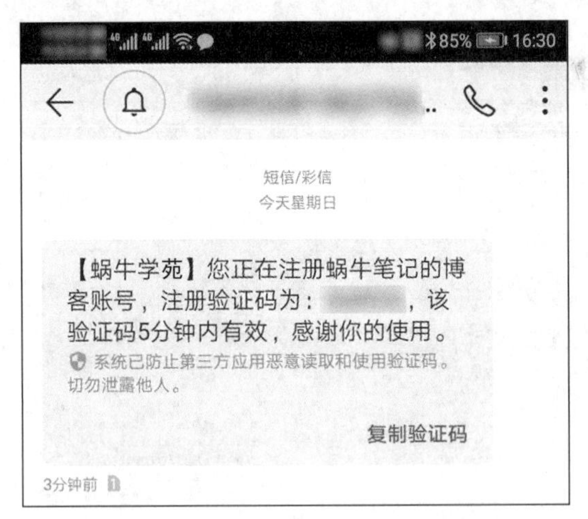

图 8-8　成功接收到阿里云验证码短信

8.3.3　短信验证码使用场景

短信验证码的发送功能的代码实现后，接下来可以利用短信验证码的场景将会非常多。例如，用户注册时不一定只需要通过邮箱地址和邮箱验证码来进行处理了，而是可以直接通过手机号码和短信验证码进行处理。同样，找回密码时也可以使用手机号码。另外，如果使用手机号码进行登录，则用户也可以不需要使用密码，而是通过短信验证码完成登录。类似的场景非常多，如用户的评论有回复的时候、用户投稿审核通过的时候、有新的好文章推荐给用户的时候，都可以使用手机短信来通知用户。相比于使用邮件通知和邮箱验证码来说，使用手机短信要方便很多，因为通常来说，用户会随时使用手机，而不会随时打开邮箱查看邮件。

与邮箱验证码的生成过程类似，在编码实现时也同样可以生成一个随机的 6 位数字作为短信验证码，并同时将其保存到 Session 变量中，当用户提交短信验证码时，将其和 Session 变量中的短信验证码进行比对即可确定是否正确。由于其实现过程和思路与邮箱验证码的完全类似，因此本书不再详细演示和讲解其代码及实现过程。

事实上，无论是邮箱验证码还是短信验证码，目前的实现方案中依然存在问题。由于目前的实现思路是将验证码保存到 Session 变量中，而 Session 变量的默认过期策略是关闭浏览器即过期，也就是说，用户只要不关闭浏览器，Session 变量的值就会一直保存。在短信模板中告知用户的 5 分钟有效期其实只是一句提醒而已，并不能真正做到 5 分钟就使验证码过期。这段时间有可能少于 5 分钟，有可能多于 5 分钟，这都不是由后台接口来控制的，而是由用户什么时候关闭浏览器决定的。除非将 Session 变量的过期策略修改为固定的过期时间，但是 5 分钟的过期时间通常太短，业界通用的标准是 30 分钟过期。这样仍然不能确保验证码 5 分钟后真正过期。所以通过 Session 变量来保存验证码并不是很好的解决方案，那么好的解决方案是什么呢？本书将在第 9 章中给出答案。

Chapter 09

第9章

高级功能开发

学习目标

（1）熟练配置ThinkPHP的缓存策略并将其应用于项目中。

（2）熟练运用Redis缓存服务器处理系统缓存。

（3）对页面静态化处理技术和策略有深入理解。

（4）熟练使用Postman进行接口和性能测试。

本章导读

■本章作为本书的技术扩展，基于蜗牛笔记的开发场景讲解目前比较常用的高级开发技术，为读者的企业级 Web 系统开发打下坚实的基础，同时帮助读者对系统优化有更加深入的理解。本章主要包括缓存技术、静态化技术、接口与性能测试技术等。完成本章的学习后，读者应该可以完全具备将蜗牛笔记上线运行的能力。

9.1 数据缓存处理

9.1.1 ThinkPHP 缓存基础

ThinkPHP 内置了缓存技术，目前支持的类型包括 file、memcache、wincache、sqlite、redis 等。ThinkPHP 默认自带的缓存是文件类型，也就是说，如果使用 ThinkPHP 的缓存技术，则会将缓存数据保存到文件中，在目录 runtime\cache 下进行存储。

使用默认的文件类型缓存进行简单的测试，在路由文件中实现如下代码，并设置缓存时间为 10s。

```
// 简单的缓存使用，缓存时间为10s
Route::get('/cache', function () {
    return date('Y-m-d H:i:s');
})->cache(10);
```

实现上述代码后，在浏览器中访问 http://127.0.0.1/cache，由于为显示时间设置了 10s 的缓存，因此在 10s 内显示在页面中的时间不会发生变化。这是 ThinkPHP 中较简单的缓存技术的使用。下面的代码演示了对缓存数据进行赋值和取值操作的几种方式。

```
use \think\facade\Cache;
Route::get('/redis', function (){
     // 使用门面直接调用
     Cache::set('blogName','蜗牛笔记');
     return Cache::get('blogName');

     // 使用handler来获取Cache实例进行操作
     $handler = Cache::handler();
     $handler->set('blogName', '蜗牛学苑');
     return $handler->get('blogName');

     // 也可以使用助手函数调用，可以指定特定的时间过期
     cache('blogName', '蜗牛学苑', new DateTime('2020-03-24 15:21:05'));
     return cache('blogName');
});
```

下列代码演示了 ThinkPHP 封装后的 Cache 对象的常见基本操作。

```
<?php
namespace app\controller;
use app\BaseController;
use think\facade\Cache;

class CacheDemo extends BaseController {
     // 路由地址为"/cache/1"，请求类型为Get
     public function test01() {
          Cache::set('number', 1);
          // number自增（默认步进值为1）
          Cache::inc('number');
          // number自增（步进值为3）
          Cache::inc('number',3);
          // number自减（默认步进值为1）
          Cache::dec('number');
          // 取值并响应给前端
          return Cache::get('number');

          // 如果缓存数据是一个数组，则可以通过push方法追加数据
          Cache::set('myarray', [1,2,3]);
          Cache::push('myarray', 4);
          return json(Cache::get('myarray'));  // [1,2,3,4]

          // 删除某一个缓存值
```

```
        Cache::delete('number');
        return Cache::get('number');    // 删除后再次获取时返回空
        // 清空所有缓存
        Cache::clear();
        return json(Cache::get('myarray'));
    }
}
```

9.1.2 缓存验证码

在第 5 章中，对用户注册和登录均使用了验证码，但是在服务器端都是通过 Session 变量来保存验证码的。Session 变量并不能有效控制验证码的过期时间，例如，注册时设置的邮件验证码为 5 分钟的有效期，而若将 Session 变量的有效期也设置为 5 分钟，则时间过短，不适用于系统保存其他 Session 变量的值。所以使用缓存来保存验证码便是一种有效的解决方式，也是业界通用的一种方式。以下代码演示了如何使用 ThinkPHP 的缓存技术来保存验证码。

```
// 生成验证码并将其保存到缓存中，路由地址为"/cache/code"，请求类型为Get
public function code()
{
    // 先获取Session ID用于构建一个验证码Key，以区分用户
    // 否则会出现两个用户同时访问时，第二个用户的验证码覆盖第一个用户的验证码的情况
    $sessionid = Session::getId();
    $name = $sessionid . '_code';
    $str = "1234567890asdfghjklqwertyuiopzxcvbnmASDFGHJKLZXCVBNMPOIUYTREWQ";
    $code = substr(str_shuffle($str), 0, 6);
    cache($name, $code, 300);  // 设置过期时间为5分钟
    return $code;
}

// 根据用户的Session ID去缓存中查找数据并进行验证，模拟注册或登录
// 路由地址为"/cache/verify"，请求类型为Post
public function verify() {
    // 如果要验证用户的验证码是否正确，则取值并将其与用户提交的数据进行比较即可
    $sessionid = Session::getId();
    $code = cache($sessionid . '_code');
    $ecode = request()->post('ecode');
    if (strtolower($code) == strtolower($ecode))
        return '验证码正确.';
    else
        return '验证码错误.';
}
```

利用缓存为 Key 设置有效期的机制，便可以将随机生成的验证码暂存于缓存中。当缓存数据到期后，缓存变量会自动清空。

9.1.3 配置 Redis 缓存

由于 ThinkPHP 默认使用文件缓存，而硬盘本身的读写速度是比较慢的，因此这比较适用于一些并发量不是很高的场景。如果是针对高并发的系统，则建议使用专门的缓存服务器。目前比较流行的缓存服务器是 Redis，因为相比于其他缓存服务器，Redis 支持的数据类型更多，操作也更加方便。那么如何配置 ThinkPHP 支持 Redis 缓存服务器呢？修改 config 目录下的 cache.php 文件，为其指定 Redis 缓存服务器连接参数，并设置其为默认缓存驱动即可。

```
<?php
return [
    // 设置默认缓存驱动，此处修改为redis
    'default' => env('cache.driver', 'redis'),

    // 配置缓存连接方式
    'stores'  => [
```

```
        'file' => [   // 原始配置为文件类型，可删除或注释
                // 驱动方式
                'type'       => 'File',
                // 缓存保存目录
                'path'       => '',
                // 缓存前缀
                'prefix'     => '',
                // 缓存有效期为0表示永久缓存
                'expire'     => 0,
                // 缓存标签前缀
                'tag_prefix' => 'tag:',
                // 序列化机制，如 ['serialize', 'unserialize']
                'serialize'  => [],
        ],
        // 为Redis缓存服务器指定连接信息
        'redis'   =>  [
                // 驱动方式
                'type'  => 'redis',
                // 服务器地址
                'host'  => '127.0.0.1',
                'port'  => '6379',
                // 'password' => '123456',  // 如有密码则指定
                'expire'    => 0    // 表示缓存数据永不过期
        ],
    ],
];
```

配置完成后，启动 Redis 缓存服务器（参考 1.2.6 小节的内容），在路由文件中定义一个基本的缓存变量并尝试取值，代码如下。

```
use \think\facade\Cache;
Route::get('/redis', function (){
    // 使用门面直接调用
    Cache::set('blogName','蜗牛笔记');
    // 也可以使用助手函数调用
    return cache('blogName');
});
```

此时，访问 http://127.0.0.1/redis 会直接报错为“不支持: redis”，如图 9-1 所示。

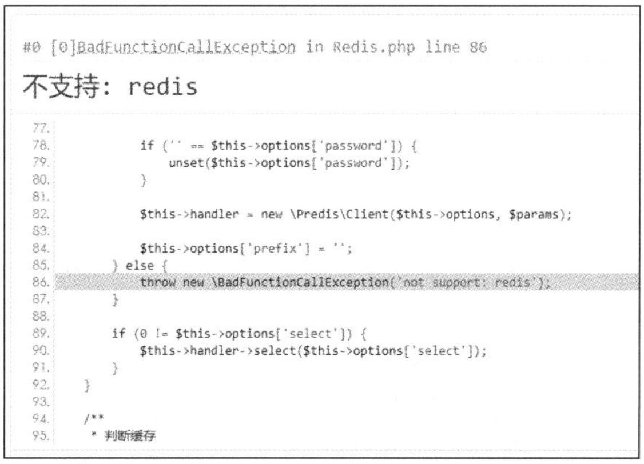

```
#0 [0]BadFunctionCallException in Redis.php line 86
不支持: redis
77.
78.             if ('' == $this->options['password']) {
79.                 unset($this->options['password']);
80.             }
81.
82.             $this->handler = new \Predis\Client($this->options, $params);
83.
84.             $this->options['prefix'] = '';
85.         } else {
86.             throw new \BadFunctionCallException('not support: redis');
87.         }
88.
89.         if (0 != $this->options['select']) {
90.             $this->handler->select($this->options['select']);
91.         }
92.     }
93.
94.     /**
95.      * 判断缓存
```

图 9-1　ThinkPHP 使用 Redis 缓存服务器报错

事实上，上述代码和配置都是正确的，图 9-1 所示的错误并非来自代码，而是在 PHP 环境中没有提供对 Redis 扩展库的支持，所以需要为 PHP 环境安装、配置 Redis 扩展库。直接访问 https://windows.php.net/downloads/pecl/snaps/redis/4.2.0/来下载 Redis 扩展库，如图 9-2 所示。

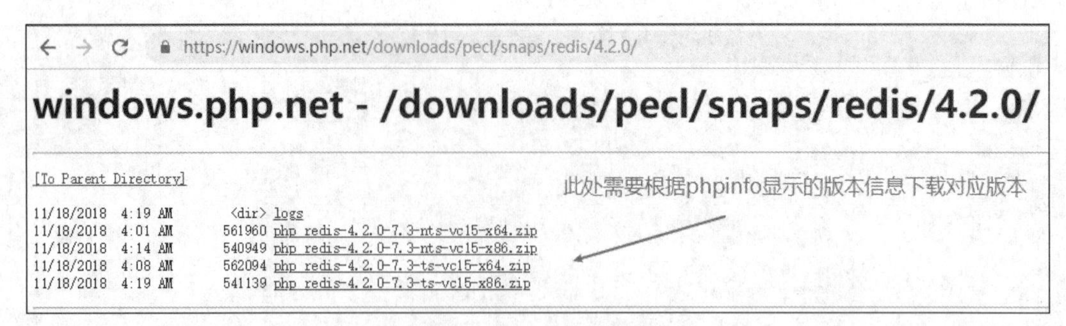

图 9-2　下载 Redis 扩展库

由于对应版本分为 nt s 和 ts，且对应 Apache 的 vc15 版本并具有 x64 及 x86 之分，因此一开始并不能确定具体是哪个版本。在路由文件中添加一条路由信息，并访问 phpinfo 即可查看到对应的版本信息，代码如下。

```
Route::get('/phpinfo', function () {
    return phpinfo();
});
```

访问 http://127.0.0.1/phpinfo，就可以看到对应的版本信息，如图 9-3 所示。

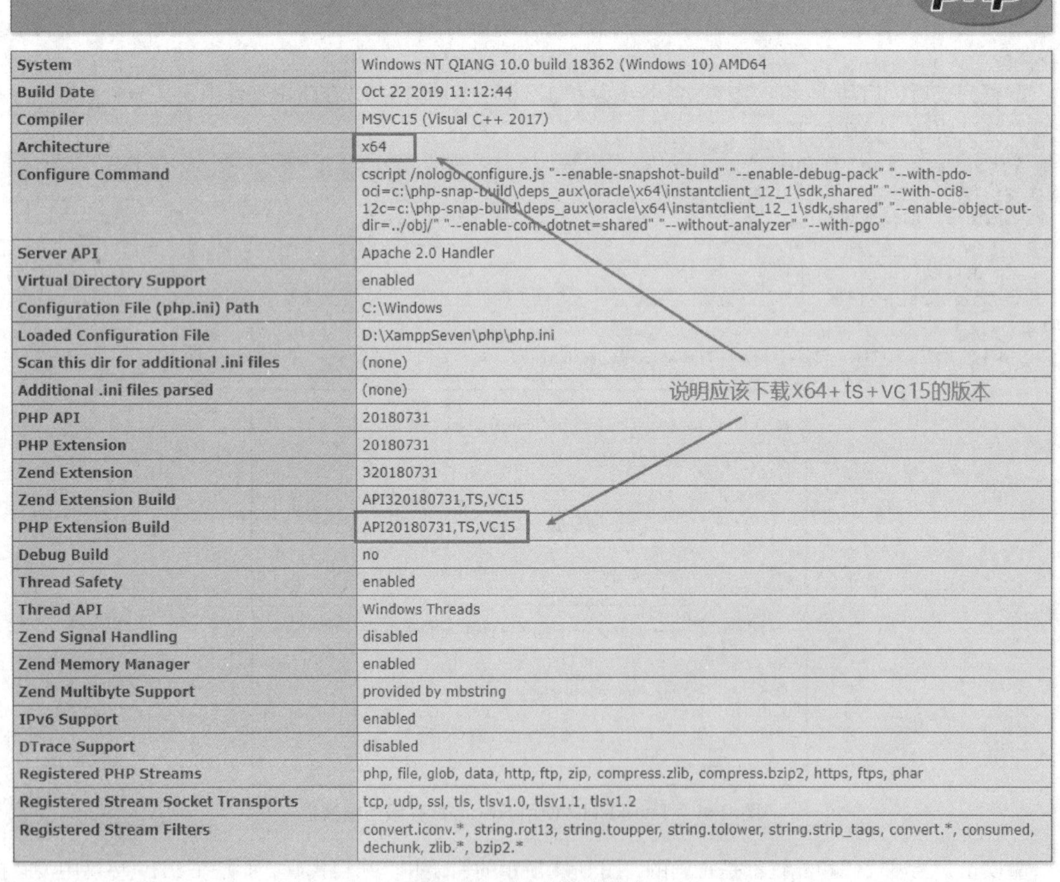
PHP Version 7.3.11

System	Windows NT QIANG 10.0 build 18362 (Windows 10) AMD64
Build Date	Oct 22 2019 11:12:44
Compiler	MSVC15 (Visual C++ 2017)
Architecture	x64
Configure Command	cscript /nologo configure.js "--enable-snapshot-build" "--enable-debug-pack" "--with-pdo-oci=c:\php-snap-build\deps_aux\oracle\x64\instantclient_12_1\sdk,shared" "--with-oci8-12c=c:\php-snap-build\deps_aux\oracle\x64\instantclient_12_1\sdk,shared" "--enable-object-out-dir=../obj/" "--enable-com-dotnet=shared" "--without-analyzer" "--with-pgo"
Server API	Apache 2.0 Handler
Virtual Directory Support	enabled
Configuration File (php.ini) Path	C:\Windows
Loaded Configuration File	D:\XamppSeven\php\php.ini
Scan this dir for additional .ini files	(none)
Additional .ini files parsed	(none)
PHP API	20180731
PHP Extension	20180731
Zend Extension	320180731
Zend Extension Build	API320180731,TS,VC15
PHP Extension Build	API20180731,TS,VC15
Debug Build	no
Thread Safety	enabled
Thread API	Windows Threads
Zend Signal Handling	disabled
Zend Memory Manager	enabled
Zend Multibyte Support	provided by mbstring
IPv6 Support	enabled
DTrace Support	disabled
Registered PHP Streams	php, file, glob, data, http, ftp, zip, compress.zlib, compress.bzip2, https, ftps, phar
Registered Stream Socket Transports	tcp, udp, ssl, tls, tlsv1.0, tlsv1.1, tlsv1.2
Registered Stream Filters	convert.iconv.*, string.rot13, string.toupper, string.tolower, string.strip_tags, convert.*, consumed, dechunk, zlib.*, bzip2.*

图 9-3　对应的版本信息

根据图 9-3 所示的版本信息，可以确定应下载图 9-2 中的 php redis-4.2.0-7.3-ts-vc15-x64.zip

文件。下载完成后进行解压，将文件夹中的 php_redis.dll 和 php_redis.pdb 两个文件复制到 Xampp\php\ext 目录下，并修改 Xampp\php\php.ini 配置文件，在任意位置添加如下内容。

```
; 添加对Redis的支持
extension=php_redis.dll
```

重启 XAMPP 的 Apache 服务器，再次访问 http://127.0.0.1/phpinfo，如果在 PHP 的配置信息中可以看到 redis 节点信息，则说明 Redis 扩展库安装、配置成功，如图 9-4 所示。

redis

Redis Support	enabled
Redis Version	4.2.0
Available serializers	php

Directive	Local Value	Master Value
redis.arrays.autorehash	0	0
redis.arrays.connecttimeout	0	0
redis.arrays.distributor	no value	no value
redis.arrays.functions	no value	no value
redis.arrays.hosts	no value	no value
redis.arrays.index	0	0
redis.arrays.lazyconnect	0	0
redis.arrays.names	no value	no value
redis.arrays.pconnect	0	0
redis.arrays.previous	no value	no value
redis.arrays.readtimeout	0	0
redis.arrays.retryinterval	0	0
redis.clusters.persistent	0	0
redis.clusters.read_timeout	0	0
redis.clusters.seeds	no value	no value
redis.clusters.timeout	0	0
redis.session.lock_expire	0	0
redis.session.lock_retries	10	10
redis.session.lock_wait_time	2000	2000
redis.session.locking_enabled	0	0

图 9-4　Redis 扩展库安装、配置成功

除了使用 phpinfo 在页面中直接查看 Redis 扩展库信息外，也可以直接在 Xampp\php 目录下运行命令“php.exe -m”，这样也可以确认 Redis 扩展库是否安装成功。此时，再次访问 http://127.0.0.1/redis，将看到缓存变量 blogName 可以正常取值。同时，打开 Redis 客户端命令提示符窗口，查看 blogName 的值，会发现其同样可以正常取值，如图 9-5 所示。

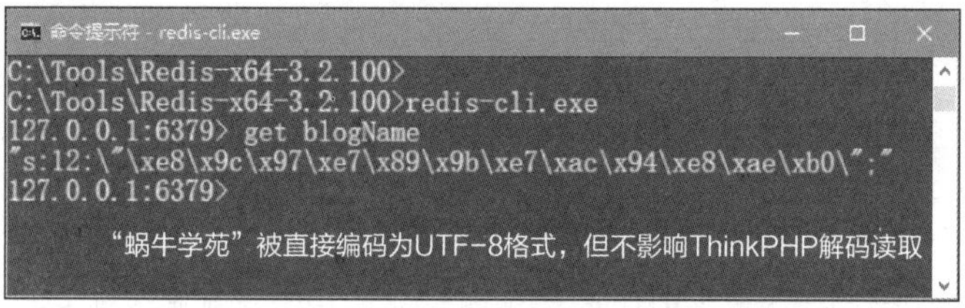

```
命令提示符 - redis-cli.exe
C:\Tools\Redis-x64-3.2.100>
C:\Tools\Redis-x64-3.2.100>redis-cli.exe
127.0.0.1:6379> get blogName
"s:12:\"\xe8\x9c\x97\xe7\x89\x9b\xe7\xac\x94\xe8\xae\xb0\";"
127.0.0.1:6379>
```

“蜗牛学苑”被直接编码为UTF-8格式，但不影响ThinkPHP解码读取

图 9-5　在 Redis 客户端命令提示符窗口中查看缓存变量

至此，在 ThinkPHP 环境中成功完成了 Redis 的配置。为了能够更加直观地查看 Redis 中的变量，建议安装 Redis Desktop Manager，直接通过窗口来管理 Redis 数据库，这比使用命令提示符窗口更方便、更直观。安装完成后，单击 Redis Desktop Manager 运行界面左下角的“Connect to Redis Server”按钮并输入正确的主机名和端口号即可连接到 Redis 数据库，如图 9-6 所示。

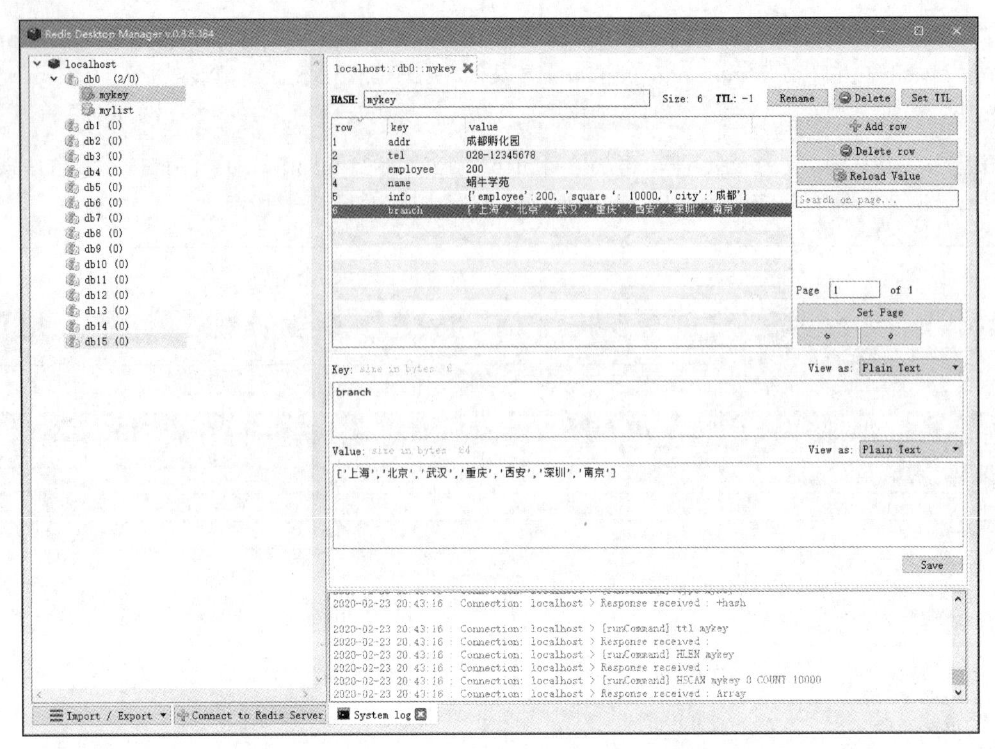

图 9-6　Redis Desktop Manager 运行界面

9.1.4　使用 Redis 缓存 Session

Session 变量是系统中非常重要的变量类型，系统通过为每一个用户分配一个唯一的 Session ID 来区分不同用户的不同变量值。而在 ThinkPHP 中，Session 变量也是通过文件进行保存的，其工作机制与文件缓存有类似之处。通过 config 目录下的 session.php 配置文件可以看出这一点。

```
<?php
return [
    // session name
    'name'           => 'PHPSESSID',
    // SESSION_ID的提交变量，解决flash上传跨域问题
    'var_session_id' => '',
    // 驱动方式，支持file和cache，默认为file类型
    'type'           => 'file',
    // 存储连接标识，当type使用cache的时候有效
    'store'          => null,
    // 过期时间
    'expire'         => 1440,
    // 前缀
    'prefix'         => '',
];
```

在上述配置文件中，可以直接将 Session 的驱动方式从 file 改成 cache，表示通过缓存来保存 Session 变量，并再通过指定 store 来指定缓存的存储类型。这里的 store 与配置文件 cache.php 中 stores 节点下的存储类型是配对的，也就是说，只有在 cache.php 配置文件中配置过的存储节点，才可以在 session.php 配置文件中使用。例如，若配置为使用 Redis 缓存服务器来保存 Session 变量，则只要为 session.php 配置文件指定 store 的值为 redis，并重启 Apache 使之生效即可。

```
<?php
return [
    // session name
```

```
    'name'             => 'PHPSESSID',
    // SESSION_ID的提交变量，解决flash上传跨域问题
    'var_session_id' => '',
    // 驱动方式，支持file和cache，默认为file类型
    'type'             => 'cache',
    // 存储连接标识，当type使用cache的时候有效
    'store'            => 'redis',
    // 过期时间
    'expire'           => 1440,
    // 前缀
    'prefix'           => '',
];
```

配置完成后，每当一个新的用户访问蜗牛笔记时，便会在 Redis 中直接生成一条新的以 Session ID 作为键、以 Session 变量作为值的缓存数据，如图 9-7 所示。

图 9-7 在 Redis 中缓存 Session 变量

一旦配置 Session 的存储方式为 Redis，每次要正常访问蜗牛笔记时，就必须先确保 Redis 服务器是正常启动的。在调试过程中，为了减少环境准备的环节，也可以切换为默认的文件存储方式，在正式上线的生产环境中切换到 Redis 即可。

9.1.5 Redis 基础与操作

Redis 是一个开源的使用 ANSI C 编写、遵守 BSD 协议、支持网络、可基于内存亦可持久化的日志型、键值对数据库，并提供多种语言的 API。它通常被称为数据结构服务器，因为其值可以是字符串（String）、散列（Hash）、列表（List）、集合（Set）和有序集合（Sorted Set）5 种类型。其中，散列对应 PHP 中的关联数组，列表对应 PHP 中的索引数组，而集合相当于一个自动去重的索引数组，有序集合则是经过排序的集合类型。在所有的 Redis 的数据类型中，字符串是构成所有数据类型的基础。表 9-1 所示为 Redis 中各数据类型的用法及注意事项。

表 9-1 Redis 中各数据类型的用法及注意事项

数据类型	键	值	注意事项
字符串	username	蜗牛学苑	Redis 没有数字类型，归为字符串类型
	password	123457	
散列	article	键：articleid 值：123	散列类型的值本身又是键值对型的数据类型，类似于关联数组
		键：headline 值：Redis 缓存策略详解	
	comment	键：content 值：后台架构的性能优化	

续表

数据类型	键	值	注意事项
列表	headline	PHP 的路由规则解析	列表中的值可以重复，也可以保存 JSON 数据
		jQuery 与 Vue 的应用场景	
		RESTful 的接口规范研究	
集合	phone	13812345678	集合的用法与列表类似，只是保存的值不允许重复
		18898745613	
		15578456321	
有序集合	phone	13812345678	有序集合也称 ZSet，当值写入后将会进行排序并保存
		15578456321	
		18898745613	

另外，Redis 数据库和 MySQL 数据库类似，一台服务器中可以保存多个数据库，并且可以使用 select 命令切换到不同的数据库。一个 Redis 数据库中可以保存多个键，每个键可以对应多条数据。图 9-8 对 Redis 的常用命令示例进行了演示。

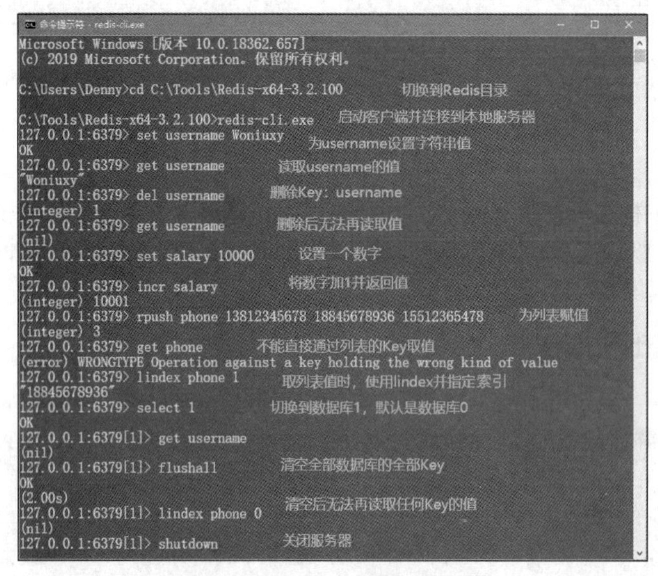

图 9-8　Redis 的常用命令示例

后续介绍的命令均可以通过上述命令提示符窗口进行使用。表 9-2 所示为 Redis 中常用的与键相关的操作命令。

表 9-2　Redis 中常用的与键相关的操作命令

命令	描述	用法
DEL	（1）删除给定的一个或多个键 （2）不存在的键将被忽略	DEL key [key ...]
EXISTS	检查给定键是否存在	EXISTS key
EXPIRE	（1）为给定键设置生存时间 （2）对一个已经指定生存时间的键设置执行 EXPIRE，新的值会代替旧的值	EXPIRE key seconds

续表

命令	描述	用法
KEYS	查找所有符合给定模式的键，这里给出如下示例。 （1）KEYS *匹配所有键 （2）KEYS h?llo 匹配 hello、hallo、hxllo 等 （3）KEYS h*llo 匹配 hllo、heeeeello 等 （4）KEYS h[ae]llo 匹配 hello 和 hallo	KEYS pattern
MIGRATE	（1）原子性地将键从当前实例传送到目标实例指定的数据库中 （2）原数据库键删除，新数据库键增加 （3）阻塞进行迁移的两个实例，直到迁移成功、迁移失败、等待超时 3 种操作之一发生	MIGRATE host port key destination-db timeout [COPY] [REPLACE]
MOVE	（1）将当前数据库的键移动到给定数据库中 （2）执行成功的条件为当前数据库有键，而给定数据库没有键	MOVE key db
PERSIST	删除给定键的生存时间，将键变为持久数据	PERSIST key
RANDOMKEY	从当前数据库随机返回且不删除键	RANDOMKEY
RENAME	（1）将键的键名修改为新键名 （2）新键名已存在，RENAME 将覆盖旧值	RENAME key newkey
TYPE	返回键锁存储的值的类型	TYPE key

9.1.6 Redis 持久化

Redis 默认将数据保存于内存中，这也是缓存服务器的核心工作机制，但是一旦内存出现故障，数据就会完全丢失。所以 Redis 提供数据持久化的操作，在下一次启动 Redis 后，仍然会加载上一次的数据。目前 Redis 提供了 RDB 和 AOF 两种主要的持久化方式，用户可以基于这两种持久化方式来配置以下 4 种持久化策略。

（1）RDB 持久化方式能够在指定的时间间隔内对数据进行快照存储，这也是 Redis 默认的持久化策略。

（2）AOF 持久化方式可记录每次对服务器写的操作命令，当服务器重启的时候会重新执行这些操作命令来恢复原始的数据。AOF 命令以 Redis 协议追加保存每次写的操作到文件末尾。由于用户执行的命令可能重复，因此可以直接修改 AOF 文件，删除一些重复的命令。

（3）同时开启两种持久化方式。在这种情况下，当 Redis 重启的时候会优先载入 AOF 文件来恢复原始的数据。因为通常情况下，AOF 文件保存的数据集比 RDB 文件保存的数据集要完整。

（4）不使用任何持久化方式，在配置文件中将其完全关闭。这样可以更多地提升性能，但是针对一些重要的数据，不建议禁用持久化方式。

要配置 Redis 的持久化策略，只需要编辑 Redis 目录下的 redis.windows.conf 文件，修改相应配置信息并重启 Redis 服务器即可。例如，下面的配置项表明使用 RDB 持久化方式进行持久化，在 60s 的时间内只要修改或新建过 1 次键，就触发 Redis 将数据保存到硬盘中。

```
save 60 1    # 60s内只要修改或新建过1次键，就进行持久化保存

appendonly no    # 默认AOF持久化方式关闭，设为yes即可打开
```

修改完配置文件并使用 RDB 持久化方式，在 60s 的时间内，修改或新建 1 次键的值，就会进行一次持久化，并在 Redis 目录下生成一个 dump.rdb 文件。下一次启动 Redis 服务器时，会将该文件中的数据加载到内存中，实现数据的持久化保存。但是设置 60s 修改或新建 1 次只是为了更快速地完成实验，实

际的应用过程中，不建议频繁地进行持久化，这样会降低性能。

9.1.7 Redis 命令集合

Redis 自带的命令除了操作数据库本身及键值外，针对不同的数据类型，Redis 也有不同的操作命令。表 9-3 所示为 Redis 中字符串类型的常用操作命令。

表 9-3 Redis 中字符串类型的常用操作命令

命令	描述	用法
SET	（1）将字符串 Value 关联到 Key （2）若 Key 已关联则覆盖，无视类型 （3）如果原本 Key 带有生存时间 TTL，那么 TTL 被清除	SET key value [EX seconds] [PX milliseconds] [NX|XX]
GET	（1）返回 Key 关联的字符串值 （2）Key 不存在时返回 nil （3）Key 存储的不是字符串时，返回错误信息，因为 GET 只用于处理字符串	GET key
MSET	（1）同时设置一个或多个键值对 （2）如果某个给定 Key 已经存在，那么 MSET 新值会覆盖旧值 （3）如果上面所述的覆盖不是用户所希望的，那么可以使用 MSETNX 命令，其会在所有 Key 都不存在时才进行覆盖 （4）MSET 是一个原子性命令，所有 Key 都会在同一时间被设置，不会存在有一些更新有一些没有更新的情况	MSET key value [key value ...]
MGET	（1）返回一个或多个给定 Key 对应的 Value （2）若某个 Key 不存在，那么这个 Key 返回 nil	MGET key [key ...]
SETEX	（1）将 Value 关联到 Key （2）设置 Key 生存时间为 seconds，单位为秒 （3）如果 Key 对应的 Value 已经存在，则覆盖旧值 （4）SET 也可以设置失效时间，但是不同之处在于 SETNX 是一个原子性命令，即关联值与设置生存时间同一时间完成	SETEX key seconds value
SETNX	（1）当 Key 不存在时将 Value 作为 Key （2）若给定的 Key 已存在，则 SETNX 不做任何动作	SETNX key value
INCR	（1）Key 中存储的数字值加 1，返回增加之后的值 （2）如果 Key 不存在，那么 Key 的值被初始化为 0 并执行 INCR （3）如果值包含错误类型或者字符串不能被表示为数字，那么返回错误信息 （4）值被限制在 64 位有符号数字的表示范围之内	INCR key
DECR	（1）Key 中存储的数字值减 1 （2）其余同 INCR	DECR key
INCRBY	（1）将 Key 所存储的值加上增量，返回增加之后的值 （2）其余同 INCR	INCRBY key increment
DECRBY	（1）将 Key 所存储的值减去减量，decrement （2）其余同 INCR	DECRBY key decrement

表 9-4 所示为 Redis 中散列类型的常用操作命令。

表 9-4 Redis 中散列类型的常用操作命令

命令	描述	用法
HSET	(1) 将散列表 Key 中的域 field 的值设为 Value (2) 若 Key 不存在，则一个新的散列表被创建 (3) 若域已经存在，则旧的值被覆盖	HSET key field value
HGET	返回散列表 Key 中给定域的值	HGET key field
HDEL	(1) 删除散列表 Key 中的一个或多个指定域 (2) 不存在的域将被忽略	HDEL key field [field ...]
HEXISTS	查看散列表 Key 中给定域是否存在，存在返回 1，不存在返回 0	HEXISTS key field
HGETALL	返回散列表 Key 中所有的域和值	HGETALL key
HINCRBY	(1) 为散列表 Key 中的域加上增量 increment (2) 其余同 INCR	HINCRYBY key filed increment
HKEYS	返回散列表 Key 中的所有域	HKEYS key
HLEN	返回散列表 Key 中域的数量	HLEN key
HMGET	(1) 返回散列表 Key 中一个或多个给定域的值 (2) 如果给定的域不存在于散列表中，那么返回一个 nil 值	HMGET key field [field ...]
HMSET	(1) 将多个域值对设置到散列表 Key 中 (2) 会覆盖散列表中已存在的域 (3) 如果 Key 不存在，那么一个空散列表会被创建并执行 HMSET	HMSET key field value [field value ...]
HVALS	返回散列表 Key 中所有的域和值	HVALS key

表 9-5 所示为 Redis 中列表类型的常用操作命令。

表 9-5 Redis 中列表类型的常用操作命令

命令	描述	用法
LPUSH	(1) 将一个或多个 Value 插入列表 Key 的表头 (2) 如果有多个 Value，那么各个 Value 按从左到右的顺序依次插入表头 (3) 若 Key 不存在，则一个空列表会被创建并执行 LPUSH (4) 若 Key 存在但不是列表类型，则返回错误信息	LPUSH key value [value ...]
LPUSHX	(1)将 Value 插入列表 Key 的表头，当且仅当 Key 存在且为一个列表时 (2) 当 Key 不存在时，LPUSHX 什么都不做	LPUSHX key value
LPOP	删除并返回列表 Key 的头元素	LPOP key
LRANGE	(1)返回列表 Key 中指定区间内的元素，区间由偏移量 start 和 stop 指定 (2) start 和 stop 都以 0 开始计数 (3) 可使用负数作为索引，-1 表示列表最后一个元素，-2 表示列表倒数第二个元素，以此类推 (4) 如果 start 大于列表最大索引，则返回空列表 (5) 如果 stop 大于列表最大索引，则 stop 等于列表最大索引	LRANGE key start stop

续表

命令	描述	用法
LREM	（1）根据 count 的值，删除列表中与 Value 相等的元素 （2）count>0 表示从头到尾搜索，删除与 Value 相等的元素，数量为 count （3）count<0 表示从尾到头搜索，删除与 Value 相等的元素，数量为 count （4）count=0 表示删除表中所有与 Value 相等的元素	LREM key count value
LSET	（1）将列表 Key 索引为 index 的元素值设为 Value （2）当 index 参数超出范围，或对一个空列表进行 LSET 时，返回错误信息	LSET key index value
LINDEX	返回列表 Key 中，索引为 index 的元素	LINDEX key index
LINSERT	（1）将 Value 插入列表 Key，位于 pivot 前面或者后面 （2）当 pivot 不存在于列表 Key 中时，不执行任何操作 （3）若 Key 不存在，则不执行任何操作	LINSERT key BEFORE|AFTER pivot value
LLEN	（1）返回列表 Key 的长度 （2）若 Key 不存在，则返回 0	LLEN key
LTRIM	对一个列表进行“修剪”，让列表只返回指定区间内的元素，不在指定区间内的元素都将被删除	LTRIM key start stop
RPOP	删除并返回列表 Key 的尾元素	RPOP key
RPOPLPUSH	在一个原子时间内，执行以下两个动作。 （1）将列表 source 中最后一个元素弹出并返回给客户端 （2）将 source 弹出的元素插入列表 destination，并作为 destination 列表的头元素	RPOPLPUSH source destination
RPUSH	将一个或多个 Value 插入列表 Key 的表尾	RPUSH key value [value ...]
RPUSHX	（1）将 Value 插入列表 Key 的表尾，当且仅当 Key 存在并且是一个列表时 （2）若 Key 不存在，则 RPUSHX 什么都不做	RPUSHX key value

针对不同的数据类型，Redis 均提供了不同的操作命令，包括针对 Redis 数据库本身的一些操作命令。本书不再一一进行列举，仅挑选几个常用操作命令进行说明，如表 9-6 所示。

表 9-6　Redis 中的其他常用操作命令

命令	描述	用法
SADD	（1）将一个或多个 member 加入 key，已存在于集合中的 member 将被忽略 （2）假如 Key 不存在，则只创建一个只包含 member 作为成员的集合 （3）当 Key 不是集合类型时，将返回错误信息	SADD key number [member ...]
SCARD	返回 Key 对应的集合中的元素数量	SCARD key
SREM	删除集合 Key 中的一个或多个 member，不存在的 member 将被忽略	SREM key member [member ...]

续表

命令	描述	用法
SMEMBERS	(1) 返回集合 Key 中的所有成员 (2) 不存在的 Key 被视为空集	SMEMBERS key
ZADD	(1) 将一个或多个 member 及其 score 加入有序集合 Key 中 (2) 如果 member 已经是有序集合的成员，那么更新 member 对应的 score 并重新插入 member，以保证 member 在正确的位置上 (3) score 可以是整数值或双精度浮点数	ZADD key score member [[score member] [score member] ...]
ZCARD	返回有序集合 Key 的元素个数	ZCARD key
ZCOUNT	返回有序集合 Key 中，score 大于等于 min 且小于等于 max 的成员的数量	ZCOUNT key min max
ZRANGE	(1)返回有序集合 Key 中指定区间内的成员，成员按 score 从小到大排列 (2) 具有相同 score 的成员按字典顺序排列 (3)需要成员按 score 从大到小排列，使用 ZREVRANGE 命令 (4) 索引参数 start 和 stop 都以 0 开始计数，也可以用负数，负数 1 表示最后一个成员，负数 2 表示倒数第二个成员 (5) 可通过 WITHSCORES 选项使成员和它的 score 值一并返回	ZRANGE key start stop [WITHSCORES]
ZRANK	(1) 返回有序集合 Key 中 member 的排名，有序集合成员按 score 从小到大排名 (2) 排名以 0 开始计数，即 score 最小的成员排名为 0 (3) ZREVRANK 命令可将成员按 score 从大到小排名	ZRANK key luember
ZREM	(1)删除有序集合 Key 中的一个或多个成员，不存在的成员将被忽略 (2) 当 Key 存在但不是有序集合时，返回错误信息	ZREM key member [member ...]
SELECT	(1) 切换到指定数据库，数据库索引 index 用数字指定，将 0 作为起始索引 (2) 默认使用 0 号数据库	SELECT index
DBSIZE	返回当前数据库的 Key 的数量	DBSIZE
SHUTDOWN	(1) 停止所有客户端 (2) 如果至少有一个保存操作在等待，则执行 SAVE 命令 (3) 如果 AOF 选项被打开，则更新 AOF 文件 (4) 关闭 Redis 服务器	SHUTDOWN [SAVE|NOSAVE]
FLUSHDB	清空当前数据库中的所有 Key	FLUSHDB
FLUSHALL	清空整个 Redis 服务器中的数据（删除所有数据库的所有 Key）	FLUSHALL

9.1.8 原生 Redis 类操作

ThinkPHP 对缓存对象 Cache 进行封装后的操作比较简单，提供的可操作方法也很少，只适合缓存简单的字符串类型等简单数据，功能不算强大。如果要使用一些更高级的 Redis 操作和命令，则必须通过原生 Redis 类才能执行所有 Redis 的内置操作，相比于封装过后的 Cache 类或 think\cache\driver\Redis 类来说功能更加强大。所谓原生 Redis 类，是指 PHP 中提供的类，而不是 ThinkPHP 封装的类，也就是说，如果使用原生 Redis 类进行操作，则其本质上与 ThinkPHP 框架是无关的。下列代码演示了如何使用原生 Redis 类进行操作。

```
// 路由地址为"/cache/2"，请求类型为Get
public function test02() {
    // 注意，不是think\cache\driver\Redis类，而是PHP中的类
    $redis = new \Redis();
    // 建立与Redis服务器的连接
    // $redis->connect('127.0.0.1');

    // 也可以读取配置文件中的Redis服务器地址用于建立连接
    $host = Config::get('cache.stores.redis.host');
    $redis->connect($host);

    // 执行原生Redis类的set和get基本命令
    $redis->set('username', 'qiang@woniuxy.com');
    echo($redis->get('username') . '<br/>');

    // 同时设置一个或多个键、值（通过关联数组赋值）
    $redis->mset(['school'=>'蜗牛学苑', 'product'=>'蜗牛笔记', 'author'=>'强哥']);
    echo($redis->get('product') . '<br/>');

    // 使用原生Redis类命令完成自增
    $redis->set('number', 100);
    $redis->incr('number');
    echo($redis->get('number') . '<br/>');

    // 为Redis设置散列数据（散列值拥有相同的主键，通过不同的散列值的键来区分）
    $redis->hSet('users', 'username', 'qiang@woniuxy.com');
    $redis->hSet('users', 'password', '123456');
    $redis->hSet('users', 'qq', '12345678');
    echo($redis->hGet('users', 'qq') . '<br/>');
}
```

9.1.9 Redis 处理数据表

了解了原生 Redis 类的基本用法以后，假设现在要对蜗牛笔记的用户表进行缓存，应该使用什么样的数据结构来进行存储呢？先来看看用户表中的数据，如图 9-9 所示。

userid	username	password	nickname	avatar	qq	role	credit	createtime
1	woniu@		蜗牛	1.png		admin	5028	2020-02-05 12:31:57
2	qiang@		强哥	2.png		editor	517	2020-02-06 15:16:55
3	denny@		丹尼	3.png		user	79	2020-02-06 15:17:30
4	reader1@		reader1	8.png		user	50	2020-02-16 13:50:12
5	reader2@		reader2	6.png		user	77	2020-02-16 14:56:37
6	reader3@		reader3	13.png		user	64	2020-02-16 14:59:12
7	tester@		tester	9.png		user	53	2020-02-23 03:38:34

图 9-9 用户表中的数据

首先，针对一张表的数据，由于可以直接将其查询出来并序列化成 JSON 字符串，因此直接用字符

串来进行存储也是可以的。设置表名作为键，其值为 JSON 字符串。

```
// 将表名作为键，将结果集整体序列化为JSON字符串
// 路由地址为"/cache/3"，请求类型为Get
public function test03() {
    $user = new Users();
    $result = $user->findAll();

    $redis = new \Redis();
    $redis->connect('127.0.0.1');
    $redis->set('users', json_encode($result));

    return 'done';
}
```

以这种方式存储时，将会把整张表的数据存储成字符串，存储是没有问题的，但是取值的时候相对比较麻烦。利用这种方式无法有效地利用 Redis 的特性进行快速操作。例如，要对用户的登录进行验证，相当于需要把整张表的 JSON 字符串提取出来再调用 json_decode 函数将其反序列化为 PHP 数组，再遍历整个数组进而实现登录的验证，过程相当复杂。而这种方式，使用 ThinkPHP 封装好的 set 方法和 get 方法即可完成，完全没有必须使用原生 Redis 类来处理。

也就是说，在考虑使用 Redis 进行数据缓存的时候，要考虑的不只是怎么存储的问题，缓存的目的其实不是存，而是取，即如何减少对数据库的操作直接从内存实现快速地取。所以在设计缓存的数据存储方式时，更重要的是要考虑怎么取的问题。例如，为了验证用户登录，可以将每一行存储为一个字符串，将每一行的用户名作为 Redis 的键。具体实现代码如下。

```
// 每一行存储为一个字符串，将每一行的用户名作为键
// 路由地址为"/cache/5"，请求类型为Get
public function test05() {
    $user = new Users();
    $result = $user->findAll();

    $redis = new \Redis();
    $redis->connect('127.0.0.1');
    $redis->select(1); //切换到Redis的第2个数据库

    foreach ($result as $row) {
        $redis->set($row->username, json_encode($row));
    }
}

// 根据用户名来模拟验证用户登录是否成功
// 路由地址为"/cache/6"，请求类型为Post
public function test06() {
    $redis = new \Redis();
    $redis->connect('127.0.0.1');

    $username = request()->post('username');
    $password = request()->post('password');

    $redis->select(1); // 选择正确的数据库

    // 如果Post的用户名作为键存在，则说明用户名正确
    if ($redis->exists($username)) {
        // 此时只需要判断密码
        $row = json_decode($redis->get($username));  //将单行数据反序列化为对象
        if (md5($password) == $row->password) {
            return '登录成功';
        }
        else {
            return '登录失败';
        }
```

```
    }
    else {
        return '用户名不正确';
    }
}
```

上述代码在完成了 Redis 的存储后，其用户表的每一行都将使用用户名作为键存储数据到 Redis 中，其数据结构如图 9-10 所示。

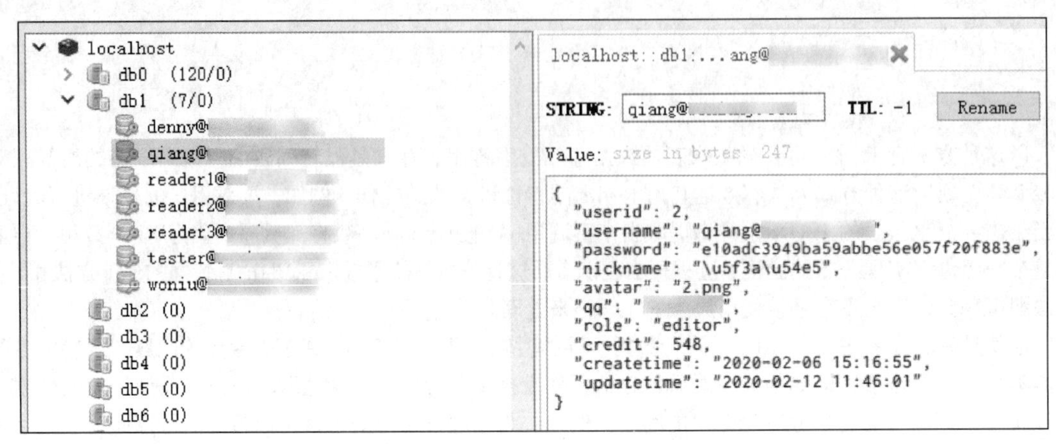

图 9-10　使用用户名作为键的数据结构

使用 Postman 可直接对上述模拟登录的接口进行测试。显然，使用这样的存储方式，取值时会方便很多，尤其有利于验证用户登录甚至注册时重名的判断。但是，如果要取得整张表的数据用于前端渲染就会比较麻烦，因为无法确定哪些键是属于用户表的。所以，不同的应用场景，使用的 Redis 的缓存策略和存储结构也会不同，需要根据实际的业务需求来确定。

要对整张表进行有效缓存，又要能够快速取到对应的值，其实可以有效地利用 Redis 多数据库的特性。将每一张表存储到一个独立的数据库中，这样就可以快速实现表的遍历操作了。除此之外，也可以有效地使用散列数据类型来存储数据，将表名作为键，将用户名作为散列字段名，将每一行的数据作为一个 JSON 字符串进行存储，代码如下。

```
private $redis = null;  // 定义类成员变量$redis

// 直接在构造方法中实例化Redis并建立连接，避免每次重复连接
public function __construct(App $app) {
    parent::__construct($app);
    $this->redis = new \Redis();
    $this->redis->connect('127.0.0.1');
}

// 将表名作为键，将用户名作为散列字段名，将行数据作为JSON字符串
// 路由地址为"/cache/7"，请求类型为Get
public function test07() {
    $this->redis->select(2);
    $user = new Users();
    $result = $user->findAll();
    foreach ($result as $row) {
        $this->redis->hSet('users', $row->username, json_encode($row));
    }
    return 'done';
}
```

上述代码执行后，对登录验证来说也是非常方便的，同时可以很好地将多张表的数据存储于同一个数据库中，算是一种比较折中的解决方案。其数据结构如图 9-11 所示。

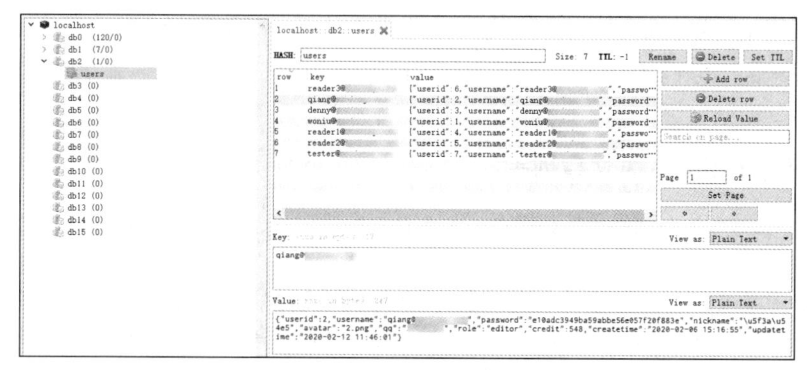

图 9-11　利用表名作为键和利用用户名作为字段名的数据结构

事实上，如果纯粹是为了登录验证，则完全没有必要对整张表的全部字段进行缓存，只要缓存用户名和密码，并将用户名作为字段 Key，密码作为值进行处理即可。

```
// 利用散列数据类型来存储和模拟登录操作
// 路由地址为"/cache/8"，请求类型为Post
public function test08() {
      // 将数据存储到Redis中，只保存用户名和密码
      $user = new Users();
      $result = $user->field('username, password')->select();
      $this->redis->select(3);
      foreach ($result as $row) {
          $this->redis->hSet('users', $row->username, $row->password);
      }

      // 存储完成后，模拟登录验证
      $username = request()->post('username');
      $password = request()->post('password');
      if ($this->redis->exists('users', $username)) {
            if ($this->redis->hGet('users', $username) == md5($password)) {
                   return '登录成功';
            }
            else {
                   return '登录失败';
            }
      }
      else {
            return '用户名不正确';
      }
}
```

上述代码执行后，Redis 中存储的数据结构如图 9-12 所示。

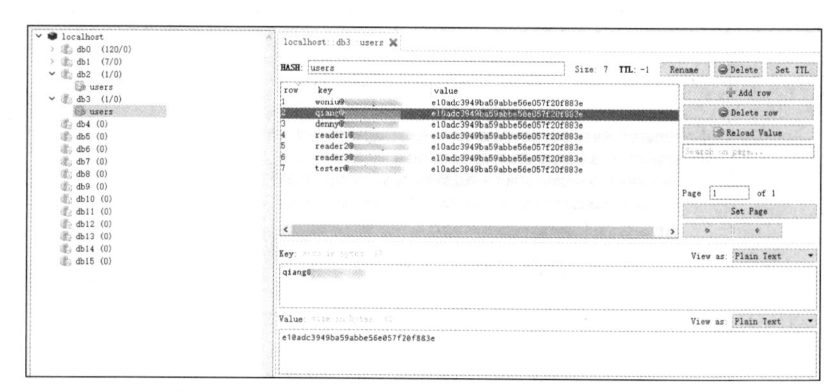

图 9-12　利用散列数据保存用户名和密码的数据结构

相信读者通过上述缓存数据的演示，已经能够理解对于不同的业务处理形式，其使用的缓存策略和存储类型是不一样的。Redis 本身并不会帮助开发人员解决策略方面的问题，这需要在开发过程中根据实际业务需求进行处理。

9.1.10 利用 Redis 重构文章列表

熟悉 Redis 和基本的存储格式后，现在来看看针对蜗牛笔记，如何更好地将缓存利用起来，对蜗牛笔记的文章列表进行缓存。首先需要设置缓存的数据存储方式，文章列表是用户访问蜗牛笔记时频繁使用的内容之一，其有实用价值。文章列表要显示文章几乎所有的信息，除了文章内容之外。之前的处理方式是利用模板引擎函数对文章内容进行截取处理，进而显示文章的摘要内容。这个过程需要先读取文章的全部内容，再对其进行截取和渲染。如果利用 Redis 预先将文章的所有信息以及摘要内容直接缓存起来，那么毫无疑问，这个过程将会大大减少数据库的查询工作，进而提升性能。当然，直接缓存文章表用于文章列表和文章阅读处理也是没有问题的，清楚原理后就只需关注业务需求。要实现文章列表的缓存，需要先考虑清楚以下 5 个方面的问题。

（1）缓存文章列表时，使用哪种存储类型。文章列表的处理属于纯粹的查询，不像登录验证一样需要通过用户名进行比对，且文章列表是需要分页的，并不是一次性取出的。能够支持按区间取出的数据类型只有列表和有序集合，显然，为了实现分页和根据文章 ID 进行倒序排列，使用有序集合是一种可行的缓存方案。

（2）对于已经存在的文章表数据，通过 PHP 代码一次性将文章读取出来，并对内容进行截取后存储到 Redis 中。

（3）对于新增的文章，为了与 Redis 缓存服务器保持数据的同步，应该在新增文章时将其同步新增到缓存中。

（4）对于修改过的文章，有序集合并没有提供修改的命令，只能先将已有数据删除，再进行新增操作。但是对于具体删除哪一条数据，有序集合将“无能为力”，因为有序集合并不能处理关联问题，只是简单地存储数据。所以，如果不需要同步修改，则可以使用有序集合缓存文章列表；如果需要同步修改，则“散列+有序集合”将是一种更好的解决方案。散列中将 articleid 保存为字段名，可以通过 articleid 来获取某一篇文章的数据。同时，利用有序集合将 articleid 保存为集合中的数据并设置 score 为 articleid。这样按照顺序先从有序集合中取出分页的 articleid，再根据 articleid 定位到散列中的相应行的数据。

（5）由于将数据保存到 Redis 中将不再支持 ORM 模型对象，因此需要将数据序列化为 JSON 字符串。在填充首页时再进行一次反序列化操作，其他代码不需要修改。

首先，采用有序集合进行数据存储，暂不考虑修改和更新的问题。利用 PHP 代码将文章数据缓存到 Redis 中，且只缓存文章摘要。

```
// 利用有序集合数据类型来缓存文章列表
// 路由地址为"/cache/9"，请求类型为Get
public function test09() {
      // 将数据保存到数据库4中
      $this->redis->select(4);
      // 取出首页文章列表数据
      $article = new \app\model\Article();
      $result = $article->findLimitWithUser(0, 10000);
      foreach ($result as $row) {
            // 将文章内容去除HTML标签并截取摘要部分
            $content = $row->content;
            $strip = strip_tags($content);  // 清空HTML标签
            $substr = mb_substr($strip, 0, 85); // 截取前85个字符
            $row->content = $substr;    // 重新赋值给$result数组

            // 将本行数据缓存到Redis中
            // 参数1为键，参数2为score排序依据，参数3为值
```

```
        $this->redis->zAdd('article', $row->articleid, json_encode($row));
    }
}
```

完成上述数据的缓存后，Redis 中存储的文章数据如图 9-13 所示。

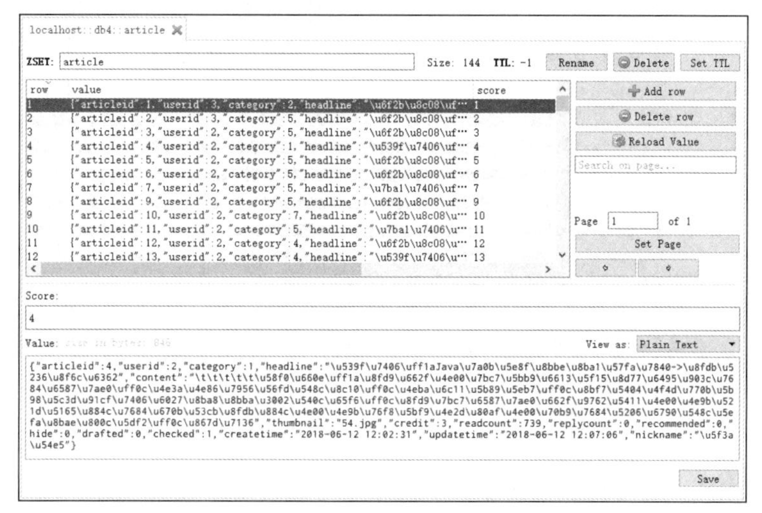

图 9-13　利用 Redis 的有序集合缓存的文章数据

其次，重构首页和分页接口。重构代码前，建议保存先前版本的源代码，并使用不同的接口进行访问，以测试其效果。

```
// 直接从缓存中读取文章列表并渲染首页，复制index.html为index_redis.html
// 路由地址为"/cache/index"，请求类型为Get
public function index() {
      // 获取有序命令的总数量，用于构建分页
      $this->redis->select(4);
      $count = $this->redis->zCard('article');
      $total = ceil($count / 10);  // 计算总页数
      // 利用zRevRange从有序集合中倒序取0～9条共10条数据，即最新文章
      $result = $this->redis->zRevRange('article', 0, 9);
      $myarray = array();
      foreach ($result as $row) {
          // 将每一行反序列化为PHP关联数组，指定第二个参数为true
          $temp = json_decode($row, true);
          $myarray[] = $temp;
      }
      // 渲染到index_redis.html模板页面
      return view("../view/index/index_redis", ['result'=>$myarray, 'total'=>$total,
          'page'=>1]);
}

// 实现基于Redis缓存的分页功能
// 路由地址为"/cache/page/:page"，请求类型为Get
public function paginate($page) {
      $start = ($page - 1) * 10;
      $this->redis->select(4);
      $count = $this->redis->zCard('article');
      $total = ceil($count / 10);
      // 利用zRevRange从有序集合中倒序取0～9条共10条数据，即最新文章
      $result = $this->redis->zRevRange('article', $start, $start+9);
      $myarray = array();
      foreach ($result as $row) {
          // 将每一行反序列化为PHP关联数组，指定第二个参数为true
          $temp = json_decode($row, true);
```

```
        $myarray[] = $temp;
    }
    // 渲染到index_redis.html模板页面，模板页面不做任何调整
    return view("../view/index/index_redis", ['result'=>$myarray, 'total'=>$total,
        'page'=>$page]);
}
```

最后，重构 index_redis.html 模板页面，为分页导航栏添加正常的超链接，其他部分的代码不做任何调整。

```
<!-- 分页导航栏，注意此处超链接为/cache/page/1 -->
<div class="col-12 paginate">
    <!-- 如果是第1页，则其上一页也是第1页，否则其上一页为当前页-1 -->
    {if $page == 1}
    <a href="/cache/page/1">上一页</a>  
    {else /}
    <a href="/cache/page/{$page - 1}">上一页</a>  
    {/if}

    <!-- 根据总页数循环填充页码，并为其添加超链接进行导航 -->
    {for start="0" end="$total"}
    <a href="/cache/page/{$i + 1}">{$i + 1}</a>  
    {/for}

    <!-- 如果是最后一页，则其下一页也是最后一页，否则其下一页为当前页加1 -->
    {if $page == $total}
    <a href="/cache/page/{$page}">下一页</a>
    {else /}
    <a href="/cache/page/{$page + 1}">下一页</a>
    {/if}
</div>
```

完成上述代码后，直接访问 http://127.0.0.1/cache/index 就可以看到从 Redis 缓存服务器中加载的数据，并实现了分页功能。如果是新增文章，则只需要重构文章新增接口，将新增数据添加到有序集合中即可完成缓存更新。

9.2 首页静态化处理

9.2.1 静态化的价值

为了提高系统性能和处理效率，长期以来，业界在系统架构和优化方面积累了很多宝贵的经验。总结起来，其始终围绕着以下 3 个方面进行优化。

（1）优化网络：众所周知，在网络带宽资源方面一直容易出现瓶颈，所以压缩文件大小、减少网络请求数量、使用内容分发网络等，都是为了减少对网络带宽尤其是服务器带宽资源的消耗。

（2）优化硬盘：硬盘也非常容易成为系统的瓶颈。一直以来，硬盘速度都没有办法与内存速度相比，即使是非常先进的固态硬盘（Solid State Disk，SSD），其读写速度也与内存速度相差极大。所以为了减少对硬盘的读写，多利用好内存是非常重要的优化方式，例如，使用 Redis 这类缓存服务器就可以很好地解决这类问题。同时，使用硬盘存储阵列或专门的文件服务器等，都可以有效地“分担”硬盘的处理资源。

（3）优化 CPU：CPU 也是系统中容易出现瓶颈的部分。优化 CPU 主要是指优化代码、优化 SQL 语句等，以减少对 CPU 的资源消耗。同时，类似消息队列的合理运用，通过排队也可以减少对 CPU 资源的占用，并相应减少大量的 I/O 操作。

对页面进行静态化处理，其本质是为了减少对数据库的操作从而减少对硬盘的 I/O 操作，同时，由于数据库操作和 SQL 语句的执行频率降低了，因此对 CPU 的消耗自然会大大降低。那么什么是页面的

静态化处理呢？所谓静态化就是将页面渲染的过程，从模板引擎动态渲染变成直接访问一个已经渲染好的静态 HTML 页面。减少了动态渲染的过程，当然也就减少了数据库访问和数据序列化的过程，对规模比较大的系统而言，这个过程能够显著提高服务器的处理能力。

9.2.2 首页静态化策略

前文已经使用了 Redis 对首页的文章列表数据进行缓存，已经缓解了数据库的压力。但是仍然需要处理 Redis 的查询工作，同时需要对查询结果进行遍历并构建出关联数组，进而渲染给前端模板页面。这个过程依然显得烦琐，虽然不再读取数据库，但是代码的处理量依然比较大，并没有减少对 CPU 资源的消耗。而如果对首页进行静态化处理，则可以完全省略这一处理过程。可以不再读取 Redis，不再遍历，不再构建关联数组，也不再进行模板引擎渲染，这些全部可以省略，图 9-14 所示为系统优化前后的后台处理过程对比。

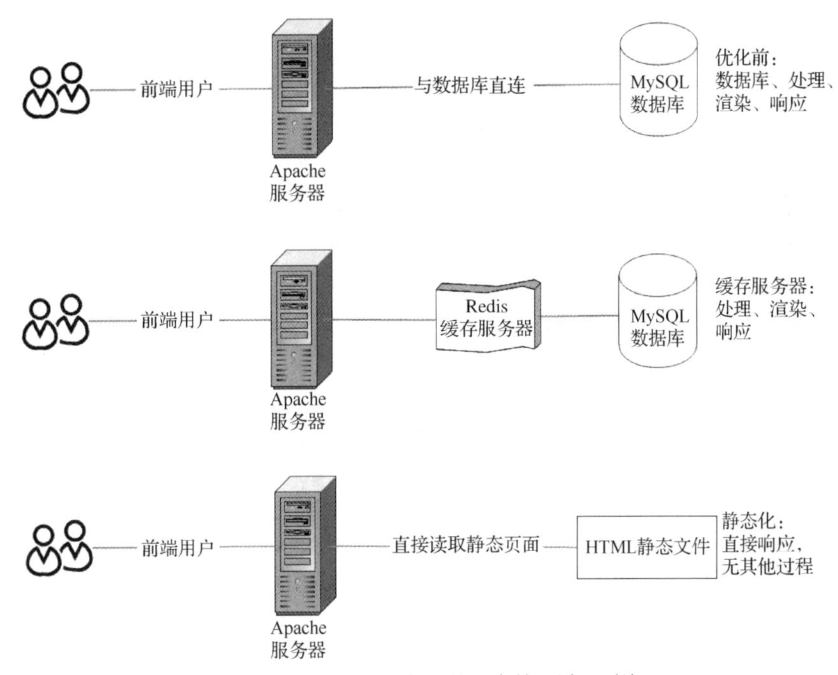

图 9-14　系统优化前后的后台处理过程对比

从图 9-14 可以看出，静态化的过程其实就是生成一个 HTML 静态文件的过程。其实，前端用户访问到的页面本质上就是一个 HTML 页面，只不过对后台来说，这个 HTML 页面的生成方式不一样。例如，现在来设计这样一个实验，直接将蜗牛笔记的首页的 HTML 源代码（在浏览器中查看页面源代码）复制到一个 HTML 文件中，并保存到项目的 view/statics 目录中，如将其命名为 index.html，当用户访问首页时，不再做任何处理，直接将这个 HTML 页面渲染给前端，代码如下。

```
<?php
namespace app\controller;
use app\BaseController;

class Statics extends BaseController {
    // 直接访问首页的静态页面，路由地址为"/statics"，请求类型为Get
    public function index() {
        return view('index');
    }
}
```

实现上述接口的代码后，直接访问 http://127.0.0.1/statics 即可打开一个蜗牛笔记的正常的首页，其与不使用静态化处理之前的页面内容没有任何区别。而这个过程中没有任何访问数据库或 Redis 的过程，也没有任何构建关联数组和模板引擎渲染页面的过程，这些过程全部被省略，用户访问页面时后台只是简单地响应了一个早就生成的 HTML 页面给用户。这个过程将节省大量后台资源的开销，显著提升系统性能，使系统性能产生质的飞跃。

当然，并不是所有页面的数据都可以进行静态化处理，如搜索页面，由于用户搜索的是不同的关键字，因此渲染的结果页面也是不一样的，像这种数据就无法预先将结果页静态化。再如，一些后台管理类的页面，由于使用频率不高，因此也不需要做静态化处理。但是，即使不做静态化处理，也可以有效地利用缓存服务器对数据进行缓存，一样可以降低系统开销。所以，静态化和缓存是不冲突的，它们各自有更加适用的应用场景。

通过上述首页静态化处理的实验，想必读者已经对静态化有了更加清楚的认知。那么现在来思考，上述的静态化处理过程存在什么问题？例如，作者新增加了一篇文章，就意味着静态页面并不能及时反映出这篇新文章，除非将静态页面的内容重写。另外，由于文章较多，首页对其进行了分页处理，因此访问第 2 页或后续页面的内容时，仍然没有静态化，并不能很好地达到优化的目的。

所以，在进行页面的静态化处理之前，必须要设计好策略。本节主要通过对首页做静态化处理来演示整个过程，用于其他页面的静态化的原理和策略也是类似的。

首先，来分析一下静态化处理的必要性。例如，对首页来说，由于要访问文章列表，要渲染文章摘要，还需要排序、分页，以及右侧还有 3 个文章推荐栏要查询至少 3 次数据库，因此这个过程对于数据库的访问是比较频繁的，对首页进行静态化处理是很有必要的。另外，从数据库查询出的数据还需要进行处理、渲染，而进行静态化处理之后这些过程全部可以省略，所以静态化处理有其必要性。再者，因为首页主要是一个以浏览为主的页面，静态化处理主要也适用于这类场景，包括分类浏览等页面，均可以做静态化处理。

其次，静态化处理的策略如何设计？如何确保更新过的数据能够及时体现在静态页面中？这也是需要考虑的问题。例如，对文章列表进行静态化处理，那么一篇文章发布后，就意味着文章列表每一页的内容都会发生变化，也就意味着所有静态页面必须全部重写。重写静态页面的触发时机也是值得推敲的，常见的触发策略有定时触发更新、新增文章时触发更新、用户访问时触发更新、手动更新等。

对于蜗牛笔记的文章列表页面，由于文章的更新频率并不高，因此完全可以采用新增文章时触发更新和用户访问时触发更新相结合的策略。也就是说，当新增一篇文章时，直接将所有文章列表分页后的静态文件全部删除；当用户访问时，优先读取某页的静态文件是否存在，如果存在则直接响应，如果不存在则渲染一次并将渲染后的页面保存起来，那么下一个用户来访问时静态页面就已经存在了。

最后，是否需要对所有页面都进行静态化处理？例如，对于文章列表，假设有 1000 篇文章，那么按每页显示 10 篇文章，就会有 100 页，是否需要对这 100 页全部进行静态化处理呢？很有可能没有这个必要，因为很少有用户会浏览到后面的页面，如可只静态化处理前 10 页。这需要根据具体问题进行具体分析，只要掌握了这些基本原则，设计一套符合系统业务需求的静态化策略并不难。

9.2.3 静态化代码实现

基于 9.2.2 小节对首页和所有文章列表页面进行静态化处理的策略，可按照下面的 3 个步骤进行静态化处理。

（1）对已有的页面采用硬编码先静态化处理一次，供用户访问，并按照页码将静态页面的文件名以类似 index_1.html、index_2.html 的方式进行命名，并将其保存到 view/statics 目录下，用一个目录来统一管理对应的静态页面。

（2）重构 Index 控制器，对首页和分页接口的代码均进行判断，如果对应页码的静态文件已经存在，则直接响应，否则正常连接数据库或缓存服务器进行处理和渲染。

（3）当有新的文章发布时，重构 Article 控制器的文章发布接口的代码，将目录下的所有静态文件全部删除。这样，当第一个用户访问时将直接访问数据库，而当第二个用户访问时，便会直接读取静态文件。

下面的代码演示了第（1）步的操作，即将所有页面进行一次完整的静态化处理的过程。访问前端界面时通过 http://127.0.0.1/statics/all 访问即可使下面的代码成功执行。

```
// 对页面进行一次性静态化处理，路由地址为"/statics/all，请求类型为Get
public function all() {
    $article = new \app\model\Article();
    // 计算总页数，处理逻辑与分页接口的一致性
    $count = $article->getTotalCount();
    $total = ceil($count / 10);
    // 遍历每一页的内容，从数据库中查询出来，并将其渲染到对应页面中
    for ($page=1; $page<=$total; $page++) {
        $start = ($page - 1) * 10;
        $result = $article->findLimitWithUser($start, 10);
        // 正常渲染index.html模板页面，但不响应给前端，而是将内容赋值给$content
        $content = view('../view/index/index.html', ['result'=>$result,
                    'total'=>$total, 'page'=>$page])->getContent();
        // 使用file_put_contents函数将$content的值根据页码写入HTML静态文件
        file_put_contents('../view/statics/index_' . $page . '.html', $content);
    }
    return '分页浏览静态化完成.';  // 简单响应给前端一个提示信息
}
```

上述代码执行完成后，在 template 目录的 static 目录下，将生成图 9-15 所示的文章列表的分页静态文件。

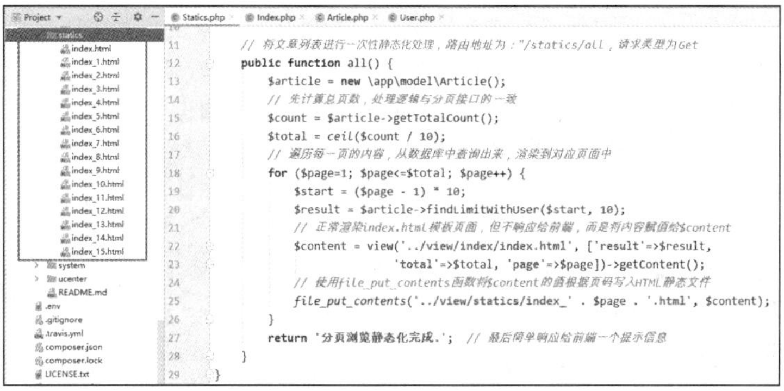

图 9-15　文章列表的分页静态文件

接下来完成第（2）步操作，重构首页和分页接口的代码，判断是否存在静态页面。如果存在则直接渲染，否则保持之前的处理逻辑不变，同时为当前页面生成一个静态文件。重构 Index 控制器中的 index 和 page 两个方法后的代码如下（这里建议将之前版本的代码备份）。

```
// 路由地址为 "/"，请求类型为Get，重构为静态页面
public function index() {
    // 判断是否存在静态页面，如果存在则直接响应，否则正常查询数据库
    if (file_exists('../view/statics/index_1.html')) {
         return view('../view/statics/index_1.html');
    }

    // 如果不存在静态文件，则先查询数据，再渲染并生成一个静态文件
    $article = new Article();
    $result = $article->findLimitWithUser(0, 10);
    $total = ceil($article->getTotalCount()/10);

    $content = view("index", ['result'=>$result, 'total'=>$total,
                    'page'=>1])->getContent();
    file_put_contents('../view/statics/index_1.html', $content);
    return $content;    //直接将$content响应给前端界面
```

```
}

// 分页接口静态化处理，路由地址为 "/page/:page"，请求类型为Get
public function page($page) {
     // 根据参数page来判断当前分页对应的静态文件是否存在
     if (file_exists("../view/statics/index_$page.html")) {
           return view("../view/statics/index_$page.html");
     }

     $pagesize = 10;
     $start = ($page - 1) * $pagesize;   // 根据当前页码定义数据的起始位置
     $article = new Article();
     // 获取分页查询后的结果
     $result = $article->findLimitWithUser($start, $pagesize);
     // 获取文章总数量，并计算分页总数
     $total = ceil($article->getTotalCount() / $pagesize);
     // 将数据写入模板页面后生成静态文件
     $content = view("index", ['result'=>$result, 'total'=>$total,
                             'page'=>$page])->getContent();
     file_put_contents("../view/statics/index_$page.html", $content);
     return $content;
}
```

上述代码实现后，首页和所有文章列表的分页均完成了静态化处理。为了测试上述代码是否生效，可以将查询数据库那一段代码注释掉，再访问首页和分页，如果也能访问，则说明静态化处理已经完成。同时，可以先删除 view\statics 目录下的已经生成的静态文件，再访问文章列表，确认是否会自动生成一个对应页面的静态文件，最后重构发布文章的接口，一旦有新文章发布就将所有静态页面全部删除，待第一个用户访问时再重新生成带有新文章的静态页面。

```
// 由于篇幅所限，因此此处只截取文章发布接口中的关键代码用于演示
// 如果前端参数articleid为0，则表示是新增一篇文章
if ($articleid == 0) {
     try {
          $id = $article->insertArticle($category, $headline, $content, $thumbname,
                                        $credit, $drafted, $checked);
          // 新增文章成功后，将已经进行静态化处理的文章列表全部删除，便于生成新的静态文件
          // 使用scandir函数扫描statics目录，并返回文件列表（含.和..两个虚拟目录）
          $list = scandir('../view/statics');
          foreach ($list as $file) {
               if ($file != '.' && $file != '..') {   // 去除两个虚拟目录后删除其他所有文件
                    unlink('../view/statics/' . $file);
               }
          }
          return $id;
     } catch (Exception $e) {
          return 'post-fail';
     }
}
```

完成上述代码的处理后，首页和文章列表页面的静态化处理就基本完成了。当有新的文章发布时，将会清空所有现有静态文件。当有用户第一次访问某个页面时，系统会为此页面生成静态页面，当后续用户再访问相同页面时，会直接通过静态页面渲染。

9.2.4 静态化代码优化

上述针对文章列表页面的静态化处理完成后，还存在以下 3 个问题。

第 1 个问题是用户登录成功后分类导航栏中的菜单是由模板引擎直接渲染的，而进行静态化处理之后这个渲染的过程便没有了。所以登录成功后用户将看不到新登录的菜单。一种处理方式是登录后将静态页面文件全部删除，但是显然这是不可行的，因为每一个用户都有可能登录，如果都删除静态页面文件，那么会起不到任何静态化的作用，同时会增加服务器硬盘的资源消耗。所以建议使用另一种处理方

式，即通过 JavaScript 来进行前端的动态渲染，在页面加载时增加一个 Ajax 请求去获取用户登录后的信息并将其填充到菜单中。下列代码演示了这一过程，供读者参考。

首先，在 User 控制器中新增一个接口，用于将登录后的信息以 JSON 格式响应给前端，由前端负责渲染用户登录菜单，这也是首页中唯一需要频繁变化的地方。

```
// 返回登录信息的JSON数据给前端界面，路由地址为"/user/info"，请求类型为Get
public function info() {
     // 如果没有登录，则直接响应空的JSON数据给前端，用于前端判断
     if (session('islogin') != 'true') {
          return json(null);
     }
     else {
          $info = array();
          $info['islogin'] = session('islogin');
          $info['username'] = session('username');
          $info['userid'] = session('userid');
          $info['role'] = session('role');
          $info['nickname'] = session('nickname');
          return json($info);
     }
}
```

同时，需要将 base.html 页面中的登录菜单渲染位置的后台渲染代码全部删除，并将其父 DIV 元素通过指定 ID 属性供 JavaScript 代码进行定位和填充数据。

```
<!-- 使用Ajax动态渲染登录前后的菜单，使静态页面实现动态化 -->
<div class="navbar-nav ml-auto" id="loginmenu"></div>

<!-- 编写Ajax代码，直接从/user/info接口取数据进行渲染 -->
<script type="text/javascript">
$(document).ready(function () {
    $.get('/user/info', function (data) {
        content = '';
        if (data == null) {
             content += '<a class="nav-item nav-link" href="#"
                       onclick="showLogin()">登录</a>';
             content += '<a class="nav-item nav-link" href="#"
                       onclick="showReg()">注册</a>';
        }
        else {
             content += '<a class="nav-item nav-link" href="/ucenter">欢迎你：' +
                       data["nickname"] + '</a>   ';
             if (data['role'] == 'admin') {
                  content += '<a class="nav-item nav-link" href="/system">
                            系统管理</a>   ';
             }
             else {
                  content += '<a class="nav-item nav-link" href="/ucenter">
                            用户中心</a>   ';
             }
             content += '<a class="nav-item nav-link" href="/user/logout">注销</a>';
        }
        $("#loginmenu").append(content);
    });
});
</script>
```

上述代码成功执行后，首页和文章列表页面便是一个静态化和 Ajax 请求相结合的页面，这也是静态化处理难以完全避免的情况。因为不太可能存在这样一种页面，无论用户如何操作都不需要发生任何变化，这种情况相对是比较少见的。

第 2 个问题就是右侧的文章推荐栏并没有实现静态化。因为文章推荐栏是一个公共版块，所以在第 5 章的内容中，为了更好地重用这个公共版块，直接使用 Ajax 来发送请求进行前端渲染。这个问题恰好与

第 1 个问题相反，所以如果要完整地静态化处理首页或所有文章列表页面，则建议去掉这个模板页面的前端渲染代码，将渲染交给后台处理。

第 3 个问题是文章列表中显示了文章的阅读次数，这个数字其实是动态变化的，静态化处理后毫无疑问其将不会发生变化。那么是否可以也使用 Ajax 请求来动态获取这个变化的数字呢？其实大可不必，一来这本身并不是很重要的内容，对实时性的要求没有那么高；二来这可以采用一种定时触发更新的静态化策略来处理，例如，每天凌晨为系统设定一个定时任务来重新生成静态页面。这也是静态化策略中的一种，即针对一些小的问题，在对实时性要求没那么高的情况下，通过定时任务来定期维护静态页面的更新。

为一个系统设定一个定时任务有很多种方式，例如，可以借助于操作系统定时任务来执行一段代码。这在 Windows 中称之为“任务计划”，在 Linux 中则使用“Cron Job”。或者直接使用 PHP 代码通过死循环和时间判断的方式执行定时任务，例如，下面的代码设定了每天凌晨两点执行任务。

```
while (true) {
    $now = date('H:i');
    if ($now == '02:00') {
        // 如果当前时间为凌晨两点，则直接清空静态文件
        $list = scandir('../../view/statics');
        foreach ($list as $file) {
            if ($file != '.' && $file != '..') {
                unlink('../../view/statics/' . $file);
            }
        }
        $delete_time = date('Y-m-d H:i:s');
        print("于 $delete_time 清空了一次静态文件.\t");
        // 完成清空静态文件操作后，再次发送Get请求生成一次静态文件，更新完成
        file_get_contents('http://127.0.0.1/statics/all');
    }
    sleep(60);  // 每1分钟判断一次是否到达凌晨两点
}
```

上述代码中需要注意的是，由于是根据分钟来进行判断的，因此暂时时间不能少于 60s，否则可能存在 1 分钟内执行多次的情况；同时不能多于 120s，否则可能存在跳过两点这个时间段导致定时任务代码无法执行的情况。保持上述纯 PHP 代码一直执行即可执行定时任务。